A Evolução Improvável

William von Hippel

A Evolução Improvável

TRADUÇÃO
Alexandre Martins

RIO DE JANEIRO, 2019

Diretora editorial: *Raquel Cozer*

Gerente editorial: *Alice Mello*

Editor: *Ulisses Teixeira*

Copidesque: *Isabela Sampaio*

Liberação de original: *Marcela Ramos*

Revisão: *André Sequeira*

Diagramação: *Abreu's System*

CIP-Brasil. Catalogação na Publicação
Sindicato Nacional dos Editores de Livros, RJ

H558e
    Hippel, William von, 1963-
       A evolução improvável / William von Hippel; tradução
    Alexandre Martins. – 1. ed. – Rio de Janeiro: Harper Collins, 2019.
    304 p.

       Tradução de: The social leap: the new evolutionary science
    of who we are, where we come from, and what makes us happy
       ISBN 9788595085053

       1. Psicologia evolutiva – Aspectos sociais. 2. Percepção social.
    3. Evolução humana. I. Martins, Alexandre. II. Título.

19-58872
                        CDD: 155.7
                        CDU: 159.922.41

Leandra Felix da Cruz – Bibliotecária – CRB-7/6135

HarperCollins Brasil é uma marca licenciada à Casa dos Livros Editora LTDA.
Todos os direitos reservados à Casa dos Livros Editora LTDA.
Rua da Quitanda, 86, sala 218 — Centro
Rio de Janeiro, RJ — CEP 20091-005
Tel.: (21) 3175-1030
www.harpercollins.com.br

Para meu pai,

meu primeiro e melhor professor de ciências,

e minha mãe,

cuja carreira de mais de cinquenta anos é uma inspiração.

Sumário

Prólogo

Certa manhã, quando meu filho tinha 8 anos, decidimos esquiar em Moreton Island, uma ilhota feita inteiramente de areia na baía em frente à nossa casa em Brisbane. Chegamos de *ferry* no começo da tarde e caminhamos pela praia do cais até encontrarmos uma trilha pela floresta para as enormes dunas no centro da ilha. Eu tinha adaptado uma antiga *snowboard* para que meu filho pudesse descer descalço, e, assim que ele conseguiu se equilibrar, passou a se divertir muito (em grande medida porque era eu que levava a prancha para cima e ele só descia). Escalar dunas de areia gigantescas é um trabalho árduo, mas o sol já havia se posto quando consegui convencê-lo a encerrar por aquele dia.

Ele estava feliz e falante enquanto voltávamos à luz das estrelas, mas no instante em que entramos novamente na floresta, seu humor mudou. Mal conseguíamos ver a trilha à nossa frente, e a mata, que parecera tão inofensiva mais cedo, naquele momento se fechava sobre nós. Eu podia ouvir a voz dele começando a falhar, e logo seu raciocínio deixou de fazer sentido. Quando um ramo estalou sob meus pés ele quase deu um pulo. Tentei tranquilizá-lo, mas ele insistiu em dizer que estávamos sendo perseguidos por animais selvagens. Nada do que eu dizia acabava com seu medo; ele estava convencido de que uma matilha de dingos saltaria a qualquer momento para nos devorar.

Devo admitir que também tive uma sensação de terror, embora soubesse que o único risco real que corríamos era um tornozelo torcido na trilha mal-iluminada da floresta.

Por que a felicidade dele se transformou em medo tão depressa? E por que eu também senti isso, embora soubesse muito bem que os mosquitos eram os únicos animais que se alimentariam de nós naquela noite? Por incrível que pareça, talvez as respostas a essas questões estejam nas capacidades perceptivas de nossos ancestrais distantes. Os humanos têm olhos soberbos, mas nariz e ouvidos bastante medianos, de modo que outros animais podem nos detectar com muito mais facilidade na escuridão do que nós podemos percebê-los. Nossos antepassados eram predadores ferozes durante o dia, mas, à noite, eram presas, e feras noturnas passaram os últimos milhões de anos transformando em refeição qualquer um de nossos possíveis ancestrais tolos o bastante para sair no escuro. Os antigos que percorriam a floresta ao luar tinham menor probabilidade de sobreviver e procriar e, portanto, menor probabilidade de transmitir sua propensão a caminhadas noturnas. É assim que a evolução molda nossa psicologia, e, como consequência disso, ninguém precisa lhe aconselhar a ter medo do escuro; já é natural.

Se você vai à área dos macacos no zoológico e passa algum tempo com os chimpanzés, quase pode ver a evolução na prática. Eles parecem os primos distantes que são, e as diferenças entre nós fazem total sentido. Não é difícil imaginar como deixar a floresta poderia ter feito com que pernas como as deles se transformassem nas nossas. Também não é difícil imaginar como a evolução teria lentamente transformado um segundo par de mãos em pés assim que nossos ancestrais pararam de subir em árvores e começaram a fazer longas viagens sobre duas pernas.

Menos óbvio é o papel desempenhado pela evolução em moldar nossa psicologia. Tendemos a pensar na evolução em termos de anatomia, mas os comportamentos são tão importantes para a sobrevivência quanto partes do corpo. Preferências que não correspondem às nossas habilidades são tão debilitantes quanto membros que não correspondem ao nosso estilo de vida. Nossos corpos mudaram pouco ao longo dos últimos seis ou sete milhões de anos, mas nossa psicologia mudou muito. De fato, a evolução que nos distancia dos chimpanzés é marcada principalmente por adaptações em nossa mente e nosso cérebro.

As mudanças mais importantes em nossa psicologia dizem respeito ao nosso funcionamento social, em particular nossa capacidade de trabalhar em equipe. Para exemplificar, considere o que acontece quando chimpanzés caçam macacos. A caça aos macacos é uma de suas poucas atividades coletivas, porque estes têm muito mais dificuldade em escapar quando os chimpanzés vêm de todos os lados. Mas mesmo quando os chimpanzés caçam em grupo, nem todos se envolvem. Alguns permanecem sentados, preguiçosamente observando o caos ao redor. Quando a caçada termina, alguns chimpanzés sortudos podem ter apanhado suas presas, mas a maioria estará de mãos vazias. Carne é uma comida rica em calorias, de modo que aqueles que deixaram um macaco escapar costumam atormentar os que foram bem-sucedidos para partilhar um pouco. Isso não surpreende. O notável é que os que ficaram apenas assistindo à caçada têm a mesma probabilidade de acabar com um pedaço de macaco quanto aqueles que se juntaram ao grupo de caça. Seus colegas chimpanzés fazem pouca ou nenhuma distinção entre omissos e colaboradores.

Em um claro contraste, mesmo crianças de quatro anos prestam muita atenção em quem ajuda e quem não ajuda. Quando crianças ganham adesivos ou doces por trabalhar em equipe, escondem daquelas que não ajudaram, mas partilham com as que ajudaram. Isso pode não parecer muito amistoso — poderia até mesmo ser um comportamento a ser desestimulado: afinal, partilhar é carinhoso —, mas, de um ponto de vista evolutivo, é determinante. Animais que não fazem distinção entre colaboradores e espectadores nunca terão a capacidade de criar e sustentar equipes eficazes.

Pensamos em animais que vivem em grupos como membros de equipes, mas muitos vivem juntos a despeito de terem muito pouco envolvimento uns com os outros. Gnus e zebras vivem em grande número por causa da segurança, mas, na verdade, não apresentam sinais de trabalho em equipe. Em um grupo grande, provavelmente algum acabará notando leões, de modo que cada indivíduo se permite ficar um pouco menos alerta. Chimpanzés são muito mais interdependentes que gnus ou zebras, mas mesmo a vida deles raramente demanda um verdadeiro trabalho em conjunto. Como consequência, eles têm capacidade limitada de cooperação e preferem trabalhar sozinhos. Em contraste, assim que nós deixamos as árvores, nossa própria existência dependeu de nossa capacidade de trabalhar juntos. Como veremos, nossa psicologia foi moldada por essa necessidade mais que por qualquer outra.

Quando foram expulsos da segurança da floresta tropical, nossos ancestrais lutaram para sobreviver no mundo desconhecido e perigoso da savana. Menores, mais lentos e fracos do que muitos predadores da pradaria, eles estariam condenados se não tivessem encontrado uma solução social para seus problemas. Tal solução foi tão eficaz que nos colocou em uma trilha evolutiva inteiramente nova. Nossos antepassados se tornaram cada vez mais inteligentes porque conseguiram se valer das capacidades colaborativas recém-descobertas para desenvolver modos melhores de se proteger e se sustentar. O *Homo sapiens* acabou se tornando tão inteligente que começamos a modificar nosso ambiente de acordo com nossos próprios interesses, em especial com a invenção da agricultura. Plantar e colher fortaleceu nosso coração (e arruinou nossos dentes), mas também permitiu o florescimento de literatura, comércio e ciência.

Só porque nos tornamos mais inteligentes não significa que nos tornamos mais sábios. Para o bem ou para o mal, não conseguimos nos livrar de muitos de nossos antigos instintos. Em especial, nosso medo de sermos deixados de fora no jogo do acasalamento ainda determina nossa psicologia de formas profundas, tornando-nos altamente conscientes de nossa posição em relação aos outros no grupo. Essa comparação social incessante é mais perturbadora para a felicidade humana do que quase qualquer outra coisa. Também nos torna enxeridos.

Os fantasmas de nosso passado evolutivo continuam a nos assombrar, mas eles também ajudam a responder a algumas das perguntas mais fundamentais sobre a natureza humana. Por exemplo, como a sociabilidade que desenvolvemos na savana explica nossa capacidade e nossa tendência à inovação? Qual impacto isso tem no modo como lideramos e quem nós seguimos? E como explica nossa lamentável tendência ao tribalismo e ao preconceito? Nossa adaptação à vida na savana pode ser história antiga, mas nos dá uma nova compreensão desses problemas modernos.

Embora soframos de muitos dos maus hábitos de nossos ancestrais, eles também desenvolveram um sistema de motivação que continua a nos recompensar quando acertamos. Isso é a felicidade. Como fica evidente em nosso medo do escuro, nossas motivações evoluíram para nos ajudar a sobreviver e a prosperar. Significa que os sentimentos ruins servem a um objetivo importante, assim como os bons. Nossa psicologia evoluída está profundamente calcada na felicidade e em sua busca; ter uma vida boa é em grande medida uma questão de atender a nossos imperativos evolutivos. Como tais imperativos muitas vezes são contraditórios, a felicidade também envolve descobrir como se mover em meio a eles. Compreender as pressões exercidas por nosso passado pode ajudar a nos guiar nessa jornada e esclarecer por que há tantas armadilhas no caminho.

Como sabemos o que nossos ancestrais distantes pensaram e fizeram?

Nosso passado distante é chamado de pré-história por um motivo: não há registros escritos desse período. Os cientistas encontraram um número extraordinário de fósseis e evidências, mas algumas vezes esses fragmentos do passado são passíveis de múltiplas interpretações.

Ademais, como estratégias e comportamentos não se fossilizam, é difícil saber ao certo como nossos ancestrais solucionaram muitos dos problemas que enfrentaram no processo de se tornar humanos. A despeito desses desafios, cientistas evolucionários fizeram um trabalho impressionante ao retirar informações de pequenas pistas, e suas ideias brilhantes e seu trabalho intenso me permitiram contar uma história relativamente completa.

Então, como *sabemos* o que sabemos? Para responder, vamos considerar três abordagens diferentes do estudo de nossa história evolutiva: (1) como o DNA de piolhos indica quando inventamos as roupas; (2) como registros de igrejas revelam a importância das avós; e (3) como dentes antigos sugerem o que nossos ancestrais fizeram para evitar reprodução consanguínea.

COMO SABEMOS QUANDO INVENTAMOS AS ROUPAS?

Os humanos têm o prazer especial de hospedar três espécies diferentes de piolhos: piolhos de cabeça, piolhos púbicos e piolhos corporais. A história de como passamos a dar um lar, que é também uma refeição a esses pequenos parasitas revoltantes, é complexa, e começa com os piolhos de cabeça que meus filhos levaram da creche para casa. Os ancestrais desses insetos de cabeça humanos infestaram primatas há cerca de 25 milhões de anos, aproximadamente na época em que os antropoides e os macacos do Velho Mundo (isto é, macacos da África e da Ásia) seguiram caminhos separados.

Quando nossos ancestrais mais imediatos se separaram dos chimpanzés há seis ou sete milhões de anos, os piolhos que nos acompanhavam podiam percorrer todo o nosso corpo, já que ainda éramos um bando peludo. Esses antigos piolhos corporais eram a única espécie que nos infestava na época, mas alguns milhões de anos depois, pegamos uma nova espécie de piolhos, aparentemente dos gorilas. Não estou certo de como nossos antepassados conseguiram isso, mas gosto de pensar que eles apenas viviam muito perto desses macacos, talvez dividindo a mesma cama vez ou outra para se aquecer. Qualquer que seja a causa, há cerca de três milhões de anos, nós começamos a hospedar duas espécies diferentes de piolhos.

À medida que continuamos a seguir nosso caminho evolutivo, acabamos perdendo nossos pelos corporais grossos (e nosso hábito de conviver com gorilas). Essa nova falta de pelos representou um problema para as duas espécies de piolhos, que dependem de uma floresta para pôr seus ovos. Como consequência disso, ambas foram obrigadas por nós a se especializar. Os piolhos que nos acompanhavam havia mais tempo se retiraram para a parte norte de nosso corpo e se tornaram especialistas em cabeça. Os piolhos que pegamos dos gorilas se mudaram para nossa região equatorial e se tornaram especialistas em virilhas.

Essa situação entre nossas duas espécies de piolhos se manteve por cerca de um milhão de anos, até 70 mil anos atrás, quando entrou em cena uma terceira espécie, uma ramificação dos piolhos de cabeça. Esses novos insetos evoluíram para viver em nosso corpo, mas assim como aqueles dos quais se originaram, não podiam pôr seus ovos em nossa pele (agora sem pelos), pois cairiam no chão e morreriam. Então, passaram a depender das roupas para abrigar seus ovos. Por essa razão, a evolução dos piolhos corporais oferece uma evidência muito boa de que começamos a usar roupas há pelo menos 70 mil anos.

Claro, as perguntas difíceis são por que nos preocupamos com roupas, e por que nesse momento? Àquela altura nossos ancestrais eram desprovidos de pelos havia mais de um milhão de anos, e a maioria deles ainda vivia no clima quente da África — mas nem todos. Como veremos, pouco antes do advento dos piolhos corporais, o *Homo sapiens* começara a migrar para fora da África. Talvez essa migração para climas mais frios tenha levado à invenção de roupas. Ou talvez tenham sido inventadas muito mais cedo, com a função de nos proteger do sol, ou mesmo do frio. Outra possibilidade é que nossos ancestrais talvez estivessem apenas querendo se ornamentar ou se diferenciar dos outros. Qualquer que seja a razão, a partir daquele ponto ao menos alguns de nossos antepassados devem ter usado roupas a maior parte do tempo, ou nossos piolhos corporais teriam desaparecido.

A história evolutiva dos piolhos corporais fornece muitas evidências sobre a invenção da vestimenta, mas como conhecemos os detalhes dessa cronologia? E como sabemos que pegamos nossos piolhos púbicos de gorilas ancestrais há três milhões de anos? Para responder a essas perguntas, os cientistas se valeram de relógios moleculares, que são procedimentos de datação com base em taxas de mutação do DNA. Assim que duas espécies divergem, começam a acumular mutações aleatórias no código genético. Tais mutações não são mais partilhadas entre ambas, sendo exclusivas de cada uma. Como conhecemos o ritmo médio de mudanças em diferentes filamentos do DNA, podemos contar suas mutações únicas que são partilhadas pelas duas espécies para avaliar quando seguiram caminhos separados.

Por exemplo, se um determinado filamento de DNA em uma determinada espécie sofre, em média, uma mutação a cada 20 gerações, e se encontramos uma média de cinquenta diferentes mutações nesse DNA em cada uma de duas espécies anteriormente relacionadas, sabemos que estão separadas há cerca de mil gerações. Quando fazemos essa contagem regressiva, acabamos chegando à espécie original que é geneticamente mais próxima das duas posteriores.

Ao estudar a contagem de mutações no código genético dos piolhos corporais e piolhos de cabeça (que estão intimamente relacionados, mas não têm ligação com os piolhos púbicos), temos uma evidência muito boa de que nossos ancestrais pararam de circular pelados há pelo menos 70 mil anos. Usando esse mesmo procedimento, também temos uma evidência muito boa de que nossos piolhos púbicos se separaram dos piolhos de gorilas há cerca de três milhões de anos.

COMO SABEMOS SE AS AVÓS SAO IMPORTANTES?

A igreja luterana mantém registros meticulosos de todos os nascimentos, casamentos e mortes na Finlândia desde o século XVIII. Mirkka

Lahdenperä, da Universidade de Turku, e seus colegas se valeram dessa excelente fonte de informação para acompanhar a vida de mais de quinhentas mulheres e seus filhos e netos de cinco diferentes comunidades agrícolas e pesqueiras na Finlândia entre 1702 e 1823.

Ao estudar cuidadosamente esses registros, Lahdenperä e seus colegas descobriram diversos fatos importantes sobre as avós. Entre eles, talvez o mais importante seja que a cada dez anos que uma avó vivia além dos cinquenta, ela ganhava mais dois netos vivos. Esse efeito era mais claro em famílias nas quais as avós moravam na mesma aldeia que os netos, e parecia ser fruto de três fatores:

1 Uma avó viva na mesma aldeia permitia que as filhas começassem a ter os próprios filhos mais cedo (em média aos 25,5 anos, contra 28).

2 Uma avó viva também reduzia o intervalo entre os nascimentos, já que as filhas de avós vivas tinham filhos a cada 29,5 meses, mas filhas de avós mortas tinham filhos a cada 32.

3 Uma avó viva com menos de 60 anos (e, portanto, mais propensa a ser vigorosa e prestativa) aumentava a taxa de sobrevivência dos netos em 12%. Esse aumento se manifestava apenas após o desmame, já que as crianças ainda amamentadas tinham taxas de sobrevivência similares independentemente de a avó estar viva ou não.

Nessa época na Finlândia (e em todos os lugares), doenças e ferimentos causavam a morte de quase metade dos filhos antes da idade adulta, de modo que esses efeitos positivos das avós na sobrevivência e na reprodução eram bem sentidos.

Animais que vivem em pequenos grupos têm diversas vantagens com a vida em conjunto, mas a dificuldade é evitar a reprodução consanguínea. Sem conhecer sua árvore genealógica, animais que nascem e acasalam em grupos pequenos correm o risco de acasalar com parentes próximos.

Isso apresenta possíveis custos, entre o quais o mais notável é que, na reprodução em família, genes perigosos têm mais chances de encontrar um correspondente. Eu, por exemplo, carrego o gene da doença de Tay-Sachs, que para minha sorte é recessivo (ou seja, a não ser que se receba o gene Tay-Sachs dos dois genitores, não há consequências). Quando o pai e a mãe têm o gene Tay-Sachs, há 25% de chance de que o filho receba dois genes deste tipo e desenvolva a doença. A maioria das vítimas apresenta sintomas aos seis meses, quando começam a perder a visão e a audição, em seguida a capacidade de engolir e, por fim, os movimentos, o que, pouco depois, causa a morte.

O gene de Tay-Sachs é raro (presente em menos de uma em cada duzentas pessoas na população geral), de modo que quase não há risco de que portadores como eu tenham um filho com a doença, porque há pouca chance de que acabem se apaixonando por outro portador de Tay-Sachs. Mas se eu tivesse filhos com parentes, como irmãs ou primas, haveria uma probabilidade muito maior de que minha parceira tivesse o mesmo gene problemático que eu, e uma chance muito maior de que nosso filho sofresse dessa doença terrível.

A forma mais comum utilizada por animais que vivem em pequenos grupos para solucionar o problema da potencial reprodução consanguínea é fazer com que os machos *ou* as fêmeas deixem o grupo no qual nasceram ao chegar à adolescência. Ao deixar o grupo para trás e ingressar em outro, os animais reduzem drasticamente a probabilidade de acasalar com um parente próximo. Contudo, é importante ter em mente que os bichos não fazem ideia do que os leva a fazer isso.

Na verdade, aqueles que desenvolveram o impulso de viajar e migraram para um novo grupo tiveram mais propensão a evitar esses problemas reprodutivos. Consequentemente, a tendência a mudar de grupos se disseminou pela espécie por intermédio do sucesso reprodutivo dos animais que herdaram a inclinação a ir embora ao atingir a maturidade sexual.

Os chimpanzés resolvem esse problema da reprodução consanguínea fazendo com que as fêmeas encontrem novos grupos ao alcançar a maturidade. Em contraste, os caçadores-coletores humanos são mais flexíveis e variados em suas soluções (mais sobre essa questão no capítulo 3). Os pesquisadores especularam se nossos ancestrais distantes eram similares aos chimpanzés nesse ponto ou mais similares a nós. Mas como é possível obter esse tipo de informação quando tudo que se tem são pedaços aleatórios de fósseis, nada mais tendo sobrevivido para contar a história de como nossos antepassados viviam?

Os cientistas solucionaram esse problema específico medindo os níveis de estrôncio nos dentes. Este metal é absorvido pelo corpo de modo similar ao cálcio, portanto, pode ser encontrado em nossos ossos e dentes. Há quatro formas diferentes de estrôncio, e a proporção dessas diversas formas varia de acordo com a geologia local. Alguns locais têm estrôncio muito comum em uma forma, relativamente comum em outra e raro nas duas remanescentes; e outros locais seguem padrões diferentes.

Como o estrôncio é incorporado aos dentes durante o crescimento e desenvolvimento, a arcada antiga pode ser analisada para avaliar a proporção de diferentes formas de estrôncio. Se o estrôncio encontrado nos dentes corresponder ao leito de rocha local, seu dono quase certamente cresceu na região em que foram encontrados. Por outro lado, se a proporção for diferente do leito local, o dono dos dentes quase certamente se mudou para aquela região depois da infância.

Quando Sandi Copeland e seus colegas do Max Planck Institute for Evolutionary Anthropology analisaram a proporção de estrôncio nos dentes de diversos *Australopithecus africanus* (nossos ancestrais de alguns milhões de anos atrás; mais sobre eles nos capítulos 1 e 2), descobriram que os dentes maiores correspondiam à geologia local, mas os pequenos, não. Como os machos costumam ser maiores que as fêmeas e, portanto, têm a arcada maior, esses dados sugerem que as fêmeas de australopitecos provavelmente deixaram os grupos nos quais haviam nascido, assim evitando a reprodução consanguínea, da mesma forma que as chimpanzés.

Como se pode ver nessas três linhas de pesquisa, os cientistas usam diversas abordagens para estudar nosso passado. Algumas vezes as informações nos dão muita confiança em nossas conclusões, como nos casos em que vemos avós morando na mesma cidade associadas à redução da mortalidade infantil. Em outras, as informações permitem palpites embasados, como nos casos em que deduzimos que os dentes menores são de fêmeas e, portanto, elas, provavelmente, deixavam seus grupos de origem ao chegar à maturidade. E há momentos em que as informações só fornecem parâmetros para nossas teorias, como nos casos em que o surgimento de piolhos corporais nos dá a data mais antiga para uma possível invenção do vestuário, mas não fornecem evidências claras de qual seria essa data — talvez esses insetos tenham levado tempo para se adaptar às novas oportunidades oferecidas pelas roupas.

Nesse sentido, é importante lembrar que qualquer estudo isolado é apenas uma pequena peça do quebra-cabeça: é a combinação de milhares de estudos que nos fornece o quadro geral. Quando todos apontam na mesma direção, podemos ter bastante certeza de que compreendemos o que está acontecendo. Quando se contradizem ou permitem várias interpretações, temos de trabalhar mais. Não é de surpreender que, à medida que recuamos mais no tempo, as evidências se tornam mais escassas e questionáveis, e somos obrigados a apelar cada vez mais para conjecturas. Dessa forma, tentei contar nossa história sem os intermináveis alertas que tornam os escritos acadêmicos tediosos e difíceis de ler. Então, tenha em mente que este livro representa meu grande esforço para explicar quem somos e como chegamos aqui com base nas informações incompletas, complicadas e algumas vezes contraditórias que temos. Para leitores interessados em aprender mais, incluí no final do livro uma seção de referências organizada por capítulos.

Natureza em oposição à criação?

Há um último ponto que eu gostaria de destacar antes de passar para o livro, e que diz respeito ao papel de natureza e criação em nossa formação psicológica. Algumas pessoas se ofendem com a abordagem evolucionária do comportamento humano, criticando a psicologia evolucionária pelo que entendem como suas implicações. Essas pessoas costumam acreditar que, se os genes influenciam o conteúdo de nossa mente, os aspectos dela que estão sujeitos à influência genética são imunes a influências ambientais ou sociais e fora de controle pessoal. Quero deixar claro que nada poderia ser mais distante da verdade. Para dar um exemplo, consideremos uma parte do corpo que é muito mais simples que nosso cérebro: nossos músculos.

Diferenças em nossos genes nos dão a capacidade de ter músculos de diferentes tamanhos. Algumas pessoas herdam uma tendência a músculos grandes (me vem à mente a primeira linha de qualquer time de futebol americano), e outras herdam uma tendência a uma musculatura mais modesta (se você me conhecesse, eu poderia vir à sua mente). Nossos genes fornecem a base que permite que nossos músculos cresçam em diversos graus quando são repetidamente exercitados — por levantamento de peso, trabalho braçal ou prática de esportes, por exemplo.

Ainda assim, é o nosso estilo de vida que determina se submeteremos nossos músculos a mais ou menos esforço e se daremos a eles mais ou menos nutrição, dessa forma fazendo com que cresçam ou encolham. Como consequência, músculos de diferentes tamanhos são fruto de nossos genes, nosso ambiente e da interação entre nossos genes e nosso ambiente. Ao mesmo tempo, nossa musculatura também pode ser uma questão de escolha pessoal. Como fica claro neste exemplo, a teoria evolucionária não concebe o corpo ou a mente como produto de algum tipo de competição entre natureza e criação, como produto de um programa biológico inflexível nem como algo isolado da ação e da escolha humanas.

Essas interações entre genes e ambiente surgem mesmo quando efeitos genéticos são muito poderosos. A miopia, por exemplo, é altamente hereditária, e pais míopes, provavelmente, terão filhos míopes. Mas estudos da visão de caçadores-coletores mostram que quase não há miopia entre eles. Há vários aspectos da vida moderna que podem causar miopia — talvez seja todo o trabalho de perto que executamos, talvez a leitura, talvez trabalhar com luz fraca —, mas qualquer que seja a razão, os genes que levam à miopia na verdade são aqueles que tornam as pessoas sensíveis a fatores ambientais que causam esse distúrbio. Pessoas com genes da miopia que vivem em ambientes modernos costumam desenvolver problemas de visão; pessoas com genes deste problema que vivem como caçadores-coletores quase nunca desenvolvem. Então, até mesmo efeitos em grande medida genéticos podem ser ao mesmo tempo ambientais.

Esse princípio também é verdadeiro no que diz respeito à nossa mente. O conteúdo de nossa mente é produto de nossos genes, nosso ambiente e nossas escolhas pessoais. Nosso código genético nos conduz em determinada direção — algumas vezes ela poderia ser mais precisamente descrita como um empurrão —, mas nós tomamos as decisões que determinam a trajetória de nossas vidas.

Há inúmeros exemplos da escolha humana superando tendências genéticas, mas talvez uma vida de celibato seja o caso mais claro de todos. Um dos desejos mais fortes que nossos genes nos dão é o de fazer sexo, porque a falta de sexo garante que eles morram conosco. A despeito disso, um grande número de humanos ao longo da história decidiu abrir mão de toda atividade sexual. Muitos se esforçaram para manter essa decisão e fracassaram, mas muitos foram bem-sucedidos. Sem dúvida, alguns dos que tiveram sucesso precisaram lutar muito, mas aí é que está. Só porque nossos genes nos empurram com força na direção que querem, não significa que temos de segui-la.

É fácil imaginar um mundo no qual os genes têm o controle de nossa mente, e no caso de muitos animais essa é a realidade. Mas assim que tomamos o caminho evolutivo rumo a uma maior inteligência e a um estilo de vida baseado em aprender em vez do conhecimento inato, nossos genes não tiveram escolha a não ser abrir mão de muito do controle.

Para dar um exemplo, pense em como os suricatos ensinam seus jovens a caçar. Eles conseguem a maior parte de sua nutrição comendo insetos, e aqueles que vivem no deserto de Kalahari não podem ser muito seletivos quanto a quais insetos comer. Uma de suas presas é o escorpião, que evidentemente é uma escolha de jantar perigosa, já que pode matar seu predador também. Os suricatos não nascem sabendo matar um escorpião, então os pais e irmãos mais velhos ensinam.

Como parte da técnica de treinamento, eles mudam como levam um escorpião para casa de acordo com a idade dos filhotes. Quando os pequenos acabaram de ser desmamados, o suricato adulto mata o escorpião antes de dar a eles. Quando crescem, o suricato adulto retira o ferrão do escorpião antes, mas o deixa vivo para que os filhotes possam treinar matá-lo por conta própria. Por fim, quando a cria está quase apta a cuidar de si mesma, o adulto entrega um escorpião vivo e intacto, que ela precisa atacar e matar para conseguir comer.

Esse processo dá a impressão de ser bem pensado, mas os suricatos se baseiam em apenas um sinal para determinar o que fazer com o escorpião antes de dá-lo aos filhotes: o som. Quando os pesquisadores tocam o som de filhotes bem pequenos, os suricatos matam o escorpião antes de entregá-lo. Quando os pesquisadores tocam o som de filhotes mais velhos, os suricatos dão um escorpião vivo e mortal. Por incrível que pareça, os sons produzidos pela cria em diferentes estágios de desenvolvimento induzem esse comportamento nos pais adultos *independentemente da idade real dos filhotes.* Embora estejam em contato direto e diário com os filhotes pequenos e quase indefesos, oferecerão um escorpião intacto caso tenham ouvido chamados feitos por filhotes mais velhos e capazes.

Informações como essa mostram que as decisões dos suricatos podem ser determinadas pela combinação de seus genes e um elemento de informação ambiental. Sem dúvida esse sistema evoluiu por ser computacionalmente eficaz (isto é, não demanda muito poder cerebral) e por funcionar muito bem no mundo real: filhotes recém-nascidos nunca produzem sons adolescentes.

Os humanos se diferenciam bastante de suricatos e outros animais semelhantes. Nossos genes também influenciam nossas decisões, mas apenas em combinação com uma enorme variedade de informações, algumas oriundas de nosso crânio e mostrando como nos enxergamos e quem queremos ser. Por essa razão, a ação humana continua sendo um importante determinante do comportamento, já que as pessoas *decidem* se serão descontraídas ou vigorosas, cooperativas ou competitivas, ambiciosas ou preguiçosas. Nossos genes são um fator nesse processo de tomada de decisões, mas apenas um único fator. Como vimos no caso da miopia, os genes interagem com o ambiente para exercer sua influência, de modo que reconhecer seu poder não é negar a importância de criação, classe social, cultura e tudo mais.

Em resumo, a psicologia evolucionária é uma história sobre como a evolução moldou nossos genes, que por sua vez esculpiram nossa mente, mas não é de modo algum uma história geneticamente determinista. O ambiente também esculpe nossa mente, e nossa cultura, nossos valores e preferências desempenham um papel determinante em quem nos tornamos — e para onde vamos a seguir.

Parte I

Como nos tornamos quem somos

1

Expulsos do paraíso

Você e eu descendemos de criaturas parecidas com chimpanzés*
que deixaram a floresta tropical e se mudaram para a savana há seis
ou sete milhões de anos. À primeira vista, pareceria uma decisão
estranha nossos ancestrais deixarem as árvores, já que, em tese, não
havia predadores que conseguissem caçá-los com sucesso sob proteção
delas. Mesmo fantásticos escaladores de árvores, como os leopardos,
não atacam chimpanzés lá em cima, já que estes simplesmente são
rápidos e perigosos demais quando em seu elemento natural. No
chão, contudo, os chimpanzés se tornam presa fácil. São desajeita-
dos sobre duas pernas, comparativamente lentos sobre quatro, e seu
pequeno tamanho os torna refeição garantida para grandes felinos,
como leões, leopardos e os tigres-dentes-de-sabre que percorriam a
África Oriental.

Então, por que deixar as árvores? O que compeliu nossos ancestrais
a trocar a segurança e a exuberância da vida na copa das árvores por

---

* Humanos e chimpanzés evoluíram de um ancestral comum, mas não sabemos ao certo
qual era a aparência desse ancestral. Os registros fósseis sugerem com vigor que nossos avós
partilhados pareciam muito mais com os chimpanzés de hoje do que conosco. Por essa razão,
eu me refiro aos nossos ancestrais comuns como *parecidos com chimpanzés*.

uma existência lenta e desajeitada no solo? Há um acalorado debate científico sobre essa questão, mas uma teoria amplamente endossada é uma versão atualizada da "hipótese da savana". Tal hipótese foi formulada por Ray Dart em 1925, ao publicar a descoberta do *Australopithecus africanus*, ou "o homem-macaco da África do Sul". Após notar que os humanos dificilmente teriam evoluído em florestas tropicais porque a vida lá era fácil demais, Dart escreveu: "Para produzir o homem era necessário um aprendizado diferente, afiando assim a inteligência e acelerando as manifestações superiores do intelecto — uma paisagem mais aberta onde a competição entre agilidade e dissimulação fosse mais aguda, e agilidade de raciocínio e movimento desempenhassem um papel preponderante na preservação da espécie."

Dart estava certo sobre termos evoluído na savana, mas, em 1925, ele não tinha ideia de quais forças nos colocaram lá. Hoje acreditamos que foi a atividade tectônica ao longo do Vale do Rift, na África Oriental, que nos separou dos nossos ancestrais parecidos com chimpanzés. Todas as superfícies da Terra, incluindo as massas de terra que formam os continentes e os leitos dos oceanos, se apoiam em placas tectônicas. Estas flutuam sobre um manto subjacente, que é um líquido viscoso quando escorre de um vulcão, mas suporta tanta pressão sob a crosta da Terra que se parece mais com asfalto moldável. O calor que emana do núcleo da Terra cria no manto correntes incrivelmente lentas, mas fortes, e essas correntes carregam as placas. Às vezes colidem umas com as outras em câmera lenta, como foi o caso da Índia se chocando com a Ásia, que teve como subproduto a Cordilheira do Himalaia (que continua a se erguer alguns centímetros todos os anos). Outras vezes essas placas se descolam e se afastam umas das outras. Na África, o lado oriental está lentamente se afastando do restante, com início no Mar Vermelho, no norte, e fim no litoral de Moçambique, no sul.

A atividade tectônica ao longo dessa falha geográfica criou o Vale do Rift, na África Oriental, e lenta e esporadicamente elevou enormes áreas de Etiópia, Quênia e Tanzânia a um planalto. Essas mudanças na topografia levaram a alterações no clima, com as florestas tropicais no lado oriental do Vale do Rift secando uma após a outra e sendo substituídas pela savana. Então, no fim das contas, nós não deixamos as árvores — as árvores nos deixaram.

Como nossos ancestrais parecidos com chimpanzés eram muito impressionantes nas árvores e nada impressionantes no solo, a substituição gradual da floresta tropical pela savana significou que eles precisavam descobrir um novo modo de ganhar a vida. As frutas e os brotos de folhas que estavam acostumados a comer desapareceram junto com as árvores, suas oportunidades de caçar e conseguir carne foram amplamente reduzidas por sua baixa velocidade em terra e, para completar, enormes predadores percorriam as pastagens. Então, como nossos ancestrais reagiram ao revés duplo de comida desaparecendo e predadores perigosos? Não há dúvida de que muitos de nossos possíveis ancestrais pereceram, mas alguns sobreviveram e, por fim, começaram a ter sucesso. A história deles é a nossa.

A estratégia dik-dik/babuíno

Nossos ancestrais parecidos com chimpanzés não são os únicos moradores de árvores a tentar uma nova vida no solo, então os cientistas costumam estudar o comportamento de outras espécies para descobrir como os chimpanzés poderiam ter se adaptado às pastagens. Uma analogia pode ser encontrada entre os babuínos; embora estes sejam macacos, não antropoides (e, portanto, não tão inteligentes quanto os chimpanzés), eles lembram os chimpanzés de muitas formas, e diversas espécies deles habitam a savana africana. Os babuínos da savana vivem em grandes grupos, o que lhes dá a vantagem de muitos olhos para procurar predadores e muitos dentes com os quais se defender. A "solução babuína" para a vida na savana não é horrível, o que é comprovado por ainda haver muitos deles, mas *é* estressante e repleta de perigos. Eles muitas vezes chegam a um fim abrupto nas presas de um leão ou um leopardo faminto.

Em confrontos com predadores, os babuínos dependem em grande medida de seus enormes incisivos, que são maiores que os de um chimpanzé, embora sejam menores. Se nossos antepassados parecidos com chimpanzés tivessem "decidido" que morder era a resposta para o dilema da savana, nosso rosto provavelmente seria mais lupino do que é hoje, com maxilar protuberante e dentes muito maiores. Nossas pequenas mandíbulas e caninos patéticos indicam que a solução babuína não parece ter se adequado aos nossos ancestrais, que adotaram uma diferente abordagem da vida na planície. De fato, essa decisão já era evidente quando havíamos evoluído para o *Australopithecus* de Ray Dart, cujos dentes e maxilar estavam no meio do caminho entre os de um chipanzé e os nossos.

Como esses primatas têm um cérebro maior que o dos babuínos, demoram mais para chegar à fase adulta, e seu ritmo mais lento de maturação significa que demandam mais cuidados maternos. Como consequência, eles têm uma idade inicial de reprodução superior e um índice reprodutivo menor que o dos babuínos. Essa reprodução mais lenta teria colocado nossos ancestrais em maior risco de extinção caso fossem apanhados com a mesma frequência que os babuínos. Por essa razão, nossos ancestrais parecidos com chimpanzés que sobreviveram a essa pressão evolutiva, provavelmente, foram aqueles que fizeram o máximo para não chamar a atenção de leões, tigres-de-dentes-de-sabre e outros predadores, em vez de adotar uma postura de confronto.

De fato, esconder-se é a principal estratégia de sobrevivência para muitos herbívoros. Consideremos o dik-dik, um antílope que tem mais ou menos o tamanho de um gato doméstico e que também vive na savana da África Oriental. Em função de seu pequeno porte, os dik-diks não têm defesas contra qualquer predador maior que um poodle, então passam a vida se escondendo. São incrivelmente rápidos e ágeis quando perseguidos, mas não o suficiente para sobreviver a uma caçada nas pastagens abertas. Assim, eles se fundem com o ambiente, permanecem alertas a predadores e nunca se afastam da densa vegetação rasteira.

Nossos ancestrais parecidos com chimpanzés não eram tão rápidos quanto os dik-diks, mas podiam subir em árvores. É provável que passassem os dias escondidos, vigiando predadores e subindo depressa em árvores próximas em busca de segurança. Quando os chimpanzés modernos estão na savana, adotam uma espécie de estratégia combinada dik-dik/babuíno, agrupando-se mais do que os chimpanzés fazem na floresta tropical e evitando cuidadosamente áreas abertas onde não há árvores disponíveis para uma fuga rápida. Talvez ainda mais interessante, os chimpanzés da savana apresentam dois outros comportamentos únicos: fazem lanças grosseiras com galhos, que usam para enfiar em buracos de árvore para perfurar e retirar macacos escondidos, e têm mais propensão a partilhar uns com os outros do que os da floresta. Esses dois comportamentos imitam mudanças que nossos ancestrais apresentaram depois de terem deixado a mata (mais sobre isso depois).

Essas informações sobre chimpanzés e babuínos da savana sugerem que maior vigilância teria permitido a nossos ancestrais sobreviver nesse tipo de vegetação, e, provavelmente, desempenhou um papel importante em sua sobrevivência nos primeiros milhões de anos após o desaparecimento da floresta. Ao contrário de babuínos e dik-diks, porém, nossos antepassados não se contentaram com esse pequeno sucesso. A savana trouxe novas oportunidades para um antropoide esperto cujas mãos não eram mais necessárias para a locomoção. A mudança não aconteceu do dia para a noite, mas ao longo dos três milhões de anos seguintes numerosas adaptações em nossa mente e nosso corpo sugerem que descobrimos formas inteiramente novas de nos proteger nas pastagens.

Arremessando pedras em leões

O que você faria se fosse atacado por um animal forte demais, feroz demais e rápido demais para lhe dar chance de fugir ou lutar de mãos vazias? No meu caso, não preciso de muita imaginação para responder a essa pergunta. Cresci em uma vizinhança que não dava muita atenção à obrigatoriedade de conduzir cães em guias, e meus amigos e eu com frequência éramos perseguidos por um pastor alemão e um dobermann da rua. Embora eu fosse um garoto magricela e aqueles cachorros ainda conseguissem me intimidar hoje, aos 7 ou 8 anos eu me tornara muito bom em me defender arremessando pedras. Se meus irmãos ou amigos estivessem comigo, só tínhamos de nos curvar para juntar pedras, e os cachorros que corriam atrás de nós mudavam de ideia na mesma hora. Quando eu estava sozinho, corria para a cerca ou a árvore mais próxima, porque não conseguia arremessar pedras com a rapidez necessária, mas a adesão de uma pessoa que fosse dava mais garantia.

Essas experiências sugerem como nossos ancestrais poderiam ter reagido à ameaça de predadores na savana: arremessando pedras, particularmente se conseguissem se unir e arremessar muitas. Não é possível voltarmos ao passado para descobrir se foi isso o que fizeram, mas podemos observar as diferenças entre nosso corpo e o deles para descobrir se essa estratégia é plausível. Então, o que mostram as evidências?

Diversas mudanças nos registros de fósseis sustentam a hipótese de arremesso de pedras. A maioria dessas mudanças pode ser encontrada, pelo menos em parte, em nosso ancestral *Australopithecus afarensis* (também conhecido como Lucy, que percorreu a África Oriental há três milhões e meio de anos e foi um predecessor do *Australopithecus africanus* de Ray Dart). Lucy não era muito mais inteligente do que um chimpanzé, a julgar pelo tamanho do cérebro, mas parece ter concebido novas formas de lidar com predadores além de se esconder e torcer para não ser notada. Em comparação a um chimpanzé, Lucy tinha mãos e pulsos mais ágeis, maior flexibilidade no braço superior, ombros mais horizontais e bom espaço entre o quadril e a base da caixa torácica. Essa constelação de características modificadas provavelmente se devia ao fato de ser bípede (caminhava ereta), um hábito que seus ancestrais desenvolveram na savana; essas novas características também eram incrivelmente úteis para arremessar.

Quando se observa pessoas lançando uma bola de um lado para outro na praia, pode ter a impressão de que arremessar é uma função basicamente dos músculos do braço e do ombro. Porém, para aprender a arremessar com força e precisão, é preciso observar jogadores de baseball, arremessadores de futebol americano ou caçadores-coletores. Entre arremessadores experientes, os braços e os ombros são apenas uma pequena parcela da equação. O arremesso forte começa ao se colocar para a frente a perna do lado oposto (por exemplo, um pé esquerdo no caso de um destro), passa pela rotação do quadril, seguida pelas de tronco e ombros, e, finalmente, cotovelo e pulso.

Esses movimentos sequenciais se valem do fato de que as forças para a frente e de rotação do corpo esticam os ligamentos, os tendões e os músculos de braço e ombro, o que acelera o membro superior para a frente bem no fim do arremesso, como se soltasse um elástico esticado. Os chimpanzés são mais fortes do que nós, mas não conseguem gerar esse tipo de energia elástica ao arremessar porque suas articulações não são flexíveis o suficiente e seus músculos não estão na posição certa. Foram essas mudanças em quadris, ombros, braços, pulsos e mãos que tornaram Lucy e seus colegas australopitecos arremessadores de pedras muito melhores. Essas mesmas mudanças também permitiram um uso excelente de porretes, o que teria sido útil sempre que os arremessos não fossem suficientes.

Afugentar um dobermann com pedras é uma coisa; afugentar leões e tigres-de-dentes-de-sabre é um desafio inteiramente diferente, em especial para quem pesa entre 25 e 45 quilos e mede entre um metro e 1,5 metro, como os australopitecos.* Ainda assim, arremessar pode ser incrivelmente eficaz quando se pratica muito. Aprendi isso da forma mais dolorosa quando tinha vinte e tantos anos e visitei a Feira Estadual de Ohio com minha namorada. Uma das barraquinhas tinha uma rede para arremesso e um radar portátil, e eu decidi impressionar a moça com minhas habilidades atléticas. Fiquei muito contente com meus arremessos de oitenta quilômetros por hora, e ela parecia devidamente impressionada — até um garoto magro e comprido de 12 anos se instalar ao meu lado. Sem uma gota de suor, aquele pré-adolescente de 38 quilos arremessou bola após bola a mais de cem por hora. Não querendo perder aquele concurso de masculinidade para um magrelo, arremessei a última bola com toda a minha força e fui recompensado com um lance de 88 quilômetros por hora sem nenhuma precisão e uma dor excruciante no cotovelo e no ombro. Minha namorada me consolou dizendo que arremessar tinha mais a ver com prática do que com força — acho que foi nesse momento que eu soube que queria me casar com ela —, e é claro que ela estava certa.

Tendo em mente que a prática leva à perfeição, vemos que a hipótese do arremesso é mais plausível, em particular, se este era levado a cabo por um grupo inteiro. Consistente com essa possibilidade, os registros históricos também indicam que o arremesso pode ser incrivelmente eficaz. Há inúmeras descrições de encontros conflituosos entre exploradores europeus e populações indígenas nos quais a população local estava armada apenas com pedras. Os exploradores europeus costumavam se valer de armas e armaduras, mas com frequência perdiam essas escaramuças, algumas vezes seriamente. Vejam estes três relatos históricos que a antropóloga Barbara Isaac usou em seu maravilhoso artigo "Throwing and Human Evolution" [O arremesso e a evolução humana, em tradução livre].

---

* Que é um pouco mais alto, mas um pouco mais leve que um chimpanzé moderno.

Em pouco tempo eles haviam nos agredido de tal modo que nos fizeram recuar para o abrigo com cabeças ensanguentadas, braços e pernas quebrados por golpes de pedra: porque eles não conhecem outras armas e, acreditem, arremessam e lançam pedras com habilidade muito maior que um cristão; fazem uma pedra parecer a seta de uma besta.

Jean de Béthencourt, 1482

As enormes pedras arremessadas pelos selvagens aleijavam um ou outro dos nossos a todo momento (...) uma chuva de pedras, muito mais difícil de evitar por serem arremessadas com força e mira incomuns, produziram quase o mesmo efeito que nossas balas, e tinham a vantagem de se suceder com maior rapidez.

Jean-François de Galoup de La Pérouse, 1799

Muitas vezes, antes que o caráter dos nativos fosse conhecido, um soldado armado foi morto por um australiano completamente desarmado. O homem atirou no nativo que, se esquivando, impediu que o inimigo fizesse a pontaria correta, e depois foi simplesmente estraçalhado por uma chuva de pedras, recolhidas e arremessadas com uma força e precisão que só vendo para acreditar (...) o australiano arremessava uma após a outra com tal rapidez que pareciam sair de algum tipo de máquina; e enquanto ele as arremessa, salta de um lado para outro para que os mísseis cheguem de diferentes direções sobre o infeliz alvo de sua mira.

John Wood, 1870

Esses relatos destacam a potencial letalidade do arremesso coletivo de pedras, mas também destacam um ponto crucial: a cooperação é o segredo para tornar essa estratégia um sucesso com animais grandes, como leões e leopardos.

A psicologia da ação coletiva

Chimpanzés são mais propensos a competir uns com os outros do que cooperar, portanto deve ter sido difícil para nossos ancestrais distantes parecidos com chimpanzés agir coletivamente para afugentar grandes predadores. Um *Australopithecus afarensis* solitário arremessando pedras (talvez enquanto outros membros de seu grupo fugiam correndo) teria terminado na barriga de um predador com feridas leves, mas muitos australopitecos arremessando pedras provavelmente teriam afugentado hienas, tigres-de-dentes-de-sabre e até mesmo leões. Foi essa necessidade de ação coletiva que produziu a mais importante mudança psicológica que nos permitiu prosperar na savana, em vez de apenas sobreviver: a capacidade e o desejo de trabalhar em conjunto.

Os chimpanzés modernos cooperam levemente uns com os outros quando caçam ou atacam outros chimpanzés em parceria, mas sua orientação fundamental entre os membros do grupo que não são parentes ou amigos íntimos é competitiva. Assim, é provável que nas primeiras centenas, milhares, ou mesmo milhões de vezes em que nossos ancestrais parecidos com chimpanzés se esgueiravam pelos pastos, eles fugiam para as árvores mais próximas ao primeiro sinal de ataque. Mas, em algum momento do processo, nossos ancestrais se uniram na defesa coletiva, e a partir daí *todos* passaram a ter maior chance de sobrevivência.

Indivíduos em grupos que aprenderam a trabalhar em cooperação desse modo tinham uma enorme vantagem, e teriam superado com facilidade indivíduos em grupos comprometidos com uma estratégia de "cada sujeito parecido com chimpanzé por si". Igualmente importante, a evolução teria favorecido quaisquer mudanças psicológicas posteriores que aumentassem a qualidade da reação coletiva do grupo. Portanto, nossos ancestrais que gostavam de se ajudar e que podiam ser considerados cooperativos pelos outros tiveram uma grande recompensa.

Assim que os australopitecos aprenderam a afugentar predadores arremessando pedras, teriam descoberto que também podiam caçar da mesma forma. O lançamento coletivo demanda pouco planejamento antecipado ou coordenação, sendo possível mesmo com as limitadas capacidades cognitivas de nossos ancestrais distantes. Sempre que um grupo de australopitecos se deparava com uma possível presa, provavelmente a cobria de pedras. O arremesso também lhes teria permitido roubar abates recentes de outros animais, já que qualquer criatura solitária que tivesse conseguido um abate logo se juntaria à sua presa na panela caso tentasse defender seu jantar diante de pedras em movimento.

O arremesso de pedras não apenas aumentou intensamente as vantagens da cooperação, mas também criou novas formas de exigir isso. A maior ameaça à cooperação é o parasitismo, ou a tendência a fugir do trabalho pesado e, ao mesmo tempo, partilhar os benefícios. Muitos dos australopitecos nesses primeiros grupos na savana teriam sido tentados ao parasitismo, fugindo ao primeiro sinal de predadores enquanto o restante do grupo trabalhava coletivamente para afugentá-los. Sem dúvida, nossos ancestrais achavam frustrantes esses parasitas, assim como nós também achamos quando integrantes de nossa equipe de trabalho não se esforçam, e, ainda assim, assentem com expressão cansada quando o chefe agradece a todos pela noite em claro. Contudo, nossos antepassados tinham à disposição novas armas para garantir a cooperação.

A primeira arma foi a ameaça de ostracismo. Ser expulso de um grupo de macacos na floresta era uma lástima, mas ser expulso de um grupo de australopitecos nas pastagens era uma sentença de morte. Por essa razão, nossos ancestrais desenvolveram rapidamente uma forte reação emocional à ameaça de ser colocado este ostracismo.*

---

* Por *ostracismo* eu me refiro ao sentido original do termo grego, que diz respeito ao banimento de um grupo. Os psicólogos com frequência empregam o termo para se referir a ignorar alguém ou tratá-lo como se não estivesse presente. Tal emprego do termo representa uma forma psicológica de banimento, que certamente é desagradável, mas tem consequências muito diferentes para a sobrevivência do que ser chutado em um ambiente ancestral.

Os australopitecos que não se importaram em ser expulsos do grupo não são os australopitecos que se tornaram nossos ancestrais, então a ameaça do ostracismo logo colocou os parasitas na linha. Ostracismo e rejeição continuaram a ser ferramentas importantes para forçar a cooperação até o presente, e como resultado ainda consideramos a rejeição social algo incrivelmente doloroso, e fazemos o que for preciso para permanecer nas graças de nosso grupo.

No caso de reincidentes difíceis de colocar no ostracismo (seja por se aferrarem ao grupo como carrapatos ou por serem agressivos e não aceitarem bem o ostracismo), a ameaça de punição coletiva provavelmente operava maravilhas. A capacidade de matar à distância é a invenção mais importante na história da guerra, porque indivíduos mais fracos podem atacar indivíduos mais fortes com superioridade numérica e em posição de relativa segurança. É provável que o apedrejamento tenha sido uma das primeiras formas de punição que nossos ancestrais aplicaram a colegas que não faziam sua parte, e permaneceu sendo um castigo comum até tempos recentes. A Bíblia, por exemplo, invoca o apedrejamento como punição para uma variedade de pecados, embora tenha sido escrita quando as pessoas também podiam enforcar, decapitar, crucificar ou matar umas às outras de diversas formas terrivelmente inventivas. A segurança* e a eficácia do apedrejamento de transgressores não passaram despercebidas pelos criadores dessas leis bíblicas.

Embora lançar pedras não seja exatamente uma ciência sofisticada, essa ação coletiva inicial deflagrou os processos evolutivos que levaram à extraordinária expansão de nossas capacidades mentais ao longo dos 3 milhões de anos seguintes. A decisão de arremessar pedras em predadores pode não parecer muita coisa, e pode não ter ajudado muito nas primeiras centenas ou milhares de vezes, mas quando funcionou, tudo mudou.

---

* Para os apedrejadores; evidentemente era difícil para os apedrejados.

A ação coletiva produziu a revolução cognitiva

Os cientistas um dia acreditaram que nos tornamos tão inteligentes para tirar vantagem das oportunidades de manipular objetos graças aos polegares opositores. Sem dúvida há certa verdade nessa possibilidade; afinal, os polvos são absurdamente inteligentes, e seus tentáculos oferecem as mesmas oportunidades de polegares opositores. Um cérebro enorme seria de pouca utilidade para uma zebra, que não poderia criar e utilizar nenhuma ferramenta com seus cascos.

Mas, no fim das contas, lidar com outros membros do grupo é um desafio mental muito maior do que manipular objetos. Por essa razão, muitos cientistas adotaram a hipótese do cérebro social, que é a ideia de que os primatas desenvolveram cérebros grandes para lidar com os desafios sociais inerentes à relação com outros membros de seus grupos altamente interdependentes.* Essa hipótese tem especial apelo no caso dos humanos, não apenas porque nós vivemos em grupos maiores que os dos outros grandes antropoides. Assim que nossos ancestrais começaram a colher as vantagens do trabalho em equipe, eles criaram as bases para todo tipo de inovações sociais, a maioria das quais se deu um ou dois milhões de anos depois (tema do capítulo 2). Tais inovações exigiam um cérebro maior para coordenar e executar, e exerceram sobre nossos antepassados uma grande pressão para ficarem mais espertos.**

A cooperação tornou nossos ancestrais mais inteligentes, mas também exigiu muitas mudanças no funcionamento da mente. Primeiro, e mais importante, eles começaram a se beneficiar da troca

---

* Os desafios sociais também desempenham um papel importante nas capacidades cognitivas de diversas outras espécies. Os elefantes, por exemplo, rastreiam o paradeiro dos membros de seu grupo por longas distâncias, e grahas se tornam adultos mais inteligentes caso vivam em grupos maiores.

** Em seu livro *Social: Why Our Brains Are Wired to Connect*, Matthew Lieberman usa esse argumento para mostrar as formas fundamentais pelas quais o cérebro humano é programado para ser um instrumento social.

de informações. Em suas vidas competitivas anteriores, conhecimento era poder — e ainda é, claro —, e partilhar informação pessoalmente valiosa era bastante improvável. Contudo, assim que nossos ancestrais começaram a cooperar, seriam muito mais eficazes se todos estivessem em sintonia.

O primeiro passo para colocar todos em sintonia é atenção partilhada. Se eu estou competindo com outros membros do meu grupo, não quero que eles saibam no que estou pensando, o que significa que também não quero que saibam para onde estou olhando. Esteja eu de olho em um possível parceiro sexual ou em um figo saboroso, manterei isso em segredo para que outros não cheguem lá primeiro. Mas se estou cooperando com outros membros do grupo, vou querer que saibam a que estou dedicando atenção. Se uma presa saborosa aparece no caminho e eu a vejo primeiro, quero que os outros também notem, para que possamos trabalhar juntos para capturá-la.

Nossos primos chimpanzés são bons em avaliar perspectiva visual; são capazes de discernir o que os outros colegas conseguem ver do ponto de vista deles. Mas a evolução dificultou o acesso a essa informação, porque esses primatas passaram a esconder a direção do olhar com uma esclerótica castanha (a parte do olho que cerca a córnea). Se você olhar para o rosto de um chimpanzé, não conseguirá dizer para onde ele está olhando sem examinar de perto seus olhos. Os humanos, por outro lado, desenvolveram escleróticas brancas, que anunciam com clareza para onde nossa atenção está voltada. Seguir o olhar de um chimpanzé, gorila ou orangotango não é fácil, ao passo que o foco de nossa atenção torna-se rapidamente disponível aos outros mesmo quando nosso rosto e nossos olhos estão voltados para sentidos diferentes.

O fato de que anunciamos a direção de nosso olhar desse modo fornece evidências claras de que costuma ser mais vantajoso para nós que os outros saibam o que chamou nossa atenção do que manter isso em segredo. Do contrário, a esclerótica de nossos olhos não teria sofrido um desenvolvido diferente daquela dos outros antropoides. Algumas pessoas argumentaram que tais mudanças podem ocorrer porque beneficiam o grupo e, portanto, beneficiam indiretamente o indivíduo (enquanto membro do grupo). O argumento é possível em princípio, mas o benefício coletivo teria de ser enorme e o custo individual pequeno para tal sistema se desenvolver. Se o grupo se beneficia de um conhecimento que custa caro para os seus membros isolados, na maioria das circunstâncias, os indivíduos não partilharão o conhecimento. O sucesso individual determina quais genes são transmitidos à geração seguinte, mesmo que se dê a um custo para o grupo.

Como consequência, quando os objetivos de uma organização entram em conflito com os objetivos individuais, estes vencem em quase todas as oportunidades. Os chimpanzés são muito mais egoístas e muito menos voltados para o grupo do que nós, e, por isso, sofrem para trabalhar de modo eficaz em conjunto. Mas assim que nos mudamos para a savana e descobrimos que a cooperação era o segredo do sucesso, tivemos a sorte de que os objetivos do grupo e os objetivos individuais coincidiram pela primeira vez entre os grandes antropoides. Em outras palavras, nossa expulsão da floresta criou um novo nicho para antropoides que cooperavam mais do que competiam. Essa coincidência evolucionária de nossos objetivos grupais e individuais acabou por nos colocar no topo da cadeia alimentar, a despeito da evidente falta de qualquer arma biológica além de nosso grande cérebro.

Nesse sentido, nossa evolução cognitiva ao longo dos últimos seis milhões de anos pode ser vista como um processo involuntário de superação. Nossa solução colaborativa para uma crise climática criou, pela primeira vez neste planeta, um *nicho social-cognitivo*, e nós passamos os milhões de anos seguintes desenvolvendo novas capacidades para explorar esse nicho com maior eficiência.

O salto social que nos tornou humanos

Quando nossos ancestrais criaram uma solução social para os desafios da vida na savana, deram início a uma avalanche de acontecimentos que acabaram levando às nossas origens humanas, motivo pelo qual descrevo nossa mudança da floresta tropical para a savana como o "salto social". O salto das árvores para as pastagens foi claramente metafórico (e, na verdade, em certa medida foi mais um empurrão do que um salto), mas nosso salto para uma solução social nos permitiu sair da sombra dos maiores predadores e abrir espaço para estratégias sociais mais complexas.

Caso tivéssemos encontrado outra solução para a vida nas pastagens (como tocas, esconderijos ou corridas mais eficazes), eu não estaria escrevendo esta história e você não a estaria lendo. A escolha de nossos antepassados foi parcialmente aleatória, mas determinada pelas oportunidades que tinham à sua disposição.

A perda de nosso hábitat na floresta poderia muito bem ter sido nosso fim. Se repetirmos o cenário do desaparecimento da floresta tropical, desconfio de que em nove a cada dez vezes acabaríamos como versões tímidas de babuínos, na melhor das hipóteses, olhando para trás em busca de leões e, ao mesmo tempo, de olho na árvore mais próxima. A extinção ou uma existência marginal era um resultado muito mais provável do que nossa chegada ao topo da cadeia alimentar. Mas alguns de nossos ancestrais tiveram sorte e encontraram uma solução para a crise existencial, e somos os beneficiários de sua resistência.

Nossa transição das pastagens para o Google com certeza foi brutal e altamente ineficaz, mas essa é a natureza da própria evolução. Há mudanças constantes nesta Terra, e a vida se adapta ou é extinta. De fato, os humanos provavelmente nunca teriam evoluído se um enorme asteroide por acaso não tivesse acertado o planeta Terra há 66 milhões de anos. Ao esmagar o Golfo do México, deflagrando tempestades de fogo globais e mudança climática, aquele pedaço de lixo espacial eliminou todos os enormes predadores que haviam dominado nosso planeta por mais de cem milhões de anos. Nós poderíamos ter conseguido afugentar um leão ou um tigre-de-dentes-de-sabre com pedras, mas nossos ancestrais teriam sido saborosos lanches para um *T. rex*, não importando quantos de nós houvesse e quão bem trabalhássemos em equipe. Nosso salto social foi brilhante e, ao que parece, presciente, mas também altamente dependente de uma longa sequência de eventos que aconteceram a nosso favor.

Mais importante de tudo, nosso salto social também transformou as pressões evolutivas sobre nós. Em reação aos riscos e às oportunidades inerentes à nossa nova vida, nós mudamos drasticamente nossas tendências mentais e expandimos nossas capacidades cognitivas ao longo dos milhões de anos seguintes. Mas isso é assunto para o próximo capítulo.

2

Saindo da África

Três milhões de anos após deixar a floresta, Lucy caminhava ereta, mas ainda parecia muito mais um chimpanzé do que uma humana. Ela, provavelmente, não chamaria sua atenção em um zoológico, já que há pouco em sua aparência externa que revele sua humanidade (ver Figura 2.1). Mas Lucy entendia que pedras davam ferramentas úteis, e algumas evidências sugerem que ela afiava as bordas para torná-las mais eficientes. Caso seja verdade, esse foi um grande passo para além dos chimpanzés, que usam pedras como ferramentas, mas, que se saiba, não as modificam.

Um milhão de anos depois, o *Homo erectus* certamente fazia ferramentas de ossos, paus e peles, mas se decompuseram há muito. As únicas ferramentas que sabemos que eles usavam quando começaram a migrar para a Europa e a Ásia eram pouco mais sofisticadas que as pedras afiadas atribuídas a Lucy. Essas primeiras ferramentas

Figura 2.1. O *Australopithecus afarensis*, também conhecido como Lucy. (Copyright © John Gurche)

Figura 2.2. *Homo erectus*. (Copyright © John Gurche)

de pedra que o *Homo erectus* adotou de seu ancestral *Homo habilis* tornavam a vida mais fácil — foram muito usadas e haviam permanecido iguais por mais de um milhão de anos —, mas eram de fato bem simples. Desconfio de que se você encontrasse uma delas hoje, poderia tacá-la em um lago sem saber que se tratava de um objeto de grande significado (ver o lado esquerdo da Figura 2.3).

Então, como o *Homo erectus* colonizou com sucesso África, Europa e a metade sul da Ásia há mais de um milhão de anos com uma caixa de ferramentas tão modesta? Sem dúvida, seu sucesso vem do fato de que tinha um cérebro com cerca de dois terços do tamanho do nosso. Em oposição a Lucy, o *Homo erectus* (Figura 2.2) pareceria demasiadamente deslocado em um zoológico, a não ser como um visitante (bastante bruto).

O cérebro maior do *Homo erectus* viabilizava sua ferramenta mais importante: a capacidade acentuada de trabalhar em conjunto. Os restos fossilizados de cavalos e elefantes (muitas vezes com o dobro do tamanho dos elefantes modernos) esquartejados por grupos de *Homo erectus* em diversos sítios por toda a Europa e a Ásia sugerem que esta espécie não vivia na periferia de seu novo mundo. É razoável imaginar que eles eram carniceiros, comendo os restos deixados para trás por outros predadores, mas as evidências sugerem algo diferente. Muitas das marcas que as ferramentas de pedra dos *Homo erectus* deixaram nos ossos desses restos fossilizados foram feitas antes das marcas de dentes de predadores locais. Ademais, as marcas das ferramentas de pedra, muitas vezes, são encontradas nas áreas altas dos ossos das pernas dos animais, perto do tronco, que é a parte que os predadores consomem primeiro. Se o *Homo erectus* fosse carniceiro, haveria pouca ou nenhuma carne restante nessa região, portanto, poucas razões para que marcas de corte aparecessem ali. Esses achados sugerem que ele descobriu como matar animais grandes e velozes com ferramentas incrivelmente simples, um feito que teria exigido muito planejamento e coordenação entre grupos de caçadores.

Há muitas razões para crer que o *Homo erectus* tinha a capacidade intelectual de planejar e coordenar caçadas. Em primeiro lugar, o *Homo erectus* avançou, inventando uma caixa de ferramentas de pedra muito melhores que as ferramentas olduvaienses* herdadas de seu ancestral comparativamente estúpido, *Homo habilis* (à esquerda na Figura 2.3). As ferramentas acheulianas** criadas pelo *Homo erectus* eram simétricas e de face dupla, o que teria aumentado sua utilidade e o conforto de manejo. Em contraste com as ferramentas de pedra do *Homo habilis*, se você encontrasse uma ferramenta acheuliana, suspeito de que fosse levá-la para casa para mostrar aos amigos.

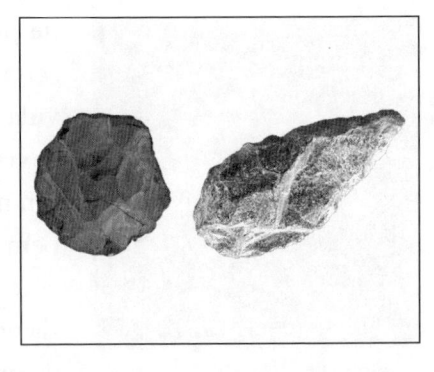

Figura 2.3. Uma ferramenta olduvaiense à esquerda (Rosalia Gallotti) e uma ferramenta acheuliana à direita (Fernando Diez-Martin), ambas de 1,7 milhão de anos atrás.

Uma forma de estudar as dificuldades envolvidas na produção dessas ferramentas antigas é fazê-las nós mesmos, e muitos antropólogos aprenderam a arte de lascar pedra — ou seja, moldar ferramentas a partir de pedras lascando-as cuidadosamente com outras, como nossos ancestrais faziam. Em um desses estudos, lascadores de pedra modernos foram colocados em um aparelho de fMRI, que é semelhante às máquinas de ressonância magnética usadas em hospitais, mas com a capacidade adicional de medir a atividade cerebral juntamente com a estrutura do cérebro. Foram apresentadas aos lascadores ferramentas olduvaienses e acheulianas parcialmente concluídas e eles foram

---

* O termo olduvaiense se refere ao local da primeira descoberta pela equipe de Louis e Mary Leakey na Garganta de Olduvai, na Tanzânia.

** Batizada em homenagem à cidade de Saint-Acheul, na França, onde essas ferramentas foram encontradas cem anos antes das escavações dos Leakey na Tanzânia.

convidados a decidir o que fazer a seguir para finalizá-las. Ao medir a atividade cerebral enquanto eles tomavam as decisões, o estudo nos permite ver que tipo de trabalho mental está envolvido na fabricação dessas ferramentas. As imagens do cérebro mostraram que a produção das acheulianas demandava mais processamento da parte da frente do cérebro (a região envolvida em planejar e coordenar atividades) do que a produção das olduvaienses. Isso parece bastante perceptível quando vemos as ferramentas na Figura 2.3: fica claro que as acheulianas exigiriam maior planejamento do que a amolação mais simples evidente nas olduvaienses.

Não apenas o *Homo erectus* inventou ferramentas melhores, mas as evidências sugerem que ele foi a primeira espécie a se planejar para um mundo além de suas necessidades imediatas. Parece estranho, mas macacos e antropoides são incapazes de fazer planos para necessidades que não sentem no momento. Por exemplo, em um laboratório de pesquisa, macacos-prego foram colocados em um regime diário no qual eram alimentados uma vez por dia. Os macacos sobrevivem facilmente com essa dieta, desde que a única refeição seja farta o suficiente, mas eles evoluíram para buscar comida com regularidade, então não gostavam de serem alimentados uma vez por dia. Ainda assim, os macacos nunca aprenderam a poupar um pouco, preparando-se para uma fome futura. Em vez disso, assim que ficavam satisfeitos eles tendiam a jogar comida uns nos outros ou fora do cercado em vez de reservá-la para um lanche noturno.

Os chimpanzés são muito mais inteligentes do que esses macacos, mas também parecem incapazes de se planejar para necessidades não sentidas. Como exemplo, pense no que acontece quando eles se alimentam de um cupinzeiro. Primeiro eles encontram um arbusto adequado, arrancam um galho e tiram as folhas, depois levam essa vara até o cupinzeiro. Então, enfiam a vara nos buracos abertos no cupinzeiro e lambem os cupins. Essa sequência mostra que eles conseguem trabalhar seguindo etapas para atingir seu objetivo, mas quanto raciocínio isso exige? Não muito. Assim que terminam de se alimentar, eles descartam o pegador de cupins como se nunca mais fossem sentir vontade de comê-los de novo.

Resultados semelhantes surgem em experimentos de laboratório, sugerindo que a incapacidade dos chimpanzés de se planejar para necessidades não sentidas se manifesta em numerosas áreas, mesmo quando o planejamento antecipado seria incrivelmente útil. Australopitecos e *Homo habilis* provavelmente não eram mais capazes do que chimpanzés no que diz respeito a isso, já que não há evidências de que tenham alguma vez feito ferramentas para utilização além das necessidades imediatas. Em particular, não há sinal algum de que artefatos olduvaienses tenham sido levadas para longe do ponto em que foram extraídas e produzidas.[*]

Em claro contraste, as ferramentas acheulianas do *Homo erectus* foram encontradas a grandes distâncias de onde foram extraídas e produzidas. Assim, fica evidente que ele imaginava a utilidade futura de suas ferramentas mesmo após ter acabado de usá-las para desmembrar uma carcaça. Esse é um grande salto cognitivo, mas faz sentido se levarmos em consideração, para começar, o esforço e a inteligência necessários para fabricar ferramentas acheulianas. Os avanços mentais que permitiram ao *Homo erectus* produzir utensílios mais complexos também lhe permitiram prever que suas necessidades se repetiriam. Pela primeira vez em qualquer espécie que já viveu no planeta Terra, vemos evidências de que nossos ancestrais *Homo erectus* fizeram planejamentos complexos para o futuro, imaginando um mundo além de suas necessidades imediatas.[**]

---

* Claro, os australopitecos e os *Homo habilis* não tinham roupas, muito menos bolsos, de modo que talvez achassem mais fácil fazer novas ferramentas de pedra em vez de carregar as antigas.
** Alguns leitores talvez rejeitem essa afirmação, lembrando corretamente que esquilos, gaios e muitas outras espécies estocam comida e se preparam para o futuro. Mas em nenhum desses casos há evidências de que os animais realmente entendem suas necessidades futuras. Eles parecem, na verdade, ter desenvolvido o ato de estocar como um comportamento instintivo sem previsão, não tendo nenhuma compreensão de por que agem assim (em grande medida, da mesma forma que fêmeas de chimpanzé evoluíram para deixar seu grupo natal para evitar a reprodução consanguínea). Tais questões são discutidas detalhadamente no excelente livro de Thomas Suddendorf, *The Gap*.

Por fim, a evidência mais impressionante da inteligência do *Homo erectus* é que eles inventaram a divisão do trabalho. Vimos indícios claros de divisão de trabalho na possibilidade de que ele estivesse tendo sucesso na caça de animais grandes como elefantes e velozes como cavalos. Quando estudamos seus locais de produção de ferramentas vemos evidências sólidas de que o *Homo erectus* dividia tarefas entre indivíduos para concluí-las de modo mais eficaz. Por exemplo, em um sítio de 1,2 milhão de anos na Índia, a fabricação de ferramentas acheulianas era dividida em diferentes núcleos, como uma fábrica, com diferentes aspectos da produção separados em locais diferentes. O primeiro passo no processo de produção desses utensílios é arrancar "cacos" de pedras maiores. Esses cacos são posteriormente moldados em diferentes ferramentas. Nesse sítio indiano, os cacos eram lascados em um local e recebiam sua forma final em outro. Se uma pessoa estivesse fazendo cada ferramenta do começo ao fim, não haveria razão para situar a produção de diferentes estágios em diferentes locais. Por que carregar uma grande pedra por dez metros apenas para continuar trabalhando nela? Na verdade, nosso ancestral teria se sentado, arrancado o caco e depois o transformado em uma ferramenta útil, tudo sem se deslocar pelo local de modo sistemático.

Mas diferentes tarefas exigem diferentes habilidades, então faz sentido distribuir o trabalho entre diferentes pessoas. Arrancar os cacos demandava força bruta, já que era preciso dar um senhor golpe na pedra maior, exatamente no ponto certo, para desalojar uma peça de forma adequada. Esse teria sido o trabalho perfeito para os caras grandes e durões do grupo, que podiam brandir um grande martelo de pedra e não ligavam se cacos voassem por toda parte. Por outro lado, o desbaste fino no estágio de retoques demandava delicadeza e coordenação (de certa forma como bordado), portanto mulheres e homens menores seriam adequados a essa tarefa.

Muitos exemplos sugerem que nossos ancestrais *Homo erectus* se valiam de trabalho em equipe para atingir seus objetivos, mas meu preferido vem de um sítio de abate de elefantes no rio Jordão, ao norte do mar da Galileia. Nesse local foram encontrados nove machados de mão ao redor da carcaça de um elefante, e seu crânio parece ter sido virado de cabeça para baixo com a utilização de um galho de madeira como alavanca, para que os caçadores tivessem acesso ao cérebro do animal (uma fantástica fonte de gordura). Separar o crânio da coluna e virá-lo teria demandado diversos *Homo erectus* trabalhando juntos para controlar o peso substancial e a forma desajeitada da cabeça. Se o galho realmente foi usado como alavanca, é uma virtual garantia de que alguns *Homo erectus* empurravam a alavanca enquanto outros equilibravam e giravam a cabeça.

A chance de que esse esforço tivesse sucesso inexistindo comunicação e coordenação é perto de zero. Em outros pontos do sítio há evidências de nozes sendo quebradas em um ponto, pedra sendo lascada em outro e processamento de mariscos em um terceiro. Se fossem restos modernos, poderíamos pensar que tinham montado barracas, considerando como as tarefas eram tão bem divididas em diferentes locais.

A divisão de trabalho depende da capacidade de planejar para o futuro, então não surpreende que essas duas habilidades tivessem surgido juntas. Combinadas, ampliaram bastante o que nossos antepassados eram capazes de conseguir. Essas capacidades nos levaram bem à frente no caminho da cognição social em que os australopitecos haviam nos colocado quando começaram a cooperar em sua defesa mútua.

Caminhando ereto

No capítulo 1, mencionei rapidamente que os australopitecos desenvolveram o corpo de um arremessador como subproduto do bipedismo. Mas não discuti por que Lucy escolheu andar de pé, para início de conversa. Agora que debatemos as diferentes capacidades cognitivas de australopitecos e *Homo erectus*, podemos abordar essa questão, já que é um dos mais importantes acontecimentos em nossa história evolutiva. Se não tivéssemos nos tornado bípedes, quase certamente não teríamos aprendido a arremessar tão bem, e, nesse caso, a revolução social-cognitiva que nos tornou humanos também poderia não ter acontecido. Mas por que andar de pé? O que nossos ancestrais ganharam quando deixaram de usar os nós dos dedos como pés dianteiros?

Há duas respostas a essa pergunta. A primeira é que não sabemos.* A segunda é que temos muitas teorias.** Algumas de nossas teorias têm pouca ou nenhuma relação com a psicologia. Por exemplo, as caminhadas de longa distância parecem mais eficazes para nós sobre duas pernas do que é para os antropoides sobre quatro, e o desaparecimento da floresta teria aumentado o valor de nossa capacidade de cobrir grandes distâncias. Parte da razão para nossos ancestrais terem começado a caminhar de pé pode ter sido simplesmente ir do ponto A ao ponto B sem queimar tantas calorias.

Mas algumas de nossas teorias são mais psicológicas, no sentido de que envolvem decisões sobre o que fazer com as mãos. Talvez nossos antepassados tenham se tornado bípedes para liberar as mãos para carregar comida, ferramentas ou armas. Essa sugestão foi feita há muito tempo, e isso teria dado a eles a vantagem de armazenar comida extra, utensílios e armas à disposição.

Como já foi discutido, o problema dessa hipótese é que não há evidências anteriores ao *Homo erectus* de que nossos ancestrais carregassem suas ferramentas de pedra por grandes distâncias, embora já fossem bípedes havia alguns milhões de anos. Nossos ancestrais pré-*Homo* dificilmente teriam carregado comida por uma grande distância, pela mesma razão pela qual não carregavam suas ferramentas: eles eram incapazes de prever necessidades não imediatas. Se estivessem com fome no momento, teriam comido seu alimento em vez de carregá-lo. Se não estivessem com fome no momento, teriam deixado a comida para trás ou repassado para algum outro em vez de levá-la (sem se dar conta de que ficariam novamente com fome mais tarde). Então, o que

---

* Admito que essa não é exatamente uma resposta.
** O que é bastante aceitável, porque, provavelmente, houve mais de uma causa para um acontecimento tão importante.

teria motivado nossos ancestrais australopitecos a carregar alguma coisa? Por que um animal que não conseguia fazer planos para necessidades não imediatas escolheria carregar alguma coisa pela savana em um dia quente?

Para responder a essa pergunta só precisamos pensar em qual emoção Lucy e seus ancestrais teriam sentido toda vez que avançavam pela pradaria. Qual emoção você sentiria caso tivesse de cruzar a savana a pé? Acho que a resposta é medo. Toda vez que Lucy e seus antepassados seguiam pelos campos abertos, deviam estar bem conscientes de sua vulnerabilidade e com medo de um possível ataque de um grande felino ou canídeo; esse medo os teria motivado a carregar qualquer coisa que pudessem utilizar para se defender — muito provavelmente um pedaço de pau que servisse de porrete ou lança.

É muito mais fácil carregar um porrete ou uma lança quando não se precisa das mãos para caminhar, o que teria motivado Lucy e seus ancestrais a andar de pé. Embora ela não conseguisse fazer planos para necessidades futuras, a primata conseguia fazer planos para necessidades imediatas, e teria sentido a necessidade de uma arma sempre que cruzasse a savana. Claro que não sabemos se um perpétuo desejo por uma arma desempenhou algum papel em nossa transição para a caminhada de pé. Ainda assim, é coerente com nossas capacidades cognitivas na época, e teria dado a nossos ancestrais uma vantagem de certo modo similar à crescente eficiência dada pelo bipedismo.

Do *Homo erectus* ao *Homo sapiens*

A divisão do trabalho criou uma nova era de ouro para nossos ancestrais, permitindo que o resultado de nossas atividades coletivas fosse muito superior à soma de nossos esforços individuais. Com esta segmentação, os grupos ganharam novas características que os tornaram muito mais eficientes e mortais do que qualquer outro grupo anterior. Mais de quatro milhões de anos após nossos ancestrais terem deixado a floresta tropical, o *Homo erectus* nos recolocou no caminho para o topo da cadeia alimentar nos dando algo muito mais importante do que a segurança das árvores. Com a divisão do trabalho, animais que antes haviam sido nossos predadores se tornaram nossas presas.

Como se a divisão não fosse suficiente, o *Homo erectus* então garantiu tudo com a inovação mais importante da história humana: o controle do fogo. O fogo oferecia proteção contra as intempéries e os predadores, e também proporcionava nutrientes e calorias difíceis de extrair em um alimento cru.* Compare o cheiro e o gosto de carne crua com um filé preparado ou a palatabilidade de uma batata crua e a de uma cozida. Nos dois casos, não há comparação. Uma é quase incomível, a outra é deliciosa. Com o controle do fogo, a vida deles mudou para sempre: nada de voltar a uma caverna fria e úmida no fim do dia, nada de cegueira noturna, nada de se preocupar com predadores noturnos durante o sono e nada de viver do equivalente culinário a um bicho atropelado na estrada.

Em seu maravilhoso livro *Pegando fogo*, Richard Wrangham sugere que a preparação da comida desempenhou um papel determinante em permitir que o *Homo erectus* e depois o *Homo sapiens* desenvolvessem cérebros tão grandes. Embora tenham intestinos maiores que os nossos, nossos colegas antropoides não conseguem extrair calorias e nutrientes suficientes de sua dieta de alimento cru para sustentar um cérebro tão grande quanto o nosso. Não apenas nossa relação cérebro-intestino é muito maior que a dos outros antropoides, mas nós também queimamos calorias mais rapidamente do que eles. Preparar nossa comida nos permitiu desenvolver um metabolismo mais acelerado para sustentar um cérebro tão grande.

Cozinhar também nos possibilitou desenvolver mais acúmulo de gordura, já que um cérebro grande pode virar um perigoso consumidor

---

* O controle do fogo também possibilitou a maioria das invenções modernas, desde a fundição de metais à invenção de motores a vapor e carros, até combustível de foguete — embora, claro, estas só fossem surgir muito mais tarde.

de recursos metabólicos se não houver um pouco de banha como reserva nos tempos difíceis. Por fim, a cocção libertou nossos ancestrais da mastigação incessante exigida pela comida crua. O dia típico de um chimpanzé envolve cerca de *oito horas* de mastigação para amaciar o alimento antes de digeri-lo com sucesso. É difícil imaginar como seriam perturbadoras oito horas diárias de mastigação, particularmente para uma espécie como a nossa, tão dependente da fala. De fato, a linguagem poderia ter evoluído de forma mais lenta em um mundo de mastigação incessante, em função da dificuldade de falar com a boca cheia.*

O controle do fogo exemplifica uma das muitas formas pelas quais nossos ancestrais criaram o nicho cognitivo que ocupamos, e como cultura e inovação podem determinar a evolução posterior. Assim que aprendemos a fazer churrasco, não precisávamos mais de dentes e músculos maxilares tão grandes para mastigar nossa comida. Essa mudança permitiu que nos beneficiássemos de mutações aleatórias em genes que reduziram o tamanho de maxilar e dentes. Estas teriam custado caro caso tivessem surgido antes, já que alguém com maxilar pequeno ou fraco teria maior dificuldade de subsistir com uma dieta de comida crua. Mas, assim que aprendemos a controlar o fogo, nós nos afastamos mais de nossos ancestrais de maxilar grande e cérebro pequeno, e avançamos na direção de nossa versão. Desse modo, nossa inovação teve um papel importante na forma subsequente de nossa cabeça e facilitou nossa ênfase crescente no cérebro em detrimento de músculos.

Nosso cérebro continuou a se expandir enquanto evoluíamos de *Homo erectus* para *Homo sapiens*, assim como nossa capacidade de planejar e entender uns aos outros. Você e eu somos o resultado desse processo

---

* Ou talvez não. Dentistas de algum modo mantêm conversas com pacientes cujas bocas estão cheias de instrumentos e algodão, e o antigo orador Demóstenes era conhecido por praticar oratória com a boca cheia de pedrinhas. Talvez pudéssemos ter evoluído para falar claramente ao mesmo tempo que mastigávamos.

evolutivo, com o *Homo sapiens* surgindo na África há mais de duzentos mil anos. As culturas complexas que desenvolvemos com nosso grande cérebro nos tornaram um sucesso em todos os ambientes, e em pouco tempo havíamos colonizado toda a África e começado a olhar para além de suas fronteiras. Nós vemos sinais esparsos do *Homo sapiens* na Arábia há 125 mil anos; e há 80 mil anos avançávamos em grande número. Há 65 mil anos chegamos à Austrália; há 45 mil, avançávamos para o Ártico; e há 20 mil anos chegamos às Américas. As ilhas do Pacífico foram os últimos lugares a serem colonizados, com a Nova Zelândia sendo a última, há apenas sete séculos.

Por volta da mesma época em que começamos a colonizar o planeta houve uma explosão de cultura, arte e outras evidências de raciocínio simbólico. Embora nossa espécie tenha mais de duzentos mil anos, a riqueza cultural que costuma ser associada ao *Homo sapiens* só surgiu há menos de cem mil anos. Isso não significa que não houvesse raciocínio simbólico antes desta época, mas que, muito provavelmente, são mínimas as chances de que os produtos de nossa cultura permaneçam intactos por períodos tão longos. Hoje em dia, penduramos pinturas em museus climatizados, mas nossos ancestrais simplesmente pintavam em empenas de penhascos. Considerando a falta de preocupação deles com a posteridade, é surpreendente que tenhamos encontrado alguma arte ou artefatos de tanto tempo atrás.

Quer a cultura complexa tenha nascido com o desenvolvimento paulatino de nossa espécie (ou possivelmente antes mesmo de nós), quer tenha demorado mais de cem mil anos para que isso fosse acumulado, o impacto final de nossa sociabilidade foi um aumento extraordinário de conhecimento e inovação. Novas ferramentas, armas e arte proliferaram com a disseminação do *Homo sapiens*, e as mudanças subjacentes fundamentais que permitiram essa explosão foram psicológicas. Muito antes da invenção da escrita (que se deu apenas há cerca de cinco mil anos), a cultura humana se tornara cumulativa graças à nossa tradição de história oral.

Contar histórias pode ter sido outro subproduto do controle do fogo, já que as conversas de caçadores-coletores durante o dia diferem gritantemente das histórias que eles contam ao redor do fogo à noite. À luz do sol, as pessoas passam a maior parte do tempo conversando sobre preocupações sociais do momento e necessidades econômicas. Mas, assim que a escuridão chega, fogueiras comunais são acesas, pessoas se reúnem em pequenos grupos, conversas se transformam em histórias, e estas, muitas vezes, revelam importantes lições sobre como levar a vida e seguir as regras.

O fogo nos permitiu estender nosso tempo em comunidade para além da luz do dia sem o risco adicional de predadores, e, consequentemente, nos deu uma oportunidade única de socializar e refletir, já que o trabalho diurno não era mais possível. O fato de que caçadores--coletores usam esse tempo para transmitir importantes informações culturais levanta a possibilidade de que o fogo tenha desempenhado um papel fundamental na criação de nossa base de conhecimento. Contar histórias permite a cada geração se valer das informações reunidas por seus ancestrais, à medida que culturas acumulam conhecimento sobre como lidar com seu ambiente local.

A importância da cultura cumulativa pode ser vista em quase todos os aspectos de nossa vida, mas um dos exemplos mais claros é encontrado nas histórias perturbadoras dos primeiros exploradores europeus no Ártico, nas Américas, na África, na Austrália e na Ásia. Em inúmeras ocasiões, aventureiros intrépidos e bem preparados pereceram ou quase morreram, enquanto ao lado povos indígenas que careciam de tecnologia moderna permaneciam bem alimentados e abrigados. Foi nossa capacidade de aprender com as experiências de outros que deu ao *Homo sapiens* uma enorme vantagem local, com novas estratégias e inovações criadas a partir de uma base de descobertas anteriores. Como consequência, cada linhagem não tinha a necessidade de reinventar a roda, e uma criança podia adquirir um conhecimento do mundo que em algumas gerações anteriores só estaria disponível para gênios. Nós vemos esse efeito hoje, com jovens em idade escolar aprendendo sobre as descobertas de Copérnico, Darwin e Galileu, e não há dúvida de que uma versão um pouco mais lenta desse processo cumulativo existe há mais de cem mil anos. Nenhum outro animal consegue fazer isso.

Relações sociais complexas exigem cérebros grandes

Quando consideramos o enorme conhecimento exigido para sobreviver em todos os climas da Terra, pode parecer que os desafios sociais que nossos ancestrais enfrentaram eram comparativamente banais. Os inuítes tiveram de aprender a caçar criaturas enormes em mares traiçoeiros e construir casas de gelo temporárias para sobreviver em longas viagens por paisagens sem pontos de referência. Africanos subsaarianos tiveram de aprender a caçar macacos usando flechas com veneno na ponta, como aquele extraído da semente da *Strophantus kombe*. E aborígines australianos tiveram de aprender a evitar cobras e aranhas letais ao mesmo tempo que encontravam comida e água em um dos lugares mais quentes e secos do planeta.

Esses desafios eram extraordinariamente difíceis quando os seres humanos começaram a penetrar nesses ambientes, mas na era anterior ao transporte moderno, eles se deslocavam lentamente. Mesmo nossos antepassados mais nômades passaram a maior parte da vida em ambientes conhecidos. As regras constantes para lidar com o pedaço do mundo onde viviam podiam ser facilmente passadas para as gerações posteriores ao redor da fogueira. Como consequência, cultura cumulativa e aprendizado social garantiam que os problemas físicos associados a predador, presa e abrigo não fossem muito desafiadores em termos cognitivos.

Ao contrário do mundo físico, porém, o mundo social é dinamicamente interativo; minhas estratégias sociais têm impacto sobre outras pessoas, que, muitas vezes, mudam seu comportamento em resposta. As outras pessoas também fazem seus próprios planos, e eu preciso descobrir o que está acontecendo quando volto para casa de uma caçada demorada e todos estão sussurrando e dando risinhos ao redor do fogo.

Será que tenho pelo de mamute preso nos dentes? Será que fui traído enquanto estava no gelo? Será que aqueles risinhos dizem mesmo respeito a mim? Tais complexidades determinam que você não pode lidar com as outras pessoas apenas seguindo um conjunto imutável de regras que funcionam bem no mundo natural, como "evite a aranha com a linha vermelha nas costas" ou "encontre água em ravinas profundas". A areia movediça do mundo social oferece um desafio constante à medida que outros humanos mudam de comportamento segundo seus caprichos, em especial se acham que outros estão tirando vantagem dele.

Tudo isso poderia parecer pouco mais que um jogo intelectual para nossos ancestrais, mas é importante recordar como era a vida antes da criação de governo, leis, forças policiais e as várias instituições da sociedade moderna que tornam nosso mundo um lugar seguro. Como observa Steven Pinker em seu fantástico livro *Os anjos bons da nossa natureza*, a vida entre os caçadores-coletores era algo perigoso, com índices de assassinatos muito superiores aos das cidades mais perigosas de hoje. Ser um caçador-coletor pode parecer uma existência idílica e despreocupada, mas era mais arriscada do que morar nos bairros mais assustadores das cidades mais perigosas atuais.

No mundo dos australopitecos, do *Homo erectus* e por fim do *Homo sapiens*, amigos e vizinhos faziam qualquer coisa desde que pudessem se safar. Nossa analogia mais próxima com o modo de vida deles são gangues criminosas como a máfia e os cartéis de drogas, cujos principais limites são os rivais. Toda manhã, quando nossos ancestrais se levantavam do chão da caverna, participavam de um episódio pré-histórico de *Família Soprano*. Se queriam sobreviver até o cair da noite, eles tinham de encontrar um modo de percorrer o campo minado de objetivos divergentes, coalizões complexas e mutáveis, rivalidades invejosas e explosões potencialmente perigosas de seus pares.

Nem mesmo ser o mais forte era uma apólice de seguros. Todos acabam dormindo, e, se outros em seu grupo decidissem que você causa mais problemas do que vale, qualquer noite poderia ser sua última.

Sem agentes da lei, cada um tinha de cuidar de si. Os indivíduos menos perspicazes eram os menos propensos a navegar em segurança nesse mundo social complexo, e tinham menos chance de conseguir convencer alguém a acasalar com eles. Como consequência dessas intensas pressões sociais, nós desenvolvemos uma grande variedade de novas capacidades cognitivas que eram de natureza explicitamente social. A mais importante delas é a Teoria da Mente.

A Teoria da Mente

Em seus esforços para estabelecer e manter alianças, criar empreitadas cooperativas e simplesmente chegar ao fim do dia sem levar uma surra, nossos ancestrais aprenderam a antever o comportamento do outro. A melhor forma de fazer isso é compreender seu raciocínio e seus objetivos, então nós desenvolvemos a Teoria da Mente: a compreensão de que a mente dos outros é diferente da nossa. Crianças pequenas não têm essa capacidade, um dos motivos pelos quais suas declarações e histórias repentinas podem ser tão difíceis de acompanhar. Elas não se dão conta de que os ouvintes muitas vezes não estão pensando a mesma coisa que elas. Mas você pode ver a ficha caindo quando as crianças percebem que preferências e conhecimentos variam. A vida de repente se torna mais rica e fácil ao perceberem que o mundo oferece muitos acordos mutuamente benéficos: eu prefiro jujubas vermelhas, mas você gosta das pretas; vou brincar de esconde-esconde se você brincar de pique.*

Assim que nossos antecessores compreenderam que outros têm pensamentos e sentimentos diferentes, começaram a imaginar quais poderiam ser eles. O comportamento das outras pessoas fornece as

---

* Os outros antropoides desenvolvem uma versão parcial da Teoria da Mente, mas a deles não surge com frequência e se manifesta, principalmente, em situações de competição. Por exemplo, chimpanzés macho alfa atacam e isolam outros machos que possam ameaçar sua posição na hierarquia caso eles pareçam estar formando uma aliança. Contudo, não há evidências de chimpanzés utilizando uma Teoria da Mente rudimentar para trabalhar em conjunto e obter resultados mutuamente benéficos.

pistas mais claras de seus pensamentos e sentimentos, mas é mais útil se você consegue discernir as intenções subjacentes. Ela fez aquilo por acaso, de propósito ou porque não tinha escolha? Essa forma elementar de leitura da mente é imprescindível para compreender coalizões rivais, particularmente se os integrantes ou os objetivos mudam com o tempo.

Parece óbvio que quando uma pessoa tropeça e pisa no seu pé isso foi um acidente, e quando ela vai na sua direção e pisa no seu pé foi de propósito, mas você só sabe isso porque seu processador de informações sociais funciona muito bem. Se você tem animais de estimação, preste atenção na próxima vez em que machucá-los ou assustá-los por acidente. Meus cachorros ficam igualmente submissos e arrependidos quando eu piso em suas patas sem querer ou quando os censuro. Sem capacidade de diferenciar ações intencionais e não intencionais, eles têm uma habilidade altamente limitada de me compreender e prever meu comportamento futuro.

Junto dessas capacidades fundamentais de percepção social, nossas vidas altamente interdependentes asseguraram que também desenvolvêssemos novas emoções sociais, como orgulho, culpa e vergonha. Essas são muitas vezes chamadas de emoções autoconscientes, já que seu desenvolvimento exige conhecimento de como os outros estão nos avaliando, e diferem de outras emoções sociais, como raiva e amor, no sentido de que são voltadas para dentro. Essas emoções autoconscientes evoluíram para nos ajudar a sentir por nós o mesmo que os outros pensam da gente. Elas nos informam imediatamente e com vigor quais comportamentos nos tornam mais valiosos para o grupo e quais nos desvalorizam.

Nós sentimos orgulho quando fazemos algo que aumenta nosso valor para a equipe, e os sentimentos positivos associados ao orgulho garantem que busquemos outras oportunidades assim. Nós sentimos culpa quando ferimos alguém, e as sensações negativas associadas à culpa voltadas a nós mesmos nos ajudam a aprender com a experiência e evitar fazer isso novamente (antes que nossos amigos nos rejeitem).

Sentimos vergonha quando fizemos algo que nos desvaloriza perante o grupo e, mais uma vez, os sentimentos negativos garantem que não repitamos o comportamento vergonhoso e percamos ainda mais status. Orgulho, culpa e vergonha são componentes fundamentais dos seres humanos e nos ajudam a operar nos grupos interdependentes e cooperativos que surgiram com o *Homo erectus* e que, desde então, tornaram-nos tão bem-sucedidos.

A importância dessas emoções pode ser vista com clareza quando pensamos na vida de pessoas com capacidade limitada de senti-las, como sociopatas. Estes costumam ser encantadores e divertidos à primeira vista, mas têm dificuldade de conviver com outras pessoas por qualquer período de tempo por causa de sua tendência a explorar os outros impiedosamente. Se eu não sinto culpa ou vergonha, não há forças internas que me contenham quando vejo uma oportunidade de tomar de você o que quero.

Tomar em vez de partilhar ou pedir pode parecer uma estratégia de sucesso a curto prazo, mas as memórias são longas, e pessoas que foram exploradas ou agredidas muitas vezes relatam a experiência a outras. A fofoca desempenha um papel crítico na disseminação desse tipo de informação social, e, em pouco tempo, mesmo os sociopatas mais encantadores descobrem que não são bem-vindos em sua comunidade. Nos grupos de caçadores-coletores de nossos ancestrais, os sociopatas lutavam para encontrar uma comunidade que os aceitasse. Como veremos no capítulo 3, a criação de cidades mudou tudo isso (depois as mídias sociais mudaram no sentido oposto).

A Teoria da Mente para ensino e aprendizado

A Teoria da Mente evoluiu para nos ajudar a funcionar em nosso mundo social, mas apresenta outras vantagens. Talvez de forma mais notável, aumenta drasticamente nossa capacidade de ensinar aos (e aprender com) outros. Se eu não tenho ideia do que você está pensando, ou que seu conhecimento difere do meu, é difícil ensinar-lhe. Por onde começo?

O que você já sabe, o que precisa saber e como posso mostrar isso melhor a você? Mas se eu consigo descobrir as respostas a essas questões, posso intencionalmente usar sua base de conhecimento como ponto de partida para partilhar novas informações. Como resultado, os humanos são professores bastante eficientes.

Meu exemplo preferido do quão eficazes somos como professores é o caso de chimpanzés aprendendo a usar pedras para abrir nozes. Eles usam ferramentas simples, e em muitas regiões da África desenvolveram estratégias para abrir nozes usando pedras como martelo e bigorna. Quando chega a temporada de nozes, as mães costumam colocar algumas em uma pedra grande e usam uma menor para rompê-las. Os filhotes ficam sentados por perto durante essa operação, e as mães aceitam que eles peguem alguns dos frutos (no caso, nozes) de seu trabalho. A questão determinante para nossos propósitos é quanto tempo os filhotes levam para dominar esta habilidade.

Quando ouvi falar pela primeira vez da pesquisa sobre abrir nozes imaginei que chimpanzés jovens precisariam de cerca de um ano para dominar a habilidade. Afinal, não é fácil manipular pedras de formas irregulares e pequenas nozes duras, e alguns dedos inadvertidamente atingidos abalariam o entusiasmo de qualquer aluno. Ademais, os chimpanzés não têm muita oportunidade de praticar, já que quebrá-las é um acontecimento relativamente raro. Assim, não é algo que eles aprenderiam da noite para o dia. Você pode imaginar meu choque ao descobrir que esses primatas demoram cerca de *dez anos* para aprender a abrir as várias nozes que comem!

Um treinador de animais poderia ensinar um jovem chimpanzé a abrir uma grande variedade de nozes em menos de um décimo do tempo, mas os treinadores têm a Teoria da Mente, e as mães chimpanzés, não. Elas não sabem o que os filhotes não sabem, e assim ficam limitadas em sua capacidade de ensinar-lhes (e em sua consciência de que *deveriam* ensinar-lhes). Quando elas veem as crias cometendo erros, parecem ser capazes de corrigi-los (como quando os chimpanzés jovens seguram errado a pedra de bater ou colocam a noz sem muito jeito), mas sua falta de compreensão da origem do erro as limita a correções raras e altamente específicas. Crianças pequenas também são professores ruins pela mesma razão. Mesmo quando dominam uma habilidade, não sabem que outros não a dominam e, portanto, sofrem para transmitir aos demais seu conhecimento e suas habilidades.

A Teoria da Mente também é uma bênção para quem aprende. Se eu compreendo que outra pessoa tem um conhecimento de que eu careço, também compreendo que ela pode partilhá-lo comigo. Esse entendimento me leva a prestar muita atenção em possíveis professores, e imitar suas ações mesmo não identificando seu propósito. Se você, por exemplo, está me ensinando a lançar uma bola de beisebol e levanta o joelho da frente até o peito antes de arremessá-la, talvez eu deva tentar fazer o mesmo. O movimento parece desajeitado e sem sentido, mas você sabe mais do que eu.

Esse tipo de imitação na falta de compreensão tem ligações claras com a Teoria da Mente, portanto não surpreende que seja exclusivamente humano. Em seu experimento clássico para demonstrar esse efeito, Victoria Horner e Andrew Whiten, da Universidade de St. Andrews, deram a crianças e a chimpanzés uma caixa do tesouro complexa que tinha um presente dentro. Horner e Whiten mostraram aos dois grupos como abri-la, mas fizeram questão de incluir atos irrelevantes que não desempenhavam nenhum papel na abertura. Eles, por exemplo, enfiaram uma vareta em um buraco no alto da caixa, embora o único fecho ficasse do lado. Quando a superfície externa da caixa do tesouro era opaca e os observadores não conseguiam ver que o buraco no alto não tinha função, crianças e chimpanzés copiaram todos os movimentos para abri-la. Contudo, quando a caixa do tesouro era transparente, ficava evidente quais ações eram relevantes e quais não eram. Nesse caso, os chimpanzés repetiram apenas as ações necessárias, ignorando as irrelevantes, mas as crianças continuaram a repetir as ações que eram evidentemente desnecessárias.

Essa tendência foi classificada como sobre-imitação, e parece ser uma característica humana universal. Está presente em crianças de sociedades altamente educadas e industrializadas e também em crianças de pequenas sociedades no Kalahari e em regiões remotas da Austrália que têm pouca ou nenhuma educação formal. A sobre-imitação é uma tendência humana importante, já que nos permite aprender a fazer coisas mesmo quando não as compreendemos plenamente. Ao supor que nosso professor sabe mais, nós nos dedicamos à imitação mais precisa possível, o que aumenta nossa eficácia.

A sobre-imitação tem grande valor para a sobrevivência, já que pode facilitar a transmissão de técnicas complexas que muitas vezes são necessárias para a preparação ou a desintoxicação de alimentos. Considere, por exemplo, como as pessoas nas terras baixas de Papua-Nova Guiné descobriram o modo de comer sagu-de-jardim, que parece tudo menos comestível. Acontece que o tronco da palmeira contém uma alta concentração de amido, que pode ser extraído em um procedimento complexo de muitas etapas. Depois que a planta é derrubada e a camada exterior do tronco é descascada, o interior é moído. A essa altura, a farinha não pode ser ingerida, mas é, repetidamente, enxaguada. As águas tropicais quentes da Nova Guiné decompõem as moléculas de amido, fazendo com que se separem da madeira da árvore, permitindo que passe por filtros de tecido.

A água com amido é então colocada em grandes recipientes, onde passa a noite para que a substância se acumule no fundo. A seguir, a água é retirada do alto, deixando uma grossa pasta de amido. Esta precisa ser espalhada e seca ao sol para impedir a fermentação, que a tornaria tóxica.* A farinha resultante é estocada em tubos feitos de folhas de sagu-de-jardim, onde pode ser guardada por meses e preparada de diversas formas. Sem dúvida, houve muita tentativa e erro no desenvolvimento do processo, mas a beleza da sobre-imitação é que as pessoas não precisam saber por que preparam a farinha de sagu desse modo. Assim o fazem porque observaram outros fazendo.

---

* Alimentos como o sagu-de-jardim tornam bem claro como exploradores europeus podiam perecer em um ambiente no qual a população local tinha muito o que comer.

Teoria da Mente e manipulação social

Não deve ter se passado muito tempo entre a origem da Teoria da Mente e o dia em que a primeira mentira foi contada. Eu deveria elucidar a afirmação observando que a dissimulação já existia muito antes da mentira. A dissimulação é muitas vezes praticada por plantas e animais que fingem ser algo que não são, como insetos que parecem gravetos e camaleões que mudam de cor para combinar com o fundo. Esses seres não precisam compreender os estados mentais de outros para conseguir sua dissimulação.

Mesmo atos complexos de dissimulação animal não exigem representação da mente de outros. Por exemplo, macacos-prego ocasionalmente dão um grito de alerta na ausência de predadores e depois comem depressa a comida disponível quando os outros macacos correm para as árvores. A utilização dessa estratégia é mais provável quando a comida está concentrada em uma posição próxima e, portanto, consumida mais rapidamente quando os demais fogem. Entretanto, mesmo essa estratégia bastante complexa pode ser aprendida com o tempo, sem nenhuma capacidade de saber o que os outros macacos estão pensando.

Em contraste com esses tipos de dissimulação, mentir é uma forma de manipulação social exclusiva dos humanos que exige uma sofisticação cognitiva significativamente maior. Contar uma mentira é plantar uma falsa crença na mente de outra pessoa de forma intencional, o que demanda a consciência de que o conteúdo de outras mentes difere do conteúdo da sua. Assim que eu compreendo o que você compreende, estou em posição de manipular intencionalmente sua compreensão, de modo a incluir falsidades que me beneficiam. Esse é o nascimento da mentira.

Os pesquisadores descobriram que podem ensinar crianças pequenas a mentir simplesmente ensinando a elas a Teoria da Mente. No primeiro teste dessa possibilidade, Xiao Pan Ding e seus colegas da Universidade de Zhejiang levaram ao laboratório crianças de 3 anos e lhes ensinaram a Teoria da Mente ou uma tarefa irrelevante. No treinamento, Ding e seus colegas mostraram a elas embalagens, como uma caixa de lápis, e depois as abriram para revelar que continham objetos inesperados. Depois perguntaram às crianças o que outras pessoas pensariam que a caixa continha. Com o passar do tempo, as crianças começaram a se dar conta de que outras pessoas tenderiam a pensar como elas pensavam antes de ver os conteúdos inesperados. As crianças foram treinadas nessas tarefas durante seis dias diferentes, com o objetivo de ensinar-lhes que outras pessoas não necessariamente conhecem a informação que elas acabaram de descobrir.

Após serem treinadas em Teoria da Mente ou na tarefa irrelevante, as crianças brincaram com Ding. Na brincadeira, a pesquisadora tapava os olhos enquanto as crianças escondiam um doce em uma de duas xícaras. Quando ela os abria, perguntava: "Onde você escondeu o doce?", depois olhava na xícara indicada pela criança. Quando a criança contava a verdade, a pesquisadora pegava o doce e se dizia a dona dele. Quando a criança mentia apontando para a xícara errada, a pesquisadora olhava a xícara vazia, anunciava que tinha perdido e que o doce era da criança.

A questão determinante no experimento era com que frequência as crianças mentiam para ficar com o doce no jogo. Antes do treinamento em Teoria da Mente, não havia mentira. Depois, mentiam em uma média de seis a cada dez vezes. Conhecimento é poder, e esse experimento demonstra que a Teoria da Mente nos dá o poder da manipulação do conhecimento.

Se você conhece crianças pequenas, pode ver o desenvolvimento da mentira em tempo real, porque as primeiras são muito evidentes. As crianças costumam começar a mentir para evitar problemas, como aconteceu quando meu irmão de 3 anos culpou nosso gatinho depois que minha mãe perguntou por que ele tinha jogado tanta água para fora do chuveiro. Essa versão simples da mentira não precisa envolver a Teoria da Mente,* mas demonstra que esta está começando a

---

* Isso lembra quando Koko, a gorila, usou linguagem de sinais para fazer a alegação ainda mais implausível de que fora seu gatinho que arrancara a pia da parede.

se desenvolver. A partir desse ponto, não demora muito para que comecem a mentir para ter todo tipo de vantagem difícil de se obter honestamente.[*]

Eu me lembro de uma tarde no parque quando um garotinho se juntou ao meu filho, à época com 4 anos, nos brinquedos. Após alguns minutos no trepa-trepa, o garoto de repente anunciou que tinha uma lancheira do Homem-Aranha. Meu filho nunca tinha visto Homem--Aranha e deve ter ficado confuso com a natureza do objeto aparentemente desejável. Mas, não querendo ser superado, respondeu que tinha uma lancheira do "Homem-Folha" e uma do "Homem-Grama". Quando o garoto olhou para mim em busca de confirmação, querendo saber se meu filho realmente o superara nos departamentos lancheira e super--herói, eu me esforcei para não me trair rindo. Embora normalmente se tente desestimular os filhos a mentir, fiquei contente de ver os sinais de desenvolvimento da sociabilidade na mentira utilizada por meu filho para manter seu status no parque. Essas capacidades exclusivamente humanas são fruto de nossa natureza social e da importância fundamental do sucesso social nos pequenos grupos nos quais evoluímos.

Mentir pode ser útil, mas também é uma ameaça aos relacionamentos e ao tecido social de comunidades inteiras, na medida em que as vantagens de nossas incríveis capacidades de comunicação surgem, principalmente, quando dizemos a verdade. As pessoas adoram a utilidade de suas próprias mentiras, mas ficam furiosas quando pegam os outros mentindo para elas. As regras morais variam nas diferentes culturas, mas há algumas universalidades, e uma das principais regras em todas as culturas é não mentir. Ninguém se incomoda se você mentir ao elogiar um péssimo corte de cabelo, mas mentiras egoístas e destrutivas são censuradas por todas as sociedades da Terra. Quando vemos essa universalidade de regras morais, sabemos que elas combatem a tendência das pessoas a fazer o oposto, e atendem a uma importante

---

[*] Crianças costumam ter uma boa compreensão da Teoria da Mente aos 4 anos. Considere--se avisado.

necessidade humana. A condenação pancultural da mentira é uma evidência clara de que todos os seres humanos sentem a tentação de mentir, e que ela é uma ameaça à coesão e coordenação do grupo em toda parte. Esses fatos, por sua vez, mostram a importância de cooperação e interdependência nas relações humanas.

Ao acompanharmos nossa expansão craniana ao longo dos seis milhões de anos cobertos pelos dois primeiros capítulos deste livro, veremos que a história é extraordinária. Um chimpanzé tem um cérebro que pesa cerca de 380 gramas. Três milhões de anos ganhando a vida na savana mudaram nosso corpo de formas importantes, mas o cérebro de 450 gramas do *Australopithecus afarensis* era pouco maior que o de um chimpanzé. Adiante mais um milhão e meio de anos até o *Homo erectus*, e nossos ancestrais têm um cérebro de 960 gramas, o dobro do tamanho daquele do *Australopithecus* (embora eles também fossem um tanto maiores, de modo que a mudança relativa não foi tão radical). Mais um milhão e meio de anos e o *Homo sapiens* tem em média um cérebro de 1.350 gramas. Adicionamos um cérebro de chimpanzé inteiro ao de nossos ancestrais *Homo erectus*. Por que os primeiros 3 milhões de anos de evolução na savana nos deram parcos 70 gramas de poder cerebral ao passo que os três milhões seguintes nos acrescentaram quase um quilo?

A resposta a essa pergunta está no fato de que nossas habilidades sociais em expansão nos levaram a desenvolver maiores capacidades cognitivas para explorar novas oportunidades sociais. Sem um cérebro tão grande o *Homo erectus* nunca teria conseguido controlar o fogo, e sem controlá-lo ele nunca teria desenvolvido um cérebro ainda maior. Mais importante, sem a complexidade social do estilo de vida do *Homo erectus*, teria havido pouca justificativa para gastar a energia metabólica necessária para sustentar um cérebro tão grande.

O crescente poder cerebral dos últimos seis milhões de anos foi causa e consequência das mudanças sociais experimentadas por nossos ancestrais. Nós criamos o nicho social-cognitivo quando aprendemos a cooperar para defesa mútua na savana. Ao longo dos milhares de séculos seguintes, continuamos a inventar novas formas de empregar e explorar nossas capacidades sociais-cognitivas.* Continuamos a ser caçadores-coletores durante os seis milhões de anos que se passaram desde que deixamos as árvores até muito recentemente, mas nosso lugar neste mundo mudou de forma drástica. A cooperação e a divisão do trabalho ampliaram nossas capacidades, fazendo com que passássemos de presas a maiores predadores.

---

* Quando este livro estava sendo escrito foram publicados dois estudos destacando o possível papel dos genes NOTCH2NL na expansão do cérebro humano. Esses genes surgiram em nossa linhagem entre três e quatro milhões de anos atrás, exatamente quando o cérebro de nossos ancestrais começava a dar saltos de crescimento. Antes da criação de nosso nicho social-cognitivo, esses genes teriam custado mais do que valiam e, portanto, não teriam proliferado. Mas depois que começamos a cooperar, os ganhos em eficácia social possibilitados por uma maior inteligência superaram facilmente o maior custo metabólico desses genes expansores de cérebros.

3

Colheitas, cidades e reis

COMO A AGRICULTURA DEU OS TOQUES
FINAIS EM NOSSA PSICOLOGIA

A agricultura surgiu há cerca de 12 mil anos no Oriente Médio, logo depois na China e nas Américas, e, ao longo dos milhares de anos seguintes, em muitos outros lugares. Por 10 ou 20 mil anos antes do advento da agricultura, pessoas na Europa, no Oriente Médio e na China colhiam cereais selvagens e os moíam para fazer farinha. Para se adaptar à sua crescente dependência de plantas alimentícias e dos implementos agrícolas a elas associadas, nossos ancestrais caçadores--coletores pouco a pouco abandonaram o estilo de vida nômade. Essa transição envolveu diversas mudanças práticas: uma casa em vez de uma barraca, utensílios de argila em vez de cabaças e instrumentos de pedra como almofariz e pilão, que eram úteis para moer trigo, mas um incômodo para nômades.

Assim que nossos ancestrais começaram a plantar, não colocaram imediatamente de lado lanças e arcos; a caça continuou a ser praticada ao lado do cultivo, assim como a coleta (como acontece em muitas comunidades agrícolas atuais). Do nosso ponto de vista, a invenção da agricultura foi um divisor de águas, mas é provável que não tenha sido grande coisa para a tataravó de nossa tataravó quando ela decidiu plantar algumas das sementes que havia coletado. Em vez disso, provavelmente lhe pareceu conveniente saber onde sua planta preferida cresceria na temporada seguinte, e decidiu que valia a pena tentar. De fato, desconfio de que ela não conhecesse a semente que plantou.

Embora a agricultura tenha dado a nossos ancestrais um pouco mais de previsibilidade e estabilidade alimentar, surgiram vários custos com a transição de um estilo de vida nômade de caçador-coletor para a vida sedentária de um fazendeiro. Vamos começar por um que me incomodaria muito: a falta de instalações sanitárias adequadas. Há doze mil anos, todos defecavam ao ar livre, mas caçadores-coletores tinham a vantagem de ir embora antes de sofrer as consequências. Os fazendeiros não iriam a lugar algum, então com o tempo estragaram completamente a água potável com as próprias fezes. Esse processo de envenenamento fecal foi desastroso para a saúde deles.

Nós temos uma situação moderna análoga a essa no alto índice de defecação em público existente em algumas regiões da Índia, que é uma das principais causas de doenças gastrointestinais e subnutrição infantil. A situação vivida pelos primeiros fazendeiros era igualmente ruim, na medida em que seu estilo de vida sedentário os expôs a esse novo vetor de doenças. De fato, alguns cientistas acreditam que a agricultura nos levou a desenvolver uma tolerância ao álcool, em vez de rejeição, porque ele matava muitas bactérias que os fazendeiros haviam sem querer introduzido na água potável. Cerveja era mais segura do que água. Além das doenças que os fazendeiros contraíam das próprias fezes, os animais que eles criavam também se revelaram uma grande fonte de moléstias, já que epidemias humanas muitas vezes têm origem em animais domesticados (gripe suína e aviária, por exemplo).

Depois das questões sanitárias e de saúde, o outro grande problema enfrentado pelos fazendeiros era em relação à qualidade de sua dieta agrícola. Embora a maioria das pessoas nas sociedades industrializadas modernas tenha acesso a grande variedade de alimentos o ano inteiro, isso é algo sem precedentes. Nossos ancestrais caçadores-coletores em geral tinham uma alimentação bem equilibrada, mas conseguiam isso em longos períodos de tempo. Quando era temporada de frutas ou de nozes eles se fartavam, e seguiam em frente quando haviam explorado totalmente os recursos locais. Os primeiros fazendeiros, por outro lado, tinham dietas muito mais restritas, com menos variedade sazonal, e alimentos com mais amido a partir dos cereais que plantavam. Como consequência, a agricultura reduziu a qualidade nutritiva e a variedade da comida de nossos ancestrais.

Nesse processo, a agricultura também representou uma mudança radical no equilíbrio de nossas bactérias bucais, com o resultado lamentável de que as mais desagradáveis floresceram em nossas bocas recém-carregadas de açúcar. A despeito de nunca terem usado escovas de dente ou fio dental, os caçadores-coletores raramente tinham cáries ou periodontites. Já os dentes dos primeiros fazendeiros costumavam ser parcialmente apodrecidos, e na era medieval, totalmente podres. A dieta rica em amido e de baixa variedade não resultou apenas em má saúde bucal, mas, também, levou a uma redução da estatura e a uma expectativa de vida inferior à dos antigos caçadores-coletores. De fato, apenas nas últimas gerações nós superamos a altura dos caçadores-coletores, e apenas com o advento da medicina moderna começamos a viver mais (excluindo as mortes violentas).

Por fim, a agricultura era uma catástrofe sazonal no que dizia respeito a horas de trabalho. Os caçadores-coletores em "sociedades de retorno imediato" (ou seja, aqueles que comem hoje o que capturam hoje) costumam passar cerca de seis horas por dia caçando, coletando, preparando refeições e consertando ferramentas. O restante do tempo é passado socializando e relaxando até escurecer, quando contar histórias e dançar junto ao fogo são atividades comuns. Embora seja verdade que os fazendeiros tradicionais muitas vezes trabalham apenas uma ou duas horas por dia em períodos tranquilos, durante as movimentadas temporadas de plantio e colheita passam todas as horas do dia trabalhando e relaxam apenas depois de escurecer. Dependendo da disponibilidade de água, do número de estações de plantio por ano e diversos outros fatores, os fazendeiros tradicionais podem ou não trabalhar mais horas que os caçadores-coletores, mas certamente trabalham muito mais pesado por longos períodos de tempo.

Quando comparamos os custos e benefícios, vemos que a agricultura permitiu a nossos ancestrais algumas garantias contra a fome, mas ao custo de diversas novas doenças, menos estatura e longevidade, uma halitose repulsiva e com frequência um dia de trabalho muito mais longo. O resultado final foi que os primeiros fazendeiros trabalhavam mais para ter uma vida pior que a de seus antepassados.[*]

A agricultura pode ter sido uma tragédia para fazendeiros isolados, mas foi uma história de sucesso no plano da população: permitiu que um número maior de pessoas vivesse em uma terra que teria sustentado apenas um pequeno grupo de caçadores-coletores, e aumentou a taxa de reprodução das pessoas. Esse aumento da reprodução e a densidade populacional fizeram com que grupos de agricultores superassem e, por fim, desalojassem caçadores-coletores. As muitas migrações de fazendeiros pela Europa e a Ásia e de volta à África nos últimos 10 mil anos são prova de que populações agrícolas conseguem dominar comunidades de caçadores-coletores, embora qualquer caçador-coletor individual fosse um espécime mais saudável que qualquer fazendeiro isolado.

---

[*] Você pode se perguntar se a chegada da era digital resultou em um negócio igualmente ruim para nós. Até pouco tempo atrás, os telefones eram conectados a linhas fixas, e se você queria escrever para alguém tinha de enviar uma carta pelo correio. Naquela época eu recebia poucas ligações por dia de meus amigos — ninguém pensava em ligar quando as pessoas provavelmente estavam na rua — e uma carta ou duas todos os dias. Telefones celulares, internet e e-mail nos permitiram estar em contato o tempo todo, mas essa conectividade tem um custo. Eu adoro poder entrar em contato com parentes, amigos, colegas e alunos com tanta facilidade, mas a comunicação global instantânea também significa que pedidos de trabalho surgem no meu telefone ou laptop cem vezes por dia. Como os primeiros fazendeiros, eu não sabia o que me esperava quando abri uma conta de e-mail há 30 anos. Estava bem certo de que tornaria minha vida mais fácil, e embora não tenha mais tanta certeza, é difícil voltar atrás.

O domínio da agricultura não aconteceu da noite para o dia, e padrões climáticos, secas e outros desastres muitas vezes favoreceram os caçadores-coletores, que podiam se mudar com mais facilidade quando seu ambiente se tornava inabitável. Como consequência, os dois grupos coexistiram na Europa, frequentemente, lado a lado, por pelo menos dois mil anos.

A psicologia de um agricultor

A agricultura exige capacidades mentais que surgiram inicialmente no *Homo erectus*: divisão do trabalho, preparação trabalhosa de ferramentas e planejamento para o futuro. Mas as mudanças psicológicas necessárias para passar de caçador-coletor a agricultor demandaram mais que apenas essas capacidades, que existiam havia muitos milênios antes da agricultura. A agricultura também exigia uma mudança de posturas e valores para se adequar a novas demandas e oportunidades. Pense no estilo de vida de um caçador-coletor tropical em oposição ao de um agricultor.

Caçadores-coletores tropicais costumam viver em sociedades de retorno imediato. Como é quase impossível estocar carne nos trópicos, e como mesmo os melhores caçadores muitas vezes voltam para casa de mãos vazias, caçadores-coletores de retorno imediato partilham tudo que pegam com o restante do grupo. Essa prática cria uma apólice de seguro que é do interesse de todos ao suavizar os momentos difíceis que do contrário poderiam levar a um período de fome.

Caçadores-coletores tropicais seguem movimentos da caça e oportunidades para coletar plantas alimentícias (como frutos maduros), não possuindo, portanto, mais do que conseguem carregar. Em função de seu estilo de vida nômade, as sociedades de caçadores-coletores são formadas por grupos interligados que se dividem e se rearrumam de novas formas sempre que as pessoas decidem deixar o acampamento e tentar a sorte em outro lugar. Se você não gosta de alguém no seu meio, é muito fácil decidir ir para o oeste com sua família quando essa pessoa decide ir para leste com a dela. Todos criam laços com membros de seu grupo ampliado quando se reorganizam em novos acampamentos, então passam a vida cercados de pessoas que conhecem bem, mas os subgrupos que compõem cada acampamento isolado são fluidos.

Em contraste com os caçadores-coletores, que vivem um dia de cada vez, os agricultores se concentram no amanhã. Seu trabalho é centrado nos preparativos para a colheita, que é um acontecimento extremamente importante e de grande esforço. Agricultores costumam ter um grande número de equipamentos, já que o trabalho é muito facilitado por aparatos que lhes permitam preparar os campos, transportar a colheita e transformá-la em produtos comestíveis (como as pedras de mó que antecederam em muito a própria agricultura). Eles são sedentários pela razão óbvia de que não é possível levar a terra consigo, e uma vez que você adquiriu as ferramentas, limpou a área e plantou suas culturas há um custo substancial em deixar tudo para trás. Se você não gosta de alguém em sua comunidade agrícola, são grandes as chances de que nenhum dos dois vá a lugar algum.

Embora em todos os cantos do mundo os agricultores tenham regras diferentes sobre partilhar os frutos do próprio trabalho, é muito raro que colheitas sejam oferecidas fora da família e daqueles responsáveis por ajudar na safra. Karl Marx sugeriu que as pessoas deveriam produzir de acordo com sua capacidade, mas receber de acordo com sua necessidade, e essa máxima define razoavelmente bem os caçadores--coletores. Mas a história do comunismo sugere que agricultores não partilham muito bem fora da família.

O problema da utopia marxista é que as pessoas podem abusar dos esforços dos outros. Se você é obrigado a partilhar comigo, eu posso ficar tentado a dedicar um pouco menos de esforço, pois sei que seu trabalho intenso me deixará bem alimentado. Assim que você me vê embromando, não quer ser feito de otário, então também enrola, e, em pouco tempo, ninguém mais trabalha. O problema do abuso é um círculo vicioso, e pode destruir rapidamente uma comunidade produtiva se não houver como policiar a contribuição de todos.

Lembre-se de que a primeira vez que nossos ancestrais tiveram esse problema com os parasitas foi quando seus colegas australopitecos fugiam dos predadores em vez de contribuir para o apedrejamento coletivo. Esse parasitismo era facilmente identificado, e a ameaça de ostracismo ou punição colocava os nocivos na linha. Nossos antepassados caçadores-coletores *Homo erectus* e *sapiens* também solucionaram o problema do parasitismo com relativa facilidade, porque capturas diárias se tornavam jantares diários, e é bastante fácil ver quem está contribuindo e quem não está. Caçadores que nunca levavam carne para casa muitas vezes se viam em um grupo de um se não encontravam algum modo de ser úteis. Mas a agricultura é um processo longo, e não fica imediatamente óbvio em determinado momento o quanto alguém está se esforçando. Quando eu acabo com uma colheita menor no fim da temporada, posso ser um preguiçoso que não merece sua generosidade, ou talvez meu solo seja pior ou minha área tenha sido atacada por pragas.

Esse problema de identificar fazendeiros parasitas era ampliado pelo fato de que a agricultura inevitavelmente levou ao aumento do tamanho das comunidades. Como caçadores-coletores podiam se mudar de casa em questão de horas, e como mudavam de comunidade diversas vezes por ano, as pessoas passavam a vida inteira em pequenos grupos de parentes e amigos (ou, pelo menos, não inimigos). Sempre que os grupos se tornavam grandes demais e as pessoas começavam a entrar em conflito, os caçadores-coletores se dividiam em formações menores e seguiam caminhos diferentes.

Como alguns tipos de terra são mais adequados à agricultura do que outros, comunidades surgem em áreas em que a terra é particularmente produtiva. Em poucas gerações essas populações se tornaram muito maiores do que as de caçadores-coletores de seus ancestrais. Esse aumento de tamanho significou que, embora as primeiras comunidades agrícolas fossem pequenas pelos padrões de hoje e ligadas por uma rede de relações interdependentes, as pessoas já não conheciam todos tão bem em sua região. Em grupos maiores é difícil identificar quem coloca a mão na massa e quem é um párasita, então as pessoas simplesmente pararam de partilhar tanto.

Esses problemas entre os fazendeiros eram amplificados pelo fato de que a partilha tradicional vai além do resultado final, incluindo os meios de produção. Caçadores-coletores dividem não apenas carne, mas também armas e ferramentas. Se eles têm mais de uma faca, arco ou cabaça, seus amigos e parentes costumam pedir. Essa postura de vida é inadequada aos agricultores, já que é necessário um nível mínimo de animais, terra e equipamento para tornar o trabalho viável.

Essa incompatibilidade pode ser vista hoje em comunidades que estão passando da caça e da coleta para uma economia de mercado. Alguns membros de grupos de caçadores-coletores Kung San, por exemplo, se envolveram em comércio, criação de animais e trabalho diário com comunidades agrícolas próximas, e costumam receber animais como pagamento. A estratégia de longo prazo sensata para esses indivíduos seria criar os novos animais para obter leite ou ovos, mas eles imediatamente enfrentam exigências de parentes e amigos pela partilha da nova riqueza. Se recusam os pedidos, são classificados como mesquinhos, o que é um desastre social. Se concordam, seus ganhos conquistados com grande esforço desaparecem diante de seus olhos. A posse de animais muitas vezes piora em vez de melhorar sua vida, porque a propriedade privada é incompatível com sua cultura comunal.

No fim, essas exigências da agricultura mudaram nossa psicologia de partilha comunitária para propriedade privada. Tal mudança não demandou novas adaptações psicológicas, mas sim, uma espécie de terremoto cultural. Eu testemunhei pessoalmente os desafios dessa mudança quando trabalhei com uma comunidade aborígine no norte da Austrália. O gerente encarregado de uma das equipes de monitoramento ambiental e limpeza ficou impressionado com a produtividade e o trabalho intenso deles, e, ao fim do primeiro contrato, ofereceu-lhes um aumento. Ele ficou confuso com a indiferença deles à oferta e com o fato de que alguns a recusaram no mesmo instante.

Ao investigar as razões subjacentes, descobriu que quando os membros da equipe vão para casa encontrar as famílias ampliadas no fim da semana de trabalho, todos pedem qualquer dinheiro que tenham ganhado. Não havia nenhuma vantagem em ter um aumento; na verdade, seria frustrante ver ainda mais dinheiro desaparecer. O gerente solucionou esse problema específico oferecendo refeições de alta qualidade no local em vez do aumento, e os empregados ficaram encantados com a oportunidade de se beneficiar de seu trabalho sem serem considerados mesquinhos pela família e pela comunidade.

Propriedade privada

A propriedade privada tem muitas vantagens, mas em um mundo em que as pessoas ganham pelo que fazem, diferenças inerentes em capacidade, esforço e oportunidade acabam resultando em desigualdade. Algumas pessoas são inteligentes, talentosas, trabalhadoras, sortudas, ou escolheram sabiamente os pais, e acabam com muita coisa. Outras, nem tanto. Esse fato é evidente no mundo de hoje, mas foi necessária uma mudança sísmica em nossa psicologia de caçadores-coletores para aceitar essa nova realidade.

A adaptação à desigualdade foi um dos maiores desafios enfrentados por nossos ancestrais caçadores-coletores ao fazer a transição para a vida na fazenda, mas foi necessária. A desigualdade é consequência inevitável das exigências e oportunidades da propriedade e do acúmulo associados à agricultura. No mundo de hoje vemos os primeiros sinais de desigualdade quando passamos de caçadores-coletores de retorno imediato, que raramente têm um líder destacado, para caçadores--coletores que também cuidam de seus jardins (conhecidos como caçadores-horticultores), e que costumam ter chefes hereditários. De modo similar, no mundo antigo nós vemos as raízes da desigualdade entre aqueles caçadores-coletores que começaram a fazer a transição para a agricultura. Mesmo antes que nossos ancestrais domesticassem as plantas, alguns tinham casas grandes enquanto as de outros eram pequenas. Algumas pessoas eram enterradas com trajes elaborados e joias, enquanto outras eram colocadas na terra sem adornos.

O surgimento da desigualdade em alguns lugares e não em outros levou os cientistas a se perguntarem o motivo e as condições de seu surgimento. Acontece que a literatura sobre ecologia e biologia, particularmente pesquisas sobre territórios animais, ajuda a responder a essas questões. O território é a versão animal da desigualdade. Entre os territoriais os machos não conseguem atrair uma parceira a não ser que tenham um território, e, quanto melhor ele for, mais oportunidades de acasalamento eles têm. Alguns animais têm territórios que defendem com vigor dos demais membros da espécie (e algumas vezes de outras espécies, como em *O rei leão*, da Disney, com o conflito entre leões e hienas), e outros, não.

Os biólogos descobriram que as melhores formas de se prever se um território será defendido são densidade de recursos e confiabilidade. Apenas recursos concentrados e previsíveis oferecem vantagens suficientes para superar o custo da defesa de um território. Como mato é muito comum, de pouco rendimento e amplamente disseminado, não costuma justificar para os herbívoros o esforço de defender seu trecho de savana de outros herbívoros.* Por outro lado, os próprios representam pacotes alimentares de alta densidade e, portanto, leões defenderão seu trecho de savana de outros leões.

Considerando essa decisão sensata tomada por nossos primos peludos, empenados e escamados, não surpreende que os humanos acompanhem outros animais no momento de decidir conquistar e defender recursos. Caçadores-coletores de retorno imediato raramente tentam

---

* Há, claro, várias exceções a essa regra. Em certas épocas do ano, por exemplo, gnus machos defendem seu trecho de pasto de outros gnus machos (mas não de outros herbívoros, como zebras e impalas) e usam sua área para atrair fêmeas.

defender território, já que os recursos muitas vezes são imprevisíveis e de baixa densidade. Quando alguns locais de caça são melhores que outros, grupos de caçadores-coletores entram em conflito com outras comunidades por causa desses locais. Contudo, mesmo nesses casos, uma pessoa ou mesmo uma família nunca conseguiria defender um recurso tão grande de outra família. Por essa razão, a variabilidade em territórios de caça leva a desigualdade entre grupos, mas não dentro deles.

Em contraste com a vida nos trópicos, alguns caçadores-coletores vivem em hábitats que permitem estocagem de comida e também têm recursos muito densos e previsíveis. Nativos americanos, por exemplo, que pescavam salmão no noroeste do Pacífico pegavam muito mais do que conseguiam comer durante as temporadas de desova, então secavam os peixes para consumo posterior no inverno. Esse tipo de ambiente promoveu o desenvolvimento da desigualdade, com famílias tentando dominar e defender os melhores pontos de pesca na desova do salmão. Essas incorporaram outras oferecendo parte dos peixes em troca de ajuda na coleta, defesa, preparação e acumulação dos animais capturados. Acordos desse tipo demoraram a surgir, mas acabaram levando a hábitos sociais que passaram de rígido igualitarismo a desigualdade institucionalizada.

Arranjos similares surgiram sempre que recursos se tornaram previsíveis e densos o suficiente. Por exemplo, caçadores-horticultores raramente defendem as plantas selvagens que coletam se invasores penetram nas florestas locais, mas sempre defendem as espécies que plantam em seus próprios jardins. No momento em que as sociedades adotaram a agricultura em larga escala, surgiram normas sobre a ideia de propriedade e direitos. Tais normas são tão importantes que mesmo as sociedades modernas deixam de funcionar de modo adequado quando a lei é falha e as pessoas não podem contar com o Estado para defender seus direitos de propriedade. Sob tais circunstâncias, as pessoas não estão dispostas a investir o esforço necessário para manter e melhorar sua propriedade, já que não acreditam que seus esforços serão recompensados a longo prazo. Por outro lado, quando as pessoas vivem em uma sociedade que protege os direitos de propriedade, é útil investir no próprio futuro melhorando equipamento, terras e casas.

No caso de nossos primeiros antepassados agricultores, é provável que o período entre 10 e 20 mil anos de pré-agricultura e vida comparativamente sedentária tenha desempenhado um importante papel em estabelecer as bases para as mudanças psicológicas que sustentam a propriedade privada e a desigualdade. O desconforto com o desnível social, os conflitos sobre direitos de propriedade e muitas outras regras mudaram pouco a pouco ao longo de gerações, à medida que as pessoas faziam a transição de nômades com partilha social e virtualmente nenhum bem para fazendeiros sedentários que eram donos das fontes de produção.

Propriedade privada e desigualdade de gênero

Com o advento da propriedade privada, as regras para abastecer o lar mudaram drasticamente. Caçadores-coletores demandam os esforços combinados de mamãe e papai para alimentar os filhos. Os pais costumavam caçar as grandes presas e as proteínas e gorduras altamente calóricas, mas de baixa probabilidade, e as mães coletavam as plantas alimentícias de baixas calorias e alta probabilidade. Como o produto da caça era partilhado por toda a comunidade, as necessidades da maioria das pessoas eram atendidas na maior parte do tempo. As esposas e os filhos dos grandes caçadores não viviam muito melhor do que as esposas e os filhos dos piores caçadores, embora tivessem a vantagem de saber que qualquer que fosse o grupo em que estivessem, haveria pelo menos um bom caçador.

Assim que as pessoas começaram a acumular propriedade privada, aqueles que tinham coisas ficaram em uma posição muito melhor para alimentar uma família do que aqueles que não tinham. Riqueza e propriedade eram facilmente identificadas pelos outros, e esses ativos logo se tornaram atraentes em um possível parceiro. Talvez não seja nenhuma surpresa, mas o impacto da riqueza no sucesso reprodutivo é mais claro nos homens do que nas mulheres. Em particular nas comunidades que permitem a poliginia, mas também em comunidades onde os homens têm amantes informais (isto é, em todas), homens ricos têm o potencial de gerar mais filhos do que homens pobres. Caçadores-coletores em sociedades de retorno imediato simplesmente não são capazes de sustentar mais de uma família com filhos, mas a propriedade privada permite que homens ricos sustentem um enorme número de filhos.

Diversos príncipes e reis ao longo da história tiveram centenas de filhos, e é muito provável que o insaciável Gengis Khan detenha o recorde mundial (com oito por cento da Ásia potencialmente descendendo dele).* Em contraste, o potencial reprodutivo das mulheres não é influenciado pelo número de parceiros que conseguem atrair; um homem com vinte esposas pode ter duzentos filhos, mas uma mulher com vinte maridos, não. A riqueza era importante para as mulheres porque ajudava os filhos a sobreviverem, mas além da necessária para a sobrevivência, recursos adicionais não permitem que elas tenham mais filhos (embora uma grande riqueza dê às mulheres mais netos, por intermédio da capacidade aumentada de seus filhos de atrair mais parceiras).

Em função dessas diferenças sexuais, a riqueza era menos importante para o sucesso reprodutivo das mulheres do que para o dos homens, então eles eram muito mais motivados do que elas em sua busca pela riqueza. Em circunstâncias iguais, mães e pais também eram muito mais motivados a transferir sua fortuna para os filhos do que para as

---

* Não apenas Gengis Khan abriu caminho pela Ásia à base de estupros durante sua conquista, como ele e seus descendentes Khan tiveram quantidades enormes de concubinas. Essas práticas sugerem que seus genes deveriam ser sobrerrepresentados na Mongólia e nas áreas vizinhas. Geneticistas acabaram encontrando um gene incomum no cromossomo Y que era comum na região da conquista mongol, mas raro em outras áreas, e que podia ser rastreado até cerca de mil anos atrás. Em combinação com os registros históricos, essa data sugere que o gene proliferou a partir do próprio Gengis (que viveu há oito séculos).

filhas, novamente porque os benefícios reprodutivos de filhos ricos são maiores que os benefícios das filhas na mesma condição. Em parte por causa dessas diferenças sexuais, a desigualdade de gênero se espalhou pelo planeta junto com a propriedade privada.

Os homens costumam ter mais poder do que as mulheres em sociedades de caçadores-coletores de retorno imediato, mas elas são mais similares a eles nessas sociedades do que em outros tipos de coletoras ou agrícolas. A agricultura também perturbou a igualdade de gênero em função das atividades envolvidas na preparação dos campos e na colheita. A agricultura baseada em arado, em particular, exige mais musculatura para o trabalho no campo e, portanto, criou uma divisão das tarefas com base no gênero, com homens atuando nas terras enquanto mulheres preparavam a comida dentro de casa.

Em consonância com a "aderência" cultural de tais hábitos, sociedades que praticam a agricultura baseada em arado continuam a ter participação feminina menor na força de trabalho fora do lar que nas sociedades que praticavam outras formas de agricultura (como a baseada em enxadas, na qual as mulheres podem trabalhar nos campos com tanta eficiência quanto os homens) ou nenhuma agricultura (por exemplo, nos casos em que eles caçam e elas coletam). Dessa forma, a agricultura destruiu a igualdade de gênero imperfeita (mas disseminada) que existia nas sociedades de caçadores-coletores de retorno imediato.

A agricultura criou o governo, mas também hierarquia, exploração e escravização

Assim que decidimos que propriedade privada e desigualdade eram aceitáveis, começamos a descer a ladeira rumo a todo tipo de infelicidade. Se não há problema no fato de eu ter mais coisas que você, consequentemente, também não há problema se eu sobreviver, e mesmo prosperar, enquanto você passa fome. Afinal, se eu partilhar com você hoje, quando posso me permitir fazer isso, talvez me veja em uma situação difícil amanhã porque minha generosidade me deixou sem reservas suficientes. Nossa psicologia de caçador-coletor não sustentava essa lógica, na medida em que hoje era fundamental e amanhã era uma ponte a ser cruzada depois, mas a lógica se adequa a uma psicologia agrícola que enfatiza propriedade e planos a longo prazo. Ainda assim, estar em uma posição de relativo conforto e assistir a membros do próprio grupo sofrendo era algo incoerente com numerosas mudanças psicológicas produzidas por nosso aumento de cooperação e interdependência ao longo dos últimos seis milhões de anos. Como consequência, novos padrões de raciocínio eram necessários para mitigar a dissonância produzida por essa disparidade.

A primeira e mais importante dessas mudanças psicológicas foi a ideia de que alguns humanos são melhores e/ou merecem mais que outros. Embora os caçadores-coletores variem em características como força física e engenhosidade, eles tendem a ser altamente igualitários e se ressentem muito de qualquer um que aja como se fosse superior. De fato, os caçadores de maior sucesso tendem a se depreciar ao máximo, para que outros não invejem sua aparente superioridade nem tenham a sensação de que estão sendo arrogantes. Como Christopher Boehm descreve em seu fascinante livro *Hierarchy in the Forest*, essa psicologia leva a interessantes padrões de comunicação — quanto maior a presa, mais o caçador a desqualifica, algo mais ou menos assim:

SID: Como se saiu hoje?

RICHARD: Não tive muita sorte, mas talvez aceitasse alguma ajuda para arrastar a pequena carcaça para casa.

SID: *Humm, parece que ele pegou algo grande...* Devo chamar mais alguém, ou você e eu conseguimos carregar?

RICHARD: Eu odiaria ter que incomodar mais alguém; é tão pequeno e magro que provavelmente vamos deixar lá mesmo.

SID: *Cacete, ele matou uma girafa! Hora de chamar o acampamento inteiro...*

À medida que nossos ancestrais abandonaram o estilo de vida de caçadores-coletores, os talentosos e trabalhadores acumularam mais coisas e casas melhores. A partir daí, as pessoas concluíram que a propriedade privada é conquistada e que pessoas melhores têm coisas melhores. O passar do tempo e a herança de uma geração a outra acabariam erodindo a força dessa relação, já que pessoas preguiçosas e obtusas poderiam se beneficiar da generosidade dos pais, mas esse problema foi solucionado psicologicamente pela nossa decisão de que algumas *linhagens* são melhores que outras (um conceito que ainda é evidente em nosso fascínio por antigas realezas).

Assim, o primeiro passo psicológico para longe de nosso estilo de vida de caçador-coletor foi a disposição de concordar que algumas pessoas são melhores do que outras e que a desigualdade é uma consequência aceitável. Uma vez que concordamos com esse "fato da natureza", por que parar em ricos e pobres? Por que não rei e camponeses, ou mestre e escravos? Claro que foi exatamente isso o que aconteceu. Por todo o mundo, o igualitarismo foi jogado na sarjeta, e novas crenças em superioridade inata levaram a todo tipo de sofrimento humano. Sabemos pouco sobre como esse processo começou a se desenvolver, mas registros do imperialismo europeu nos permitem rastrear a psicologia subjacente por intermédio de debates parlamentares, jornais e outras fontes de discussão pública à medida que a desigualdade se espalhava para novos povos e lugares.

Tais registros mostram que as oportunidades de exploração e escravização pelos europeus foram rapidamente acompanhadas por justificativas baseadas em qualidades diferentes entre "nós" e "eles", ou mesmo uma humanidade diferente. "O fardo do homem branco", de Rudyard Kipling, e o destino manifesto dos colonos americanos são dois exemplos de como colonialistas conseguiram apresentar sua exploração ou massacre de populações indígenas em termos positivos e até mesmo morais. Claro que nem todos aceitaram esse raciocínio, e esses argumentos, muitas vezes, foram objetos de debates acalorados. Contudo, a história mostra que aqueles que defendiam a exploração e o massacre sempre saíram vitoriosos, ao menos, se julgarmos as potências coloniais por suas ações e não suas palavras.

Igualmente ilustrativas, a ocupação e a exploração da África e das Américas revelam os esforços europeus para impingir a desigualdade às populações locais. Essa empreitada se revelou muito mais fácil quando os locais já eram agricultores, acostumados à psicologia da desigualdade, do que quando eram caçadores-coletores e consideravam-na altamente repulsiva. Quando os europeus tentavam conquistar comunidades agrícolas, estas costumavam se render rapidamente aos novos mestres. Os camponeses já eram taxados e maltratados por sua própria aristocracia, então que diferença fazia para eles quem segurava as rédeas? Por outro lado, sociedades de caçadores-coletores costumavam combater os colonizadores, algumas vezes por gerações, antes de serem por fim conquistados pelas forças europeias maiores e mais bem-armadas.

Em seu revelador livro *Por que as nações fracassam*, Daron Acemoglu e James A. Robinson oferecem numerosos exemplos históricos desse efeito. Quando os espanhóis começaram sua conquista da América do Sul, por exemplo, um dos primeiros assentamentos foi na região da moderna Buenos Aires. O assentamento foi um fracasso colonial logo abandonado porque os caçadores-coletores locais se recusaram a trabalhar para os espanhóis, até mesmo sob extrema violência. Quando os espanhóis se aventuraram mais para o interior e encontraram agricultores no Paraguai, subjugaram com facilidade o povo local, conquistando e substituindo a aristocracia, mas mantendo o sistema de trabalhos forçados.

Agricultura e desigualdade exigiram uma organização social complexa, já que as pessoas capazes de estocar comida aprenderam a se unir contra invasores externos e ladrões em sua própria comunidade, criando regras de propriedade e comércio. Tais regras poderiam ter sido aplicadas de modo igualitário, mas os primeiros governos foram tipicamente lutas pelo poder entre facções rivais que resultaram em feudos concebidos para a exploração. Apenas alguns governos anteriores à independência americana foram concebidos para servir à população. O Iluminismo e a redescoberta dos direitos individuais (um conceito que tem força entre caçadores-coletores) desempenharam um papel importante na melhoria do governo, mas basta ver o lamentável estado da maioria das democracias para identificar a tentação por parte da elite de explorar sua posição para conseguir vantagens pessoais.

O capítulo 7 traz uma discussão mais abrangente desse tema, mas, por ora, o importante é que a psicologia que permite que um Estado passe de uma oligarquia para uma democracia representativa é complicada. Talvez o fator mais importante seja a heterogeneidade de interesses. Quando toda a elite se beneficia do mesmo conjunto de regras (por exemplo, altos impostos de importação para impedir a concorrência externa), há um risco real de que os interesses da elite se sobreponham aos interesses das massas. Mas quando a sociedade é altamente heterogênea e as preferências da elite são contraditórias (como acontece quando alguns são agricultores e outros são industriais, comerciantes ou prestadores de serviços), a solução mais provável é um sistema de regras justo.

Vemos essa mesma psicologia no surgimento de preferências por justiça entre crianças. Quando são muito pequenas, preferem receber mais que as outras. Ao chegarem à segunda infância, começam a se dar conta de que a vantagem de hoje pode facilmente se tornar a desvantagem de amanhã. Como as outras pessoas superam em número o eu, a criança não demora muito a perceber que a injustiça é mais propensa a favorecer os outros do que ela, então começa a preferir situações que são relativamente igualitárias entre o eu e o outro. A aposta psicológica mais segura é a distribuição igualitária, já que a longo prazo isso serve ao eu de modo mais confiável.

Até hoje meus dois filhos acreditam que o mais velho se importa mais com justiça do que a mais jovem, mas, na verdade, ele apenas descobriu as chances antes dela. Quando a menina ainda pedia para pegar outra carta no Banco Imobiliário ou em jogos de tabuleiro em geral, o menino já tinha idade para entender que essa postura era uma má ideia, e protestava com firmeza. O que parecia impressionante era ele ser igualmente rígido quando oferecíamos forçar as regras a seu favor. Fui tolo o bastante para me orgulhar de sua forte noção de justiça, mas a experiência lhe ensinara que a equidade era do interesse dele a longo prazo.

Quando as pessoas sentem que não podem dominar seu grupo e garantir vantagem a longo prazo para si mesmas, uma psicologia similar entra em ação, e a preferência por regras justas predomina. Podemos não nos dar conta de que o interesse pessoal é a fonte de nossa preferência por justiça, mas o famoso aforismo de lorde Acton de que "o poder tende a corromper, e o poder absoluto corrompe absolutamente" é prova de que, no fundo do coração, sabemos que ninguém é confiável.

De aldeias a cidades

O *Homo erectus* inventou a divisão de trabalho e se beneficiou muito disso. Mas o verdadeiro potencial dessa inovação só pode ser alcançado quando as pessoas se tornam especialistas, passando toda a vida dedicadas a um interesse ou talento específico. Tal especialização era impossível até que grupos suficientemente grandes se reunissem em espaços suficientemente pequenos para que as pessoas pudessem se concentrar em seus próprios interesses sem se preocupar se a colheita não seria feita ou se a roupa não seria lavada. As cidades tornaram isso possível. Se você mora em uma pequena aldeia, talvez ninguém esteja interessado em ser ferreiro, ou talvez o único ferreiro se apaixone por uma garota de outra aldeia e vá embora, então é melhor que você consiga colocar ferraduras no próprio cavalo. Mas se você mora em uma cidade, as estatísticas em si garantirão que sempre haverá alguém que possa gerar os bens e serviços de que você precisa, mas não consegue produzir por conta própria.

Michelangelo nunca poderia ter existido em um mundo de pequenas aldeias, nem Newton ou Shakespeare. Embora minha barista preferida não se considere uma artista (algo de que discordo), seu glorioso café macchiato também nunca poderia ter existido em um mundo de aldeias. Em resumo, sem as cidades, as pessoas não poderiam concentrar suas energias em uma única habilidade, descartando todas as outras, e, portanto, quase ninguém poderia desenvolver o conhecimento para criar algo novo e maravilhoso.*

Com o advento de cidades e da verdadeira especialização, o mundo por fim deixou de ser o jogo de soma zero** e baixo rendimento que sempre havia sido, no qual fortunas só podiam ser criadas ao custo da infelicidade dos outros. A especialização permitiu que o tamanho geral da torta aumentasse, já que podiam ser criadas novas coisas que beneficiassem a todos. Uruk, no leste do Iraque, pode ser o ponto exato em que, há seis mil anos, a torta começou a crescer. Roma não foi feita em um dia, nem Uruk, mas há cinco mil anos era lar de dezenas de milhares de pessoas, e escrita, cerâmica e produtos comerciais da antiga cidade iraquiana se espalharam por todo o Oriente Médio. Assim que tivemos Uruk e todas as outras urbes que se seguiram, o mundo começou a se tornar um lugar muito melhor e mais rico.

Transformações raramente acontecem sem um custo, e a mudança para as cidades não foi exceção. Pela primeira vez na história, nossos ancestrais enfrentaram uma vida cheia de conhecidos e estranhos. Isso pode não parecer nada de mais para quem mora em uma cidade grande e vê desconhecidos todos os dias, mas é bizarro para aqueles que não

---

* Cabe notar que algumas sociedades criaram divisões de trabalho altamente específicas que permitiram às pessoas se tornar especialistas mesmo na ausência de cidades, e mesmo na ausência da agricultura. Embora tais práticas culturais criem uma verdadeira especialização, elas oferecem pouquíssima escolha e variedade no que diz respeito a áreas de singularização. Nessas sociedades, não se pode simplesmente escolher se tornar artista ou pedreiro por paixão. Em vez disso, tem de haver uma necessidade desse papel, e regras culturais devem indicar que você serve para ele. Além disso, a especialização em determinado caso demandou o desenvolvimento de cidades, mas não é mais preciso viver em cidade para desenvolver atividades específicas. Assim que o transporte moderno ficou disponível, pessoas de toda parte tiveram a oportunidade de buscar seus interesses.
** Um jogo de soma zero é uma disputa ou negociação com uma recompensa fixa, no qual os ganhos de uma pessoa sempre significam as perdas de outra. Dividir uma torta é um jogo de soma zero; quando eu pego uma fatia maior, você fica com uma fatia menor.

estão acostumados. Eu me lembro de experimentar minha própria versão dessa confusão quando visitei Xangai há uns vinte anos. Havia um famoso mercado que eu queria conhecer, e quando cheguei lá descobri que era uma lata de sardinhas humana. Havia tantas pessoas apertadas em um espaço tão pequeno que todas estavam fisicamente imprensadas umas nas outras. Achei que parecia uma rodinha punk e que eu deveria viver essa experiência, então grudei os braços no corpo e entrei. Em poucos minutos senti como se fosse ter um surto psicótico, com rostos, axilas e diversas outras partes dos corpos de estranhos me pressionando de todos os lados, e não havia o que eu pudesse fazer para escapar. Abri caminho para fora dali como pude, e minhas lembranças de Xangai nunca se recuperaram por completo daquela experiência. Para caçadores-coletores e os primeiros fazendeiros, a multidão de estranhos que eles encontraram nas primeiras cidades deve ter parecido igualmente perturbadora.

Em pequenas aldeias todos se conhecem, ao menos pela reputação. As pessoas sabem quem merece e quem não merece confiança, quem tem temperamento ruim e quem é tranquilo, quem é competente e quem não tem salvação. As cidades estão cheias de estranhos, então seus moradores não sabem o que esperar quando se encontram em uma loja ou um bar. Nós reagimos a isso com duas mudanças importantes em nossa psicologia.

Em primeiro lugar, a estratégia mais segura ao lidar com estranhos é a gentileza, e de fato as culturas com altos índices de violência costumam ter altos níveis de gentileza. O sul dos Estados Unidos, por exemplo, é conhecido por sua gentileza e amabilidade. Mas os sulistas também têm maior probabilidade de reagir com violência, em particular quando se deparam com um comportamento desonrado. Maior gentileza e amabilidade pode parecer incoerente com mais violência, mas, na verdade, esses são os lados opostos da mesma moeda. Quando se está entre pessoas que reagem violentamente a ofensas, a estratégia mais sensata é ser gentil com todos, em especial, com os desconhecidos.

Com a mudança para as cidades, nós adotamos uma estratégia de gentileza automática diante de estranhos. Entre caçadores-coletores essas convenções não existem, já que as pessoas reagem umas às outras em função de suas relações. Mas, de desconhecidos nas cidades, esperamos certa medida de decoro e respeito, e em retribuição oferecemos o mesmo. Se escorregamos e caímos, esperamos que estranhos desviem de nós em vez de nos pisar, e não riam de nossa falta de jeito. Se derrubamos as compras no chão, esperamos que nos ajudem a recolhê-las, ou que, ao menos, não as peguem e saiam correndo.

As cidades também nos levaram a confiar muito mais nas aparências externas. A máxima "não julgue um livro pela capa" nunca teria sido usada em sociedades de caçadores-coletores, porque não haveria razão para fazer isso. Todos aqueles com os quais se interagia eram conhecidos.[*] Por que julgar um livro pela capa tendo lido todas as páginas? Por outro lado, sabemos muito pouco sobre as capacidades e as tendências das pessoas que encontramos nas cidades, portanto nos baseamos muito mais nas aparências externas.

Por exemplo, a vanglória é muito mais convincente vinda de um estranho, cujas histórias podem ser verdadeiras, do que de alguém próximo, que você sabe que está exagerando. Da mesma forma, o excesso de confiança de um estranho costuma ser interpretado como sinal de competência, embora possamos debochar quando amigos e vizinhos exageram o próprio valor. Como será discutido com mais detalhes no capítulo 7, essa confiança excessiva em aparências externas criada pela vida na cidade pode ser problemática, simplesmente, porque não podemos comparar as alegações das pessoas com seus comportamentos conhecidos.

Não significa que sejamos incapazes de avaliar pessoas pela aparência. Ao contrário, somos surpreendentemente bons nisso.

---

[*] As pessoas encontravam estranhos quando se deparavam com grupos inéditos, mas essas circunstâncias eram perigosas e não envolviam o tipo de convívio relaxado a que os estranhos se entregam hoje.

Mas "surpreendentemente bons" significa apenas que somos um pouco melhores que o acaso na avaliação de quem é amigável, quem é competente e quem é malévolo. Muitas pessoas inamistosas parecem boas em um primeiro contato, outras incompetentes mantêm um ar de competência, e um bom número de sociopatas abre caminho para nossos corações e carteiras (e até mesmo altos postos) antes que descubramos sua verdadeira natureza.

Por sorte, há muita informação aparentemente trivial que podemos usar para avaliar os outros com precisão. Por exemplo, uma espiada nas playlists, nos dormitórios universitários ou nos apartamentos das pessoas fornece informações confiáveis sobre sua personalidade. A aparência pessoal é igualmente informativa: as roupas, os cortes de cabelo e muitos aspectos revelam personalidade e temperamento.

No meu caso, antes de sair pela primeira vez com minha esposa (e, portanto, antes que ela me consolasse por ter sido superado pelo pré-adolescente magricelo na Feira Estadual de Ohio), eu já pensava que talvez ela e eu combinássemos. Esse pensamento não me ocorreu em relação às outras mulheres que eu via na época, e desconfio de que havia algo na aparência ou no modo de minha futura esposa se comunicar comigo que nos tornava fundamentalmente compatíveis. Pesquisas mostram que pequenos comportamentos podem ser bastante reveladores, e também que fatores que parecem irrelevantes, como o cheiro, podem ser muito importantes, embora pouco saibamos sobre como esses processos funcionam.

Como a internet nos levou de volta ao começo

Talvez o custo mais significativo de nossa mudança para as cidades seja a maior abertura que dão para que o lado sombrio da natureza humana predomine. Em uma pequena comunidade não há estranhos, então é difícil mentir, roubar ou de algum modo tirar vantagem dos outros. Quando nossos ancestrais caçadores-coletores se comportavam mal, realmente não havia como evitar as consequências: a fofoca garantia que sua reputação os acompanhasse. Em uma cidade, por outro lado, é fácil explorar pessoas amigáveis e confiantes e depois partir antes que sua dissimulação seja descoberta. Os níveis modernos de mobilidade residencial e ocupacional permitem que os sociopatas se adiantem às fofocas a vida inteira.

Esse desafio agora tem sido enfrentado diretamente pelas mídias sociais, que nos levam de volta às vidas entrelaçadas de nossos antecessores. Muitos sites são projetados especificamente para informar reputações. O TripAdvisor não apenas me permite saber se um hoteleiro mantém um estabelecimento limpo, como me dá a oportunidade de divulgar minhas queixas e minha satisfação depois da visita. Sites assim oferecem a consumidores impotentes muito mais munição em sua luta contra as grandes empresas.

Houve uma proliferação de outras páginas na internet que oferecem aos indivíduos acesso à reputação de estranhos. Procurar o registro policial de alguém é um exemplo claro, mas Uber, Airbnb e eBay são modelos de negócios que se valem da transmissão recíproca de reputação. Se eu não o conheço, posso ter medo de deixar você andar no meu carro ou ficar em minha casa. Mas se eu sei como você foi avaliado por muitas outras pessoas que deixaram que você andasse em seus carros e ficasse em suas casas, tenho uma noção muito boa de que tipo de cidadão você é.

Ao transmitir reputação, esses sites reduzem o risco de exploração. Como toda interação é avaliada por ambas as partes, comprador e vendedor ficam motivados a lidar com o outro de modo justo e honesto. Posso ficar tentado a tratar seu carro ou sua casa como uma lata de lixo, mas sei que pagarei um preço alto por esse comportamento na próxima vez em que chamar um carro ou reservar uma hospedagem para as férias. Assim como nossos ancestrais tendiam a lidar uns com os outros de modo justo e honesto porque os custos sociais eram altos demais caso fizessem o contrário, estes (e, portanto, financeiros) são grandes demais para que os usuários dessas plataformas enganem uns aos outros.

Aliados a esses métodos formais de compartilhar reputações, plataformas como o Facebook também têm permitido que cidadãos contem ao mundo quando foram explorados. Considere o vigarista australiano Brett Joseph, que, com seu charme, conquistou diversas vezes o coração de mulheres com o objetivo de conseguir acesso às suas carteiras. Embora ele tenha obtido sucesso em roubar uma de suas primeiras vítimas, esta mostrou-se determinada a impedir que isso acontecesse com outras mulheres, então criou uma página na internet que exibia sua foto, seu nome e seu *modus operandi*. A despeito de numerosas tentativas de repetir o golpe, prudentes pesquisas no Google por parte das vítimas em potencial o contiveram diversas vezes. Ele até mesmo se mudou para os Estados Unidos em um esforço para escapar da própria reputação, mas acabou sendo desmascarado ao entrar com um pedido de casamento e admitir à noiva que não vinha usando seu nome real. A confissão soou estranha, e ela não demorou muito a descobrir sua verdadeira identidade. Como era o caso com nossos antepassados caçadores-coletores, a reputação de Brett Joseph agora o precede, não importa aonde ele vá.

Nesse sentido, as mídias sociais e todos os botões de reputação que temos à nossa disposição são uma arma importante contra sociopatas, vagabundos, traidores e parasitas que, de outra forma, se aproveitariam da gentileza de estranhos. Mas, como quase sempre é o caso, essas vantagens têm custos. O custo mais notável é o modo pelo qual as mídias podem esmagar as pessoas com ataques incessantes por aqueles que não conhecem o perpetrador e, portanto, não tendem a fazer uso de compaixão em suas reações. Reações exageradas ao mau comportamento são recorrentes, com a vida das pessoas sendo virada de cabeça para baixo por conta do que objetivamente foram infrações menores. As pessoas tuítam piadas idiotas e insensíveis para os amigos ou fazem o que julgavam comentários particulares e, em poucas horas, se veem desempregadas.

Pense na história de Walter Palmer, o dentista de Mineápolis que atirou no leão Cecil no Zimbábue. Sem que Palmer soubesse, Cecil era um animal amado que vivia no Parque Nacional Hwange e estava sendo acompanhado pela Unidade de Pesquisa de Conservação da Vida Selvagem da Universidade de Oxford. Palmer havia pagado 54 mil dólares pela oportunidade de caçar um leão com arco e flecha, e deve ter ficado empolgado quando aquele animal magnífico saiu do parque nacional e entrou na fazenda onde estava caçando. Ele não conseguiu matá-lo com arco e flecha, mas onze horas depois sua equipe localizou o leão ferido e o abateu a tiro. Só então eles encontraram o equipamento de monitoramento no pescoço do animal.

Algo de bom saiu dessa tragédia: muitos países baniram a importação de leões como troféus; mais de quarenta companhias aéreas anunciaram que não mais os transportariam; as leis para preservação do animal foram fortalecidas em diversos países africanos; e as doações para organizações de conservação da vida selvagem aumentaram. Por outro lado, as reações a Palmer foram violentas. Muitas pessoas se chocam com a caça de troféus, mas Palmer não violara nenhuma lei e não matara intencionalmente um leão monitorado. Suas ações não foram diferentes daquelas de milhares de outros caçadores que matam animais por prazer. Ainda assim, ele recebeu condenação internacional, seu consultório dentário foi alvo de protestos, suas propriedades foram vandalizadas e, ao voltar para casa, foi ameaçado de morte por ativistas pelos direitos dos animais, fazendo com que ele e a esposa se escondessem e contratassem seguranças. Um ano depois, ainda havia ataques a ele na mídia, e empresas jornalísticas publicavam fotos suas e seu paradeiro.

Muitas pessoas devem achar que Palmer teve o que merecia, e talvez estejam certas. Mas meu palpite é que se elas o conhecessem pessoalmente, sua raiva e sua repulsa poderiam ser moderadas por outras informações sobre ele. Por intermédio da internet, nós recuperamos as vantagens ancestrais de divulgação da reputação, mas pagamos um enorme preço na forma das reações exageradas de estranhos que só conhecem os perpetradores por um único malfeito e ignoram suas boas qualidades. As mídias sociais nos deram alguns dos benefícios das pequenas comunidades nas quais evoluímos, mas talvez a vida ancestral fosse um pacote fechado, e as vantagens das formas modernas de divulgação da reputação tenham menos peso que as reações exageradas de estranhos.

Nossa jornada desde as florestas tropicais da África Oriental de sete milhões de anos atrás até as cidades de hoje tem sido extraordinária, já que sobrevivemos e prosperamos em ambientes que poderiam facilmente ter nos matado diversas vezes. Nossas tendências e capacidades evoluíram nesse período, enquanto pouco a pouco mudávamos dos seres parecidos com chimpanzés para as pessoas que somos. Mas sobreviver e prosperar não são toda a história, já que a evolução depende, principalmente, de reprodução. Agora nos voltaremos para a última parte de nossa pré-história: o impacto dos hábitos de acasalamento de nossos ancestrais na nossa psicologia moderna.

4

Seleção sexual e comparação social

Imagine um mundo no qual as pessoas que querem poupar para a aposentadoria são obrigadas a encontrar alguém do sexo oposto que concorde em estabelecer uma parceria e abrir uma conta conjunta. Imagine ainda que ambas as partes poderão sacar igualmente da conta de investimento ao se aposentar, mas que as regras determinam que para cada dólar depositado na conta pelo homem, a mulher terá de depositar um milhão. Por fim, imagine que as pessoas poderão abrir quantas contas conjuntas quiserem, desde que consigam encontrar um parceiro do sexo oposto disposto a isso. Esse é um conjunto de regras ultrajante, mas se tal mundo existisse, o que você faria?

A resposta depende se você é homem ou mulher. Se for homem, provavelmente ficaria feliz de abrir contas com qualquer mulher. Com esse nível de retorno para seu investimento, o que teria a perder? Não importa quão repreensível ela seja, é um belíssimo negócio. Se você é mulher, no entanto, está em uma situação difícil. Por um lado você precisa criar uma conta conjunta para conseguir se aposentar com alguma poupança. Por outro, as regras da conta lhe são tão desfavoráveis que você provavelmente será muito seletiva na hora de escolher um parceiro. Ele fica ranzinza de vez em quando? Esqueça. Não há razão para lidar com um correntista difícil quando há tantas pessoas gentis por aí. Ele é desafinado? Não vale a dor e o sofrimento. Certamente aparecerá uma pessoa mais afinada ou quieta que se junte a você. E a lista continua...

Como fica evidente neste exemplo, quem investe mais recursos em uma empreitada conjunta é quem manda na hora de escolher um parceiro. O sexo que contribui menos competirá por acesso ao investimento feito pelo sexo que contribui mais, com o resultado sendo o de que o que investe mais será muito mais seletivo do que aquele que investe menos. Robert Trivers teve esse estalo em seu famoso artigo sobre "investimento parental", e isso acaba explicando as diferenças entre os sexos nas estratégias de acasalamento e na competição pelo acasalamento no reino animal.

Em biologia, o animal que produz o maior gameta (isto é, a célula sexual ou, neste caso, óvulo) é a fêmea, e aquele que produz o menor gameta (neste caso, o espermatozoide) é o macho. No caso de muitos animais, produzir gametas é o total de seu esforço reprodutivo. A fêmea do sapo coloca os ovos, o macho lança espermatozoides sobre eles, e depois os dois saem saltando rumo ao pôr do sol, deixando que centenas ou milhares de ovos fertilizados deem origem a girinos que se tornarão grandes e fortes, ou talvez sejam comidos pelo primeiro peixe que passar por perto. Não há esforço parental nessa espécie além do ato de produzir e depositar ovos e espermatozoides, mas mesmo esse grau de esforço é um investimento significativo.

Como o volume de material biológico necessário para produzir ovos é muito maior que aquele necessário para gerar espermatozoides, a teoria de Trivers sugere que os sapos machos deveriam competir para serem escolhidos e as fêmeas deveriam escolher. E é exatamente isso o que acontece. Em muitas espécies de sapos, por exemplo, os machos ficam sentados perto de um lago ou outro local adequado e coaxam o mais alto e pelo maior tempo possível. As fêmeas saltam de um lado para o outro comparando volume, tom e duração dos ruídos, e, quando fica claro quais são os melhores coaxantes, elas acasalam com os vencedores.

Os sapos precisam dar duro para capturar moscas suficientes para produzir ovos e espermatozoides, mas os humanos envergonham os sapos com o volume de esforço parental dedicado à prole. É difícil quantificar a energia emocional e social que investimos em nossos filhos, mas podemos calcular as exigências biológicas. Como somos mamíferos, o investimento feminino obrigatório na reprodução é substancialmente mais amplo do que apenas produzir a célula sexual maior. Depois de produzir o óvulo, a fêmea humana precisa gestá-lo durante nove meses, com cada grama de nutrição dada ao feto sendo extraída da mãe.

Após dar à luz, nossas ancestrais normalmente amamentavam seus bebês por mais dois anos, com quase todas as calorias recebidas sendo fornecidas pela mãe. Isso pode não parecer nada de mais em um mundo no qual a refeição seguinte pode ser encontrada na despensa — de fato, minha esposa ficava encantada com o fato de que nosso filho era uma máquina humana de lipoaspiração —, mas nossos ancestrais consideravam um enorme fardo a exigência calórica de gerar e criar um bebê. Lembre-se, eles tinham de caçar e matar ou arrancar e arrastar para casa todo alimento que comiam.

Como resultado dessa diferença biologicamente determinada no investimento parental, para cada unidade de energia que um macho humano doa para produzir um filho, as fêmeas precisam oferecer muito mais do que um milhão de vezes.* É quando a analogia da conta conjunta de aposentadoria faz sentido. As mulheres têm em jogo um investimento muito maior, então os homens tendem a competir pelas mulheres, que tendem a ser muito mais seletivas do que eles.

Uma forma importante pela qual eles competem por elas é mostrando que garantirão comida, abrigo e proteção à família. Considerando

---

* Eu não fiz as contas para comparar a energia metabólica necessária para produzir uma dose de esperma em comparação com nove meses de gestação e dois de amamentação. Estou apenas escolhendo um número grande. Desconfio de que a verdade seja mais desequilibrada do que um milhão para um por várias ordens de grandeza.

o custo calórico de ter um filho, essa é uma grande preocupação para as mulheres, e os homens evoluíram para reagir a essa preocupação apresentando evidências de que são bons provedores. Nossos ancestrais exibiam sua capacidade de prover sendo bons caçadores, já os homens modernos o fazem indo para a faculdade, conseguindo bons empregos ou ostentando riqueza. Conforme discutirei no capítulo 10, como os humanos estabelecem laços duradouros e exclusivos, através dos quais trabalham juntos para criar os filhos, a escolha do parceiro humano também é uma decisão mútua. Por essa razão, além das diferenças sexuais há uma boa dose de competição para conseguir o parceiro mais desejável.

Seleção sexual

A reprodução é a moeda da evolução. Se todos os animais tivessem o mesmo número de crias sobreviventes, não haveria evolução. A sobrevivência é importante, mas apenas em termos de sobreviver o suficiente para se reproduzir e passar os genes para a geração seguinte. Organismos que criam com sucesso muitos filhotes e que facilitam a reprodução de seus parentes próximos transmitem suas tendências à geração seguinte. Organismos que não conseguem fazer isso representam o fim da linha para seus genes, e suas tendências particulares desaparecem do fundo genético. Desse modo, características e comportamentos associados ao sucesso reprodutivo se tornam mais comuns do que características e comportamentos que não são.

Em função desse processo de seleção, nós evoluímos para desfrutar de atividades que aumentam nosso sucesso reprodutivo e desgostar de atividades que não aumentam. Por exemplo, quase todos os humanos adultos gostam de sexo e quase todos acham fezes nojentas. Não surpreende que fazer sexo aumente nossa chance de transmitir nossos genes para a geração seguinte e que comer fezes reduza as chances. É importante notar, porém, que transar e se alimentar de fezes não são de fato atividades paralelas no que diz respeito a nosso sucesso reprodutivo. Fazer sexo tem pouca relação com a sobrevivência, mas está diretamente associado à produção de crias. Comer fezes, por outro lado, reduz nossas chances de sobrevivência e, assim, reduz nossa chance de reprodução.*

Essa distinção entre fatores com impacto direto na sobrevivência e fatores com impacto direto na concepção foi fundamental para Charles Darwin, o pai da teoria evolutiva. Se eu vivo mil anos, mas não me reproduzo, minha incrível longevidade é irrelevante em termos evolucionários. Mas se eu vivo o suficiente para ver meus filhos chegarem à maturidade, minha sobrevivência facilitou meu sucesso reprodutivo. Conseguir atrair um parceiro e gerar herdeiros com sucesso tem um impacto mais direto, de modo que a capacidade de atrair e manter um parceiro tem importância central na teoria evolutiva. Darwin usou a expressão *seleção sexual* para descrever a evolução desses processos que aumentam nosso acesso a membros do gênero oposto.

A seleção sexual é uma força poderosa na evolução. Se há uma característica que os membros do sexo oposto consideram indesejável, esta tenderá a desaparecer da população (mesmo que facilite a sobrevivência), porque aqueles que a apresentam terão dificuldade em encontrar parceiros. Por exemplo, é concebível que ser um sujeito tremendamente tímido que se esconde ao primeiro sinal de perigo facilite a sobrevivência, mas a maioria das mulheres acharia essa uma característica indesejada, porque tal parceiro provavelmente não protegeria nem ela nem sua prole. Como consequência, não há tantos sujeitos tremendamente tímidos, ou ao menos não tantos dispostos a agir com muita timidez quando há mulheres por perto. De modo similar, se há uma característica que os membros do sexo oposto achem atraente, mesmo que esta reduza nossas chances de sobrevivência, ela pode se tornar comum na população porque aqueles que a apresentam terão mais oportunidades de acasalamento.

---

* Comer fezes também reduz nossas chances de conseguir um encontro.

Essa observação nos leva a indagar por que membros do sexo oposto achariam atraentes características que diminuem a sobrevivência. Para responder a essa pergunta, pense na diferença entre machos e fêmeas em um dos pássaros mais impressionantes do planeta: os pavões. A pavoa é um pássaro sensato, com penas basicamente marrom-acinzentadas e uma cauda apenas um pouco mais comprida do que o necessário. Se você fosse um tigre com fome, poderia passar por uma pavoa no ninho e não saber que ela estava ali, já que se confundiria com o ambiente. Em contraste, o pavão é um pássaro audaciosamente brilhante que exibe a cauda mais escandalosa do reino animal. A coloração brilhante do pavão atrairia a atenção até mesmo de um tigre míope, e sua cauda desajeitada e pesada o tornaria muito mais fácil de apanhar assim que localizado.

De fato, a cauda brilhante e pesada do pavão pareceu um risco tão grande à sobrevivência que Darwin escreveu ao botânico de Harvard Asa Gray: "A visão de uma pena em uma cauda de pavão sempre que eu olho me deixa nauseado!" Ele é um dos maiores cientistas da história porque tinha uma perspicácia incrível, mas também porque trabalhou muito para lidar com as fraquezas de sua teoria. No caso do pavão, ele acabou se dando conta de que, em termos de sobrevivência, os custos da cor brilhante e do enorme rabo eram superados pelos ganhos em reprodução. Para compreender por que a cauda do pavão facilita a reprodução, precisamos considerar por que certas características são atraentes.

O que significa ser sensual?

Todo organismo se esforça ao máximo para ter sucesso, por quaisquer meios necessários, o que garante que a dissimulação é comum em todos os seres vivos. Se ela ajuda um animal a evitar predadores ou conseguir um parceiro, pode contar que ele será dissimulado. Minhas estratégias fingidas de acasalamento preferidas são encontradas nas espécies de pássaros e peixes nas quais alguns dos machos fingem ser fêmeas. Nessas espécies, os machos que não são grandes o suficiente para afugentar outros machos desenvolvem uma estratégia de simular feminilidade, o que lhes permite se associar a fêmeas sem serem desafiados por machos maiores. Esses pequenos machos então aproveitam a oportunidade de uma eventual cópula, transmitindo seus genes, embora nunca tenham vencido uma luta contra os machos maiores interessados nas mesmas fêmeas.

Talvez o exemplo mais extraordinário dessa estratégia tenha sido observado entre as sibas por Culum Brown e seus colegas da Universidade Macquarie. Estas espécies podem mudar de cor à vontade, e, quando não estão disfarçados para se confundirem com o cenário, as fêmeas costumam apresentar um padrão de cores, enquanto os machos apresentam outro. Brown observava sibas em seus tanques certo dia quando notou um macho apresentando coloração masculina na metade do corpo virada para as fêmeas, e coloração feminina na metade do corpo virada para os machos. Essa dissimulação permitia ao macho de duas caras cortejar as fêmeas e ao mesmo tempo evitar que outros machos o atacassem.

Esses fingimentos mostram como os animais podem ser desonestos para atingir seus objetivos. Nenhuma surpresa; a evolução é amoral, e os animais adotam qualquer estratégia que funcione. Mas a vida é uma luta co-evolucionária, com todos os organismos desenvolvendo contra-estratégias para lidar com as artimanhas de seus concorrentes. Nesse sentido, a evolução é uma corrida armamentista sem fim, com animais desenvolvendo novas formas de reagir sempre que enfrentam novas capacidades por parte de suas presas ou seus predadores e parasitas. Se a balança se inclina demais para um ou outro, a extinção se torna uma possibilidade clara. Quando presas desenvolvem um disfarce, os predadores desenvolvem maiores capacidades de detecção. Se os machos criam formas de levar as fêmeas a escolhê-los quando não são uma boa escolha, as fêmeas desenvolvem formas de vê-lo sob o disfarce. Fêmeas que são facilmente enganadas por machos de qualidade baixa são menos propensas a ter crias bem-sucedidas em gerações posteriores, então as preferências dela são moldadas pela evolução para favorecer machos que apresentem sinais honestos de qualidade.

Um sinal honesto de qualidade é aquele impossível, ou, pelo menos muito difícil, de falsificar. Eu, por exemplo, posso lhe falar sobre meu iate e me vangloriar de minhas férias para esquiar, mas a menos que você tenha visto meu saldo, não sabe se sou rico ou mentiroso. Falar não custa nada. Mas se eu a levar a St. Moritz e circular em uma Maserati, é um sinal muito melhor de que sou próspero (e também generoso). Também posso mencionar por alto que me formei como o primeiro da turma na faculdade de Direito de Harvard, mas, novamente, eu poderia estar mentindo para impressioná-la, então você seria sábia se duvidasse da minha alegação. Em contraste, seria mais convincente se você me visse solucionando com facilidade um cubo mágico, já que isso lhe permite ver meu cérebro em ação. É ainda mais impressionante se eu conseguir solucionar o cubo mágico sem olhar para ele assim que começo, porque estarei demonstrando que consigo vencer tendo uma desvantagem.

Em função da importância dos sinais honestos, os humanos são muito bons em detectar mesmo pistas sutis que indicam qualidade. Eu me lembro de uma manhã de primavera em que estava sentado no pátio da faculdade esperando meus amigos para tomar café da manhã. Eu tinha, por acaso, um exemplar do *The New York Times* e uma caneta, então decidi fazer palavras cruzadas enquanto esperava (embora seja péssimo neste passatempo). Enquanto eu olhava para a primeira pista, refletindo sobre "Possivelmente levado às lágrimas", passou um ex--aluno mais velho com a família. Ele me viu trabalhando nas palavras cruzadas e se sentou ao meu lado. Eu poderia ter me valido da ajuda, mas antes que ele tivesse uma chance, a esposa o agarrou pelo cachecol e apontou: "Ele está fazendo as cruzadas de domingo com uma *caneta*, querido. Não precisa da sua ajuda." Ela interpretou minha negativa posterior como simples gentileza, e eles viraram a esquina para admirar as árvores que floresciam.

Alguns minutos se passaram e, por sorte, minha brilhante amiga Katrin se sentou ao meu lado enquanto eu continuava a imaginar quem teria sido levado às lagrimas, e por que apenas possivelmente. Ela solucionou as primeiras doze pistas tão depressa quanto eu conseguia escrever as respostas; foi nesse momento que me dei conta de que não passava de um escriba e a mandei embora para tentar sozinho. Com um timing perfeito, o ex-aluno e a família passaram novamente, e quando ele tentou se sentar uma segunda vez, a esposa o censurou: "Querido, ele resolveu metade das cruzadas em menos de cinco minutos. *Não* precisa da sua ajuda." Tentar encontrar as respostas com uma caneta não é realmente um sinal honesto, mas resolver é,[*] e por isso nós prestamos atenção nesses detalhes.

Voltando ao pavão, sua cor brilhante e seu rabo extraordinário são sinais honestos de qualidade masculina porque são uma desvantagem *enorme*, e, por isso, a pavoa acha as cores brilhantes e a cauda enorme tão atraentes. Exibir tais características é um pouco como tentar fazer as palavras cruzadas de domingo com uma caneta. Qualquer idiota pode começar o processo, mas é preciso um organismo bastante especial para levá-lo a cabo. As pavoas reagem a esse fato, então são atraídas por pavões que conseguem sobreviver ano após ano arrastando um rabo com um metro e meio de penas de cores brilhantes.

Um pavão maduro pode muito bem ser o indicador mais honesto do reino animal, mas muitos pássaros adotam uma versão mais comedida dessa estratégia. Numerosas espécies têm penas compridas no rabo, e quando os biólogos reduzem ou aumentam artificialmente as caudas, descobrem que as fêmeas reagem de acordo, indo na direção daqueles com rabos compridos e rejeitando os que tiveram as penas do rabo aparadas. Não apenas as fêmeas de muitas espécies de pássaros acham rabos compridos sensuais, mas, como vimos no caso dos pavões, a cor também é importante. As brilhantes anunciam

---

[*] Nesse caso específico, foi um sinal honesto da inteligência de *Katrin*.

sua presença aos predadores, permitindo que as fêmeas de pássaro usem o brilho das cores de um macho para deduzir sua qualidade. Um pássaro de cores brilhantes deve ser forte e estar em forma para sobreviver com essa aparência, enquanto um pássaro de matizes foscas pode muito bem ser lento e desajeitado e, portanto, menos adequado como parceiro.

Tenha em mente que as fêmeas de pássaro não pensam com detalhes no assunto. As que preferem machos de cores brilhantes deixam mais filhotes na geração seguinte e, portanto, transmitem a tendência a preferir cores brilhantes. O mesmo vale para as preferências humanas — não precisamos entender por que achamos a forma de uma ampulheta atraente em mulheres ou uma forma triangular em homens. A evolução simplesmente garante que a maioria das pessoas tenha essas preferências.

Então os pássaros são evolucionariamente determinados a preferir cores brilhantes, mas nem todas as cores são criadas iguais. Os sistemas imunológicos dependem de pigmentos vegetais chamados carotenoides (como em betacaroteno) para funcionar de forma adequada, mas os animais são incapazes de produzir carotenoides por conta própria — precisam que a fotossíntese das plantas faça isso por eles. Animais que estão lutando para combater infecções precisam dirigir todo o caroteno para o sistema imunológico, ao passo que os saudáveis têm um excesso de carotenoides em seu sistema. Os vermelhos, laranjas e amarelos que muitos pássaros exibem nas penas são feitos de carotenoides. Como eles só podem se permitir essas cores se seus sistemas imunológicos forem robustos, matizes brilhantes (em particular vermelhos, laranjas e amarelos) são sinais honestos de qualidade interna, embora apareçam exteriormente.

Vermelhos brilhantes são sinais honestos de qualidade inerentes devido ao custo metabólico de produzi-los, mas há outros sinais que qualquer um pode produzir. Alguns pássaros, por exemplo, evoluíram para indicar sua dominância pelo tamanho de uma mancha preta ou castanha no peito ou na garganta. Penas pretas não custam mais para produzir do que brancas, mas nessas espécies uma mancha escura maior indica uma posição mais elevada na hierarquia. Isso causou confusão quando foi descoberto, já que mesmo os machos mais fracos podem criar uma mancha maior com facilidade,[*] então parecia que as fêmeas dessas espécies estavam caindo em papo furado.

Mas estudos posteriores revelaram que os outros machos levam muito a sério essas manchas coloridas, e não aceitam que subordinados se exibam com grandes marcas escuras como se fossem dominantes. Usar uma do tamanho errado é uma afronta a todos os outros machos do bando, e quando biólogos testaram essa possibilidade ao pintar borrões pretos maiores em espécimes de baixo status, basicamente pintaram um alvo no peito deles. Todos os outros machos do bando começaram a atacar esses usurpadores em um esforço para mostrar a eles que não passam de farsantes e que seria melhor encolher a mancha. Nesses casos, o tamanho se torna um sinal honesto, embora possa ser produzido sem custo biológico, em função das consequências sociais de ter uma mancha maior do que deveria ser.[**]

Quais são os sinais honestos de qualidades em machos humanos? A altura é um bom indicador, já que não se pode ter 1,8 metro sem ser bem alimentado e saudável. Músculos também são um bom indicador, assim como a prática de esportes. Mas, claro, os humanos também se importam muito com o cérebro, além do corpo, e indícios de uma mente boa também são sinais sinceros de qualidade. Por isso, as mulheres

---

[*] Pode parecer estranho sugerir que um pássaro pode "decidir" criar uma mancha grande ou pequena, mas a dominância está associada a mudanças hormonais, que por sua vez produzem mudanças corporais. Esses efeitos podem ser vistos em numerosas espécies, como quando um peixe ciclídeo desenvolve uma coloração brilhante para indicar que agora domina um território.

[**] Produzir uma mancha maior do que você merece é muito como entrar no Stan's Sports Bar no Bronx, Nova York, usando um boné do Red Sox durante um jogo do Yankees: barato de comprar, caro de usar.

tendem a achar o senso de humor atraente. Não apenas é divertido estar perto de gente engraçada, mas esta característica exige uma mente ágil para produzir conexões que façam outras pessoas rirem.

A simetria facial também é um honesto indicador de qualidade, já que os humanos evoluíram para ser simétricos, mas doenças e acidentes podem perturbá-la. A simetria é um sinal de saúde e robustez genética (ou, no mínimo, de uma vida abençoada), e as mulheres tendem a achá-la atraente. Se você digitar "Brad Pitt" no Google e olhar para seu rosto, ficará impressionado com a simetria. Se digitar "Lyle Lovett", ficará impressionado com os indicadores de uma vida difícil.

Simetria, força, altura e humor também são sinais honestos de qualidade nas mulheres, mas não são os principais marcadores que atraem os homens. Como ser fértil é muito mais biologicamente exigente para as mulheres do que para os homens, eles se interessam mais pelos sinais honestos de fertilidade das mulheres. São atraídos, em especial, por sinais de juventude e uma forma de ampulheta — ambos sinais de fertilidade feminina. Se os humanos fossem como chimpanzés em seus hábitos reprodutivos e as mulheres se tornassem mães mais bem- -sucedidas à medida que envelhecessem, sem dúvida os homens sentiriam uma forte atração pelas mais velhas. A evolução da menopausa nas fêmeas humanas mudou essa equação (mais sobre isso no capítulo 10) e, como resultado, os homens são mais atraídos por mulheres durante seu período mais fértil, do fim da adolescência até meados dos 30 anos.[*]

---

[*] Embora haja muito menos trabalhos sobre preferências por parceiros e posturas sexuais entre membros da comunidade LGBTQ, a pesquisa existente costuma revelar um quadro similar. Por exemplo, meus colegas e eu descobrimos que sejam os homens hétero, bi ou homossexuais, tendiam a lamentar oportunidades sexuais perdidas mais do que lamentavam um sexo ruim. Em contraste, fossem as mulheres hétero, bi ou homossexuais, tendiam a lamentar sexo ruim mais do que oportunidades sexuais perdidas.

A teoria da relatividade (social)

Seleção sexual e competição pelo acasalamento são as forças motrizes por trás do poder da *relatividade*, ou seja, a importância de nossa posição relativa em comparação aos outros. Por exemplo, as mulheres evoluíram para preferir homens gentis, generosos, divertidos, bonitos e inteligentes; mas mesmo que eu não seja nada disso, ainda me escolherão se eu for a opção menos medonha. Na verdade, não importa quão inteligente ou atraente eu seja, desde que prove ser mais inteligente e mais atraente do que os outros homens disponíveis. Da mesma forma, não me fará nenhum bem ter a aparência de Henry Cavill e um cérebro como o de Albert Einstein se todos em meu grupo forem mais bonitos e inteligentes. Embora as chances de ser assim sejam pequenas, a questão é que nossos níveis absolutos de qualquer característica não importam tanto, mas, sim, como estamos em relação aos outros membros relevantes de nosso grupo. Por essa razão, as pessoas fazem comparações sociais o tempo todo.

Inicialmente nós começamos esse processo de comparação social para aprender sobre nós mesmos e nossa posição social. Eu sou forte ou fraco? Rápido ou lento? Rico ou pobre? A despeito do que possamos pensar, não há respostas absolutas para essas perguntas. Tudo depende de como estamos em relação a outras pessoas. Se consigo levantar mais peso do que as pessoas próximas de mim, eu sou forte. Caso contrário, sou fraco. Nossos vizinhos mais próximos também são nossos concorrentes mais importantes, então tendemos a estudar aqueles que estão mais perto para responder a essas perguntas.

O problema com essa tendência a examinar em nível local é que pode levar a uma visão do mundo muito distorcida. Eu me lembro de me reunir com meus amigos no fim do último ano do ensino médio para refletir sobre os altos e baixos dos quatro anos anteriores. Uma de minhas amigas disse que seu maior arrependimento era a falta de sucesso nos esportes. Ela era campeã estadual em pelo menos dois esportes, participava das equipes escolares de diversos outros, e o metal pendurado em seu agasalho teria deixado um general russo envergonhado. Perguntei como ela podia se sentir assim considerando que era uma das melhores atletas que eu conhecia. Ela respondeu dizendo que havia fracassado em seu sonho de entrar para a equipe olímpica. Aquela aspiração podia soar absurda, mas dois de seus irmãos haviam competido nas Olimpíadas, então esse era seu parâmetro de sucesso.

Podemos ver o efeito da relatividade em inúmeros campos, e algumas vezes faz todo sentido se preocupar com todos. Imagine, por exemplo, que eu inventei um comprimido que aumenta sua inteligência em cinquenta por cento e lhe ofereci um. Imediatamente após tomar o comprimido, você se sente muito mais inteligente — todos os problemas que antes haviam parecido complexos se tornaram brincadeira de criança. Física de partículas e questões de cálculo seriam formas divertidas de passar o tempo enquanto esperava sua vez de cortar o cabelo. Mas agora imagine que eu oferecesse a todos os outros *dois* comprimidos. Você estaria ali, esperando seu corte de cabelo, e todos ao redor estariam discutindo ideias muito acima de sua capacidade. Em questão de instantes você passaria de se sentir um gênio para se sentir um idiota.

Nesse exemplo, não importa quantos comprimidos você tome se todos ao seu redor sempre estiverem um comprimido à frente. Mesmo que consiga resolver equações diferenciais de cabeça, se as outras pessoas forem mais inteligentes, você ficará com os trabalhos menos interessantes, seus amigos o acharão lento, e, em geral, você tenderá a ser deixado para trás. A relatividade importa nessas situações. Mas, por causa da importância da seleção sexual, também somos enredados pela relatividade quando as outras pessoas na verdade não importam.

Considere o trabalho de Ilyana Kuziemko e seus colegas da Universidade de Princeton sobre "aversão ao último lugar". Eles descobriram que a maior resistência ao aumento do salário mínimo era entre pessoas que ganhavam ligeiramente mais. A despeito do fato de que aumentar o salário mínimo muito provavelmente ajudaria indivíduos que ganhavam pouco acima do mínimo em algum momento no futuro, as preocupações deles sobre sua posição relativa superavam as vantagens potenciais que poderiam advir de um salário mínimo mais alto. Tais reações podem parecer contraproducentes, mas a seleção sexual fornece a lógica subjacente.

A preocupação com a posição relativa também foi identificada em nossos primos primatas, e demonstrada em macacos-prego por Sarah Brosnan e Frans de Waal, da Universidade Emory. No experimento, eles treinaram macacos para devolver à pesquisadora uma pequena pedra colocada em sua jaula, e os bichos eram recompensados pelo esforço com fatias de pepino. Eles claramente consideravam o pagamento justo, dado que haviam aprendido e demonstrado o comportamento adequado com base naquelas recompensas em pepinos.

A fase crítica do experimento se deu quando os macacos testemunharam outro macaco recebendo uma uva (sua comida preferida) pela mesma ação que eles executavam em troca de uma fatia de pepino. Se a justiça é um elemento absoluto, não deveria importar qual recompensa outro macaco recebe por cumprir a mesma tarefa. Se uma fatia de pepino era boa o suficiente momentos antes, deveria continuar sendo boa o suficiente agora. Por outro lado, se a justiça é algo *relativo*, então importa muito o que o outro macaco recebe.

Coerente com a lógica da relatividade, os macacos que trabalhavam por pepinos muitas vezes se recusavam a continuar participando quando outro macaco era pago em uvas pela mesma atividade. De Waal mostra um vídeo desse experimento em seu TED Talk *Moral Behavior in Animals*, e eu o recomendo fortemente, no mínimo para ver um macaco jogar com raiva sua fatia de pepino na pesquisadora depois que o macaco ao lado recebe uma uva. Mesmo correndo o risco da antropomorfização, eu nunca vi um colega primata mais ultrajado com um pagamento injusto do que aquele pequeno macaco.

Experimentos como esse fornecem evidências convincentes de que assim que suas necessidades de sobrevivência são atendidas, todo o resto é relativo. Como discutimos no capítulo 3, a vida era um jogo de soma zero no mundo antes das cidades. Minha felicidade normalmente era fruto de sua infelicidade. A triste verdade é que a lógica da seleção sexual garante que a vida continue a ser um jogo de soma zero mesmo quando não precisa ser. Se meu amigo recebe um grande aumento ou ganha na loteria, eu de fato sou empobrecido por sua sorte, já que agora será mais difícil que eu consiga uma parceira. Antes de sua conquista ou de sua sorte, a mulher em quem eu estava de olho poderia ter me escolhido. Agora há uma boa chance de que não o fará, já que ele é mais atraente do que costumava ser.

A seleção sexual grava essa lógica bem fundo em nossa psique, tornando incrivelmente difícil para nós superar isso e não sentir inveja do sucesso dos outros — em especial, o sucesso de quem é próximo. Quando Sam Smith ou Eminem ganham um Grammy, não sinto inveja porque não os conheço, não tenho seu público e (sabiamente) não tento competir com eles. O mesmo vale quando Leonardo DiCaprio ganha um Oscar; a namorada dele não iria mesmo sair comigo. Mas é doloroso quando meus grandes amigos me superam, particularmente, em um campo que eu valorizo.

Minha demonstração preferida desse efeito é uma maravilhosa série de experimentos feita por Abraham Tesser e seus colegas da Universidade da Geórgia. Em um experimento típico, Tesser levou universitários do sexo masculino ao laboratório para participar de um jogo de palavras. Era uma tarefa ao estilo dicionário, no qual pessoas davam pistas para ajudar o colega a descobrir uma determinada palavra. Tesser fez um participante ir primeiro e fraudou o jogo para que o primeiro jogador sempre se saísse mal. A questão fundamental era a qualidade das pistas que esse participante ostensivamente fraco dava ao colega depois. Algumas que ele podia dar eram concebidas para serem realmente úteis, e algumas eram criadas para não serem nada úteis.

Para tornar o experimento concreto, imagine que você estava participando e sua tarefa fosse ajudar o parceiro a adivinhar a palavra *perspicaz*. Se você quisesse ajudá-lo, poderia lhe dar a pista *astúcia* ou *sagacidade*. Mas se quisesse que ele fracassasse, poderia dar a pista *agudeza*.

(Quem sabe o que isso significa?) Depois, se ele se queixasse, você poderia dizer que se ele tivesse um vocabulário minimamente decente, teria acertado.

Tesser descobriu que as pessoas eram mais propensas a dar pistas úteis ao colega se fosse um amigo em vez de um estranho, mas isso só acontecia quando a tarefa era definida como desimportante. Quando ela era descrita como um relevante indicador de habilidade verbal, Tesser descobriu que, após fracassarem no teste, as pessoas tendiam a dar mais pistas úteis a estranhos do que a amigos. Esses dados sugerem que o bom desempenho de um amigo era uma ameaça maior do que o de um estranho. É uma triste verdade sobre as pessoas, mas esses resultados mostram que nós sabotamos nossos amigos quando há o risco de que eles nos superem em campos importantes. Foi o que a seleção sexual produziu.

Parte II

Usando o passado para
compreender o presente

5

Homo socialis

Há algumas décadas lecionei no Semester at Sea, um programa de estudo no exterior que viaja pelo mundo em um transatlântico. Certa noite de lua nova no Oceano Índico, o capitão desligou as luzes externas para que pudéssemos ver as estrelas com mais facilidade. Eu estava curioso para ver a Via Láctea sem poluição luminosa, então fui ao convés superior antes de dormir. O céu estava lotado de estrelas, e eu o admirava havia uns cinco minutos, quando um meteoro extraordinariamente brilhante surgiu e depois queimou bem diante dos meus olhos.

Foi uma das visões mais impressionantes de toda a minha vida, e eu me surpreendi com minha própria reação. Em vez de saborear o momento ou refletir sobre minha própria sorte, olhei imediatamente ao redor para ver se havia mais alguém no convés comigo. Tudo que eu queria era me virar para alguém, qualquer um, dizer "Uau, você viu aquilo?" e ouvir um completo estranho responder: "Sim. Foi impressionante!" Quando eu era criança, sempre invejei o Tigrão do *Ursinho Pooh* por ser *o único*, mas aquela experiência me ensinou que eu não entendia minhas próprias preferências. Em vez de me sentir especial por ser, possivelmente, o único humano na Terra a testemunhar aquele espetáculo, descobri que o meteoro parecia menos real e a experiência de vê-lo menos significativa por não poder compartilhá-la.

De todas as preferências que a evolução nos deu, desconfio de que o desejo de dividir o conteúdo de nossa mente teve o mais importante papel em nos elevar ao topo da cadeia alimentar.* Nós somos os mais ferozes predadores do planeta em função do poder de nossa mente, mas mesmo a mente humana não é tão especial sozinha. Se um de nós for colocado nu e sozinho na selva, será apenas alimento das criaturas locais. Mas se cem de nós formos colocados nus na selva, teremos introduzido um novo grande predador naquela floresta infeliz.

Nos capítulos 1 e 2 discutimos o papel central do funcionamento social em nossa história de sucesso evolutivo. Nada é mais importante para nós do que nossas ligações sociais porque nada foi mais determinante para a sobrevivência e a reprodução de nossos ancestrais. Como resultado, nós desenvolvemos muitas formas de permanecer conectados aos nossos grupos; a principal delas é saber o que os outros estão pensando. Conhecer os pensamentos dos demais nos ajuda a nos encaixar no grupo e prever o que os outros membros farão a seguir. Também queremos que nosso conjunto conheça nossos pensamentos e sentimentos, já que plantar nossas crenças na mente alheia é a melhor oportunidade de conduzir o grupo na nossa direção preferida. A aceitação de nossos pensamentos e sentimentos por outros confirma nosso lugar e nos dá uma sensação de segurança quanto ao futuro. Por sorte, esses objetivos, inerentemente egoístas, também são a receita para uma cooperação bem-sucedida; quando conhecemos o conteúdo da mente uns dos outros, temos muito mais capacidade de coordenação social e divisão do trabalho.

Por esses motivos, a evolução nos deu um desejo perpétuo de partilhar o conteúdo de nossa mente, mesmo quando não há nada a ganhar fazendo isso. Esse desejo que eu senti de modo tão forte no convés do navio naquela noite, surge cedo na vida. Crianças pequenas narram o

---

* O desejo de nossa mente em compartilhar é uma das duas características fundamentais que Thomas Suddendorf identifica como unicamente humanas em *The Gap*. Mais sobre isso no capítulo 6.

mundo o tempo todo, apontando para pessoas e objetos simplesmente para criar atenção conjunta; nenhum outro animal faz isso em qualquer estágio de desenvolvimento.

O desejo de dividir nossa compreensão e nossa experiência vai além do simples conhecimento, já que também queremos partilhar com os outros nossas reações emocionais. Para que nosso grupo lide de modo eficaz com uma ameaça ou oportunidade, precisamos todos entendê-la da mesma forma, então evoluímos para buscar consenso emocional. Poucas experiências na vida são mais frustrantes do que partilhar uma história emocional com alguém que reage com indiferença ou emoção oposta à nossa. Se eu fico ultrajado com o comportamento grosseiro de um colega, fico ainda mais ultrajado quando minha esposa acha que não é significativo ou, ainda pior, considera engraçado ou justificado.

Essa necessidade de partilhar uma experiência emocional está na raiz de quase todos os exageros. Se eu temo que você não ficará impressionado o bastante com o peixe que peguei, o peixe cresce na história. Se eu temo que você não fique aborrecido com o comportamento grosseiro do meu colega, meu colega se torna ainda mais rude quando conto a história. Essa necessidade também está no cerne das lendas urbanas, que são o equivalente viral de grandes exageros.

Chip Heath e seus colegas da Universidade de Stanford oferecem um belo exemplo desse efeito em sua pesquisa sobre lendas urbanas. Eles descobriram que quanto mais repulsiva e ultrajante a lenda se torna, maior a probabilidade de as pessoas dizerem que a contariam a outros. Por exemplo: eles apresentaram às pessoas diferentes versões de uma lenda urbana em que uma família volta de férias e encontra na câmera fotos que o mensageiro tirou dele mesmo sujando suas escovas de dentes. Em uma versão as fotos o mostram limpando as unhas com as escovas de dentes, em outra ele coloca as escovas nas axilas, e como golpe de misericórdia eles veem o mensageiro colocando as escovas da família "no traseiro". Não é preciso pensar muito para decidir qual história você contaria aos amigos; as escovas de dentes da família no traseiro do mensageiro são claramente as vitoriosas se seu objetivo é garantir que a plateia tenha a mesma reação emocional.

Quando exageramos ou transmitimos lendas urbanas, introduzimos uma distorção na compreensão da realidade por parte de nossos ouvintes. Isso pode ser visto como um efeito colateral custoso da necessidade de partilhar emoções, mas não deve nos distrair do fato de que fazer isso está na base de quase todas as interações sociais bem-sucedidas. Pense na última conversa que você teve com um amigo e se pergunte quanta informação nova foi transmitida em comparação com quanta emoção. Conversas significativas geralmente têm pouquíssimas informações, mas quase nunca carecem de emoção. E conversas carregadas de conteúdo, como discussões de acontecimentos atuais, também costumam ser carregadas de emoção. As raras conversas que não envolvem nenhuma emoção costumam acontecer com estranhos, e são vistas como banais ou tediosas.

Inteligência social

O desafio mais importante que as pessoas enfrentam na vida é compreender e lidar com os outros. Se eu entendo os objetivos das pessoas, posso me colocar em posição de me beneficiar de suas prováveis ações. Melhor ainda, se eu conseguir manipular as intenções das pessoas de modo a plantar minhas metas na mente delas, quase certamente terei sucesso na vida. Por outro lado, se não consigo entender os outros, serei vítima de seus planos aparentemente aleatórios. E se consigo entender os outros, mas não lidar, verei as más notícias chegando, com capacidade limitada de melhorar minha situação. Habilidades de administração são menos importantes se eu sou Gengis Khan e posso impor meus objetivos aos outros pela força bruta, mas para a maioria de nós a persuasão é o segredo do sucesso.

O que a ciência nos diz sobre como ser um sucesso social? Infelizmente, não muito. A resposta se provou esquiva em função dos desafios de medir a inteligência social, que permaneceram em grande medida imutáveis desde que o primeiro teste abrangente foi criado, em meados da década de 1920. Pense em um ponto desse teste original em que era perguntado às pessoas o que elas diriam a um conhecido cujo parente tivesse acabado de morrer. Os pesquisados tinham a escolha de falar bem do parente morto ou falar sobre acontecimentos atuais de interesse geral. Um momento de reflexão deixa claro que qualquer uma dessas escolhas pode ser a correta, ou nenhuma delas.[*]

De fato, a resposta "correta" a essa pergunta depende do quanto você conhece a pessoa e o falecido, a relação entre eles e inúmeros outros fatores. Como consequência, a gafe de uma pessoa pode muito bem ser as palavras reconfortantes e consoladoras de outra. Embora, em geral, não seja recomendável fazer piadas sobre o falecido no funeral de um ente querido, desconfio de que muitas pessoas na verdade consolaram amigos e parentes com piadas desse tipo. E tenho igual certeza de que muitos outros indivíduos ofenderam amigos e parentes com as mesmas piadas. A mesma declaração pode ser consoladora ou irritante dependendo de quem a faz, quem escuta, exatamente em que momento é feita, o tom de voz usado e assim por diante.

Quanto mais se pensa nesse problema, mais se percebe que raramente há um único comportamento social correto em determinada situação. A natureza depende de contexto das reações emocionais e, portanto, a adequação social continua a dificultar nossos esforços de medir habilidades sociais. Por exemplo, um item de uma das mais amplamente empregadas medidas de inteligência social/emocional descreve uma pessoa que trabalha mais que os colegas, consegue resultados melhores, mas, por não ser boa em política de escritório,

---

[*] Como informação, os autores do teste original declararam que falar sobre acontecimentos atuais era a resposta certa. Então digitei no Google "O que se deve dizer em um funeral?", e três das primeiras quatro respostas envolviam falar bem do parente falecido (a quarta era sobre incluir a família em suas preces). Talvez as normas tenham mudado ao longo dos últimos 90 anos, mas desconfio de que nunca houve e nunca haverá uma resposta correta sobre como lidar com as situações mais sociais.

perde um prêmio para um colega que não merecia. Quem faz o teste é perguntado se a pessoa que perdeu o prêmio se sentiria melhor fazendo uma lista de características positivas e negativas desse colega sem mérito, em oposição a contar aos outros quão ruim foi o desempenho desse mesmo colega e reunir evidências para provar sua opinião. Na verdade, é impossível sabermos a resposta a essa pergunta. Algumas pessoas se beneficiariam de uma estratégia, alguns de outra, e os benefícios que teriam certamente dependeriam de uma ampla gama de outros fatores e limitações. A segunda estratégia poderia ser um nítido desastre, mas também ser vitoriosa.

Os criadores do teste oferecem respostas "corretas" avaliando o consenso do que a maioria das pessoas faria, e ouvindo especialistas em pesquisa de emoção. Contudo, ambas as abordagens são profundamente inadequadas, já se que baseiam na suposição equivocada de que há uma única resposta correta esperando ser encontrada. Mesmo se tal existisse, essa abordagem também supõe que o que a maioria dos participantes faria é a melhor estratégia, dessa forma limitando o nível superior da inteligência social à resposta média (ou, talvez ainda pior, às intuições e tendências de psicólogos acadêmicos). Desconfio de que indivíduos altamente habilidosos socialmente atingem seus objetivos em parte por fazer as coisas de modo diferente. Quando a maioria das pessoas responde de certo modo, tal resposta perde parte de sua força pela repetição e previsibilidade. Pessoas socialmente habilidosas reconhecem esse problema, e ao encontrar um modo de ser apenas um pouco diferentes dos demais, se comunicam com mais eficácia.

Esses desafios me pareceram insuperáveis, então me levaram a escolher uma abordagem diferente do problema. Em vez de tentar encontrar um modo de contornar a natureza dependente de contexto da inteligência social, meus colegas e eu decidimos nos valer dessa característica definidora do funcionamento social. Claramente há muitas qualidades que permitem que as pessoas tenham sucesso social, mas o fato de que algo funciona em uma situação e muitas vezes não funciona em outra sugere que *flexibilidade comportamental* pode ser o mais importante atributo para um hábil funcionamento social. Diversos fatores permitem a flexibilidade comportamental (mais sobre isso posteriormente), mas um dos mais importantes é nossa capacidade de autocontrole.

A evolução do autocontrole

Uma piada comum entre psicólogos acadêmicos é que entramos nesse campo para tentar entender nossas próprias deficiências — isto é, nós fazemos "pEUsquisa" em vez de pesquisa. Sou tão culpado disso quanto o professor no escritório ao lado do meu. Meu interesse em inteligência social não começou como um ardente desejo intelectual, mas com um constrangedor passo em falso quando estava no ensino médio e disparei a primeira coisa que passou pela minha cabeça.

Falar antes de pensar me causa problemas em diversas circunstâncias, mas mercados de comida são meu calcanhar de Aquiles, em especial, quando a carne parece que ainda tinha cascos. Em combinação com uma boa dose de escrúpulos, minha culpa carnívora pelo fato de que meu jantar um dia caminhou por este planeta me leva a preferir comidas que não lembrem o animal de origem. Fico desconfortável quando bares de tapas penduram pernas de porco nas vigas do teto, quando restaurantes chineses penduram filas de patos em ganchos ou quando um açougue exibe uma carcaça inteira. Não gosto nem mesmo de peixes me encarando. Mais de uma vez fiz uma expressão de nojo na frente de um comerciante antes que meu filtro interno (reconhecidamente fraco) tivesse a chance de me deter. Meus amigos e parentes não gostam do meu comportamento, então decidi provar que não é culpa minha, que sou vítima de estruturas cerebrais defeituosas e merecedor de pena, em vez de censura.

Uma forma de perceber o autocontrole é imaginar que seu cérebro é uma carruagem. Os cavalos são seus impulsos e moram, principalmente, em um pequeno grupo de regiões que ficam sob o seu córtex, perto da base do cérebro, como o núcleo accumbens e a amígdala cerebelosa.

Os cavalos os puxam na direção da gratificação dos seus desejos: comida, sexo, agressão, o que quer que seja. Algumas pessoas têm garanhões selvagens puxando sua carruagem, e lutam para resistir à tentação de comer demais, beber demais, ter casos ou socar o nariz de um sujeito irritante. Outras pessoas são puxadas por mansos pôneis de fazenda, e para elas controlar os próprios impulsos é comparativamente fácil.

O cocheiro da carruagem, que se senta em uma parte dos lobos frontais chamada de córtex pré-frontal lateral (CPFL), é aquele que resiste à tentação puxando as rédeas ou desviando os cavalos quando o momento, o local ou o próprio objetivo são inadequados. O cocheiro tem um copiloto, que se senta acima dos cavalos no córtex cingulado anterior (CCA) ou perto dele, e cujo trabalho é alertar o cocheiro sempre que os animais parecem estar indo na direção errada. Se você tiver um copiloto desatento ou um cocheiro fraco, eles o puxarão para onde quiserem e as pessoas lhe dirão que você é um selvagem ou um cretino impulsivo (vai depender se simpatizam ou não com suas ações).

No meu caso, acho que meu copiloto CCA está sempre de férias. Talvez meu CCA seja pequeno demais, tenha falta crônica de oxigênio, ou talvez seja apenas silencioso demais para ser ouvido facilmente pelo meu cocheiro. Uma vez que meu CPFL esteja puxando as rédeas, tenho um autocontrole muito bom, mas, muitas vezes, só percebo que preciso me controlar tarde demais. Eu culpo meu CCA, mas claro que outros culpam a mim. Então, meu primeiro experimento em inteligência social foi um esforço de provar inocência concebido para testar minha hipótese de que dizer o que realmente se pensa é um sinal de lobos frontais defeituosos, e não uma falha moral.

Nesse experimento, nós decidimos encenar minhas frequentes gafes com comidas incomuns, o que significava arrumar uma desculpa para apresentar a pessoas no laboratório uma comida que tivesse aspecto semelhante de quando caminhava por este planeta.* Após pensarmos

---

* E voltamos ao componente "pEUsquisa" do meu trabalho.

juntos, minha aluna de doutorado Karen Gonsalkorale e eu decidimos nos valer de sua ascendência chinesa e sua habilidade culinária. Levamos indivíduos caucasianos ao laboratório, e Karen explicou — ou melhor, mentiu — que estava testando os efeitos de diferentes substâncias químicas alimentícias na memória.

Após conferir o nome do participante e fingir consultar sua prancheta, Karen então dizia a cada pessoa: "Você está com sorte! Vai comer minha comida preferida, considerada o prato nacional chinês!" (Nossa afirmação sobre substâncias químicas alimentícias e memória nos permitiu servir aos participantes no laboratório uma comida incomum, que do contrário teria parecido estranho.) A alegação de Karen sobre o significado pessoal e cultural do prato tinha como objetivo transmitir uma mensagem simples: o que quer que seja servido, você deveria ao menos fingir gostar.

Com uma câmera oculta, e bem perto do rosto dos participantes, ela então abria um pote Tupperware contendo pés de galinha intactos, com unhas e tudo mais, cozidos em um molho marrom-claro. Nem todos reagiram com educação ao receber os pés para comer. Meu participante preferido disparou: "Isso é revoltante!" A essa declaração se seguiu um silêncio desconfortável, que ele rompeu com alguns resmungos de desculpas enquanto pegava com relutância um pé e tentava reunir coragem para mordiscar um dos dedos. Em contraste, algumas pessoas não perderam a compostura. Não necessariamente comeram os pés — muitas, de repente, lembraram que eram vegetarianas ou sugeriram que os pés poderiam não ser kosher —, mas foram educadas mesmo se recusando a comer.

Na fase seguinte do experimento, nós usamos o efeito Stroop para ver se conseguíamos diferenciar os que tinham lidado educadamente com aquela situação delicada daqueles que não tinham. O efeito Stroop se vale do fato de que a leitura é automática, e assim não podemos deixar de ler uma palavra logo que a vemos. Tente, por exemplo, olhar para a palavra abaixo sem ler:

Olá

Eu me arriscaria a dizer que você fracassou — se você viu, você leu. No teste Stroop as pessoas são estimuladas a dizer, o mais depressa possível, as cores das letras de várias palavras. O truque é que as próprias palavras são nomes de cores. Por exemplo: as pessoas podem ver a palavra *vermelho* escrita em letras verdes, o que exige que elas inibam sua tendência automática a identificar a palavra que leram e em vez disso dizer a cor das letras.

Quando as pessoas fazem o teste Stroop em um aparelho de fMRI,[*] nós vemos que o copiloto CCA se torna ativo sempre que a palavra da cor não corresponde à cor das letras, e há uma competição na mente das pessoas entre a resposta correta e a incorreta. Essa ativação do CCA é ainda mais forte quando as pessoas cometem um erro. Nesse ponto, ele alerta o cocheiro da carruagem, que puxa as rédeas da tendência a ler a palavra em vez de indicar a cor da tinta.

Como o teste Stroop monitora o processamento no CCA, esperávamos que ele pudesse prever como as pessoas reagiriam aos pés de frango. Pessoas com um CCA reativo deveriam ser boas em inibir sua reação inicial (*eca!*), substituindo-a por algo mais socialmente adequado (*interessante!*). De acordo com nossas expectativas, aqueles que se saíram bem no teste Stroop tendiam menos a perder a compostura do que aqueles que se saíram mal no teste. Tais descobertas nos mostraram que as pessoas que tinham maior autocontrole conseguiam reagir de um modo mais flexível e socialmente hábil. Eles conseguiam inibir reações que normalmente teriam mas que eram inadequadas no conjunto de regras sociais presente.

Trabalhos posteriores mostraram que aquilo que havíamos descoberto no laboratório era apenas a ponta do iceberg. Dois anos depois, Christopher Patrick e seus colegas da Universidade de Minnesota mostraram que um CCA quieto não é problemático apenas no que diz

---

[*] Instrumento que permite aos pesquisadores monitorar atividade metabólica em diferentes regiões do cérebro.

respeito a *dizer* a coisa errada; também não reage quando as pessoas *fazem* a coisa errada. No estudo, escolheram pessoas que declararam ter tido ou não comportamento antissocial antes e deram a elas uma tarefa muito similar ao teste Stroop enquanto usavam uma touca de natação com eletrodos. Como os neurônios emitem uma pequena dose de eletricidade, esses eletrodos permitiam que os pesquisadores vissem como o CCA dos indivíduos reagia quando eles cometiam um erro e digitavam a tecla errada do computador.

A despeito da natureza bastante banal da tarefa de laboratório, Patrick e seus colegas puderam dizer se alguém tivera comportamento antissocial pela reação do CCA quando eles cometiam um erro trivial. Ao cometer um engano na tarefa, as pessoas mais obedientes à lei mostravam uma reação do CCA cerca de trinta por cento maior que a das pessoas antissociais. Lembre-se, o trabalho do copiloto é identificar o potencial de conflito e alertar o cocheiro quando um erro está prestes a ser cometido. Um copiloto fraco reage pouco à possibilidade de erro, como vemos neste experimento. Supostamente, quando as pessoas antissociais estavam prestes a tomar uma decisão mais importante (como socar ou não o sujeito que as estava incomodando ou jogar uma pedra na janela de alguém), seu CCA ficava quieto e não as alertava para o conflito entre o que estavam prestes a fazer e o que deveriam fazer. Esses dados revelam como um copiloto não reativo pode levar a um funcionamento social ruim.

Fiquei encantado quando esses experimentos me inocentaram, mostrando que minhas carências revelavam estruturas cerebrais falhas e não um caráter problemático. Mas, em retrospecto, fica claro que meus interesses pessoais me deixaram cego à mensagem mais importante que essa pesquisa nos transmitia. Os estudos mostram que o autocontrole desempenha um papel importante no funcionamento social, mas não me ocorreu por algum tempo que as exigências sociais, provavelmente, foram o que levou à evolução do autocontrole.

Você não precisa de um copiloto CCA para lhe dizer que não se deve arrancar um salmão da boca de um urso; isso seria evidente até para o mais distraído cocheiro de carruagens. Você precisa que seu CCA dispare o alarme quando está esticando a mão para o último pedaço de bolo, flertando com a namorada do cara grandão ou começando a dizer ao seu chefe o que realmente pensa dele. Interações sociais estão carregadas de motivos conflitantes, e é exatamente por causa disso que precisamos dos serviços de um copiloto atento. Meus objetivos algumas vezes coincidem com os seus (por exemplo, quando queremos ver o mesmo filme) e outras vezes são opostos (por exemplo, quando queremos sair com a mesma garota), e é aí que um copiloto atento desempenha um papel particularmente valioso.

Não foi apenas meu egocentrismo que me cegou ao que esses estudos mostravam. A maioria dos psicólogos considera garantido que desenvolvemos a capacidade de autocontrole de modo a buscar objetivos de longo prazo. Para ser um fazendeiro de sucesso, temos de plantar a semente em vez de comê-la; para ter uma aposentadoria feliz, precisamos poupar nosso dinheiro em vez de gastá-lo; para manter um peso corporal saudável, precisamos recusar a segunda fatia de bolo de chocolate em vez de comê-la. Mas nosso mundo não parece em nada com o mundo de nossos ancestrais caçadores-coletores, que não plantavam sementes, não poupavam dinheiro e nunca se preocupavam com comer ou beber demais. Nossos antepassados estavam concentrados no presente, de vez em quando pensando no que gostariam de fazer no dia seguinte, de modo que a vida deles não era o exercício perpétuo de gratificação postergada que a nossa se tornou. Eles quase certamente não se valiam do autocontrole para garantir um amanhã melhor. Mas tinham de se controlar para conviver com seus vizinhos, administrar seus rivais e atingir seus objetivos sociais.

Nossos ancestrais também tinham de se controlar sempre que se dedicavam a esforços colaborativos, em especial diante de ameaças. Imagine como eram as coisas para nossos antecessores distantes que migraram para a savana e representavam um lanche saboroso para hienas ou leões. Quando eles notavam uma dessas feras à espreita, teria sido necessário um ato monumental de autocontrole para se reunir e arremessar pedras em vez de fugir. Uma estratégia cooperativa era claramente a forma mais eficaz de atingir a meta de sobrevivência que todos desejavam, mas o medo teria tornado bastante tentador deixar a tarefa de proteger o grupo a cargo dos outros. Aqueles não dispostos a partilhar o fardo e que fugiam ao primeiro sinal de perigo logo se veriam não sendo bem-vindos no grupo, enfrentando circunstâncias terríveis e péssimas perspectivas reprodutivas. Assim, a evolução favoreceu o desenvolvimento do autocontrole em nossos ancestrais para atingir diversos objetivos sociais.

A ação conjunta de CCA e CPFL permite o autocontrole, mas este é mais do que nos contermos diante da tentação. Nosso cérebro grande também nos permite reconstituir o mundo físico em termos abstratos, ajudando-nos a vê-lo em termos de problemas a serem solucionados em vez de tentações potencialmente irresistíveis. Para explicar o que quero dizer, analisemos um experimento maravilhoso com chimpanzés conduzido por Sarah Boysen e Gary Berntson, na Universidade Estadual de Ohio.

Primeiro, Boysen ensinou aos chimpanzés os numerais de um a nove. Depois um jogo que envolvia escolher o número de petiscos que gostariam de receber. No jogo, dois deles sentavam um de frente para o outro como na Figura 5.1a, e um — vamos chamá-lo de selecionador — tem a oportunidade de decidir quantos petiscos cada um receberá. O selecionador recebe números em dois cartões separados e sua tarefa é apontar para um deles.

O segredo do jogo é que o outro macaco recebe o número de petiscos mostrado no cartão que o selecionador aponta, e este recebe o número de petiscos indicado no *outro* cartão. Chimpanzés não são bons em partilhar, então seu objetivo sempre é receber a maior pilha e dar a menor para o outro. Como consequência, eles logo aprenderam a apontar para o número menor, garantindo assim a pilha maior de petiscos (ver Figura 5.1a).

Figura 5.1a. O chimpanzé vai bem no jogo. Ao apontar para o número menor, ele consegue o maior. (Sarah T. Boysen)

O segredo do estudo foi o que aconteceu quando Boysen deu a eles pilhas de petiscos reais em vez de cartões com números. Petiscos reais deveriam facilitar a tarefa e torná-los mais bem-sucedidos em conseguir a pilha maior, porque eles não precisavam lembrar o que os números representam para vencer o jogo. Mas aconteceu o exato oposto; a despeito de conhecer as regras do jogo, os chimpanzés repetidamente apontaram para a maior pilha de petiscos saborosos diante deles. Os macacos pareciam se dar conta do erro no mesmo instante, em geral, parecendo muito frustrados com eles mesmos. De modo impressionante, eles cometeram o mesmo erro na rodada seguinte (e em outra e mais uma, por centenas de rodadas).

Por que esses animais espertos cometeram um erro simples repetidas vezes? É mais provável que não tenham conseguido evitar a atração dos petiscos reais. Quando Boysen os ajudou a traduzir petiscos para um problema abstrato mostrando números a eles, os chimpanzés conseguiram recuar e pensar objetivamente no problema. Mas suas capacidades simbólicas limitadas não eram fortes o suficiente para

Figura 5.1b. O chimpanzé joga pior. Ao apontar para a maior pilha de petiscos, ele recebe a menor. (Sarah T. Boysen)

transformar os petiscos físicos diante deles em uma abstração, e como resultado a tentação era grande demais. Os alimentos eram atraentes demais para que os lobos frontais dos chimpanzés pisassem no freio e os impedissem de apontar para a pilha maior.

Como os lobos frontais dos chimpanzés são menores que os nossos, suas funções de controle e capacidade de pensar em termos abstratos não são tão fortes quanto as nossas. Os humanos conseguem converter pilhas de doces em um problema abstrato com facilidade, permitindo-nos pensar nos petiscos como números em vez de objetos. Assim que transformamos nossos problemas em abstrações, nossas tentações não afogam nossas funções de controle. Por outro lado, os chimpanzés só conseguiam chegar a essa conversão quando Boysen a fazia para eles, dando números em vez de petiscos reais. Antes que nos sintamos muito superiores a esses animais, vale lembrar que éramos muito como chimpanzés quando crianças, com lobos frontais fracos e capacidade limitada de abstração. Como consequência, podemos ver esse mesmo processo em ação entre humanos (jovens), com destaque para os famosos estudos de Walter Mischel com marshmallow.

Mischel levou crianças pequenas para o laboratório e as sentou em uma sala com um único marshmallow em uma bandeja. Disse às crianças que elas poderiam comer o marshmallow imediatamente se quisessem, mas se esperassem sua volta, ele lhes daria *dois*. Também disse que se decidissem que não conseguiam esperar, deveriam tocar uma campainha e então poderiam comer o marshmallow. Você não ficaria surpreso de saber que quase todas as crianças queriam dois marshmallows e juraram esperar a volta de Mischel. Ele então saiu da sala e, a menos que fosse convocado pela campainha, não voltou por quinze minutos.

Mischel queria saber quanto tempo as crianças conseguiam esperar e o que preveria seu autocontrole. O estudo teve diversos resultados interessantes. Em primeiro lugar, houve enormes diferenças individuais em quanto tempo as crianças conseguiam esperar — muitas se seguraram durante todos os quinze minutos, mas algumas mal chegaram à marca de dez segundos. Ao vermos as fitas do experimento original, um fato se destaca na previsão de quem espera e quem não. As crianças capazes de esperar mais tempo são aquelas que desviam a atenção do marshmallow. Cantarolam, dão as costas à bandeja, brincam e até mesmo adormecem. Mas as crianças que olham fixamente para o marshmallow ou, ainda pior, o seguram nas mãozinhas quentes, não têm esperança. São engolidas.

Resistir a marshmallows é particularmente difícil para crianças pré-escolares, já que seus lobos frontais são subdesenvolvidos, de modo que a capacidade de autocontrole é limitada. Mas algumas delas descobriram como contornar as próprias fraquezas, em grande medida da mesma forma como Boysen conseguiu ajudar os chimpanzés ao traduzir doces físicos em abstrações numéricas. Quando Mischel localizou essas mesmas crianças doze anos depois, descobriu que aquelas que esperaram mais tempo para comer os marshmallows tinham notas melhores do que as que se renderam rapidamente. A capacidade de traduzir a tentação em um problema que podiam solucionar as ajudou a resistir quando eram pequenas e continuou a ajudá-las a exercer o autocontrole por toda a vida, presumivelmente, permitindo que estudassem mais e fizessem menos farra.

Além do autocontrole:
as vantagens sociais de um cérebro grande

Há cerca de quinze anos, tomei conhecimento da hipótese do cérebro social, uma ideia que era discutida na biologia e na antropologia desde os anos 1960, mas, em grande medida, ignorada na psicologia. Como discutimos nos capítulos 1 e 2, essa hipótese estabelece que os primatas desenvolveram cérebro grande para administrar os desafios sociais inerentes em lidar com outros membros de seus grupos interdependentes. Por fim, ocorreu-me que se nosso cérebro ficou tão grande para solucionar problemas sociais em vez de físicos, muitas das habilidades que consideramos puramente cognitivas podem desempenhar um importante papel social.

Por exemplo, talvez tenhamos desenvolvido a capacidade de conceber abordagens alternativas para problemas (algo conhecido como raciocínio divergente), não para encontrar um modo de atravessar um rio furioso ou escapar de hienas famintas, mas para facilitar a flexibilidade em situações sociais. O raciocínio divergente teria nos permitido lidar com mais eficácia com amigos e inimigos quando a abordagem inicial não funcionava. Essa ideia tinha apelo para mim porque combinava com minha experiência pessoal enquanto eu crescia. Sendo um garoto pequeno com uma boca grande, eu me valia muito de minhas habilidades de raciocínio divergente para escapar de situações difíceis no recreio.*

Para testar a ideia de que o raciocínio divergente aumenta o sucesso social, meu aluno de doutorado Isaac Baker levou grupos de amigos ao laboratório e deu a eles uma série de tarefas. Ele testou o QI, avaliou a

---

* Embora eu me lembre dela com carinho, qualquer visitante moderno no pátio da minha escola no Alasca dos anos 1960 e 1970 acharia ter chegado à Escola Primária Nosso Senhor das Moscas. A suposição comum entre nossos professores era de que as temperaturas abaixo de zero coagulariam nossos narizes sangrentos até o fim do recreio, então eles nos deixavam resolver nossas diferenças como queríamos. Aqueles dias de escola me ensinaram muito sobre a vida de um caçador-coletor; nós também tínhamos de nos virar sozinhos, sem esperança da intervenção de uma autoridade imparcial.

personalidade e perguntou a eles quantos usos diferentes conseguiam imaginar para um tijolo, um prato e outros objetos comuns. Essas perguntas avaliam o raciocínio divergente, já que algumas pessoas darão respostas muito parecidas (por exemplo, usar um tijolo para manter uma porta aberta, uma janela aberta, escorar uma prateleira), enquanto outras apresentarão uma variedade mais ampla de abordagens (usar um tijolo para firmar o canto de uma toalha de piquenique, fincar um prego, arremessar sobre uma pessoa irritante).

Depois ele pediu que todos avaliassem em particular as habilidades sociais dos outros membros do grupo de amigos. Isaac descobriu que as pessoas que se saíam com mais usos divergentes para um tijolo eram também mais persuasivas, divertidas e carismáticas. Essa relação era sustentada tivessem eles um QI alto ou não, não sendo o caso de o raciocínio divergente ser reflexo de uma pessoa inteligente. O raciocínio divergente, na verdade, é uma habilidade importante em si, permitindo que as pessoas sejam mais persuasivas, divertidas e carismáticas.

Agilidade mental, ou a capacidade de recuperar informações e solucionar problemas rapidamente, é outra habilidade cognitiva que permite uma reação flexível ao mundo. Como as interações sociais costumam acontecer depressa, deixam muito pouco tempo para pensar. Se você faz uma piada às minhas custas e eu reajo imediatamente com uma resposta inteligente, eu me saí bem em nossa pequena provocação. Mas se eu demoro demais para dar uma resposta, a conversa provavelmente já avançou. E então, mesmo que eu tenha pensado em uma réplica brilhante, bancaria o idiota se tentasse reagir à sua afirmação anterior. Quanto mais depressa eu consigo pensar, maior a gama de opções que consigo avaliar antes de ter de reagir.

Para examinar se a agilidade mental prevê funcionamento social, nós realizamos um estudo no qual pedimos a pessoas em grupos de amigos que respondessem a perguntas simples de conhecimentos gerais (por exemplo: "Dê o nome de uma pedra preciosa") o mais depressa possível. Depois perguntamos aos amigos quão carismáticos eles eram, e descobrimos que as pessoas que respondiam mais rapidamente às perguntas de conhecimentos gerais eram classificadas pelos amigos como mais carismáticas. E assim como no caso do raciocínio divergente, esses efeitos de rapidez mental eram independentes de inteligência.

Ao longo do último século, a pesquisa nos ensinou que o QI é nosso motor intelectual, e que a inteligência social é apenas um subconjunto de derivados dessa classe mais ampla de capacidades mentais. Por outro lado, os resultados desses estudos iniciais sugerem que talvez seja o inverso; talvez nossa inteligência social seja nosso verdadeiro motor intelectual, e nossa capacidade de solucionar problemas complexos (isto é, nossa inteligência abstrata/QI) seja apenas uma derivação fortuita de nossas capacidades sociais evoluídas. Se levarmos a sério a hipótese do cérebro social, ela sugere que o QI é um subproduto da inteligência social, e não o contrário. E essa inteligência realmente representa nossas capacidades mentais mais amplas, faz todo o sentido que o QI muitas vezes seja um indicador ruim de sucesso profissional. Quando medimos o QI, estamos vendo apenas uma pequena fatia do bolo cognitivo, enquanto nossa inteligência social poderia nos dizer muito mais sobre a nossa habilidade de existir no mundo.

A esta altura, posso imaginar com facilidade um contra-argumento do tipo: "Espere um pouco, muitas das pessoas mais inteligentes que eu conheço são desajeitadas socialmente, enquanto alguns dos meus amigos sociáveis não conseguem fazer as contas da mercearia. Se o QI é derivado da inteligência social, os dois não deveriam ser mais intimamente relacionados?" Tais discrepâncias são muito comuns e deixam claro que não há uma correspondência direta entre capacidades cognitivas em geral e capacidades sociais. Exatamente por isso temos estudado habilidades cognitivas específicas (como autocontrole, raciocínio divergente e agilidade mental) que permitem flexibilidade e, portanto, deveriam tornar as pessoas mais sociáveis. Da mesma forma que algumas pessoas conseguem decorar a Constituição, mas não encontrar o caminho de volta do supermercado para casa, outras são ótimas em matemática, mas não têm as habilidades cognitivas específicas que as ajudam a compreender e lidar com os outros.

Por fim, é importante notar que as habilidades sociais dependem de mais do que apenas capacidades cognitivas; também dependem de nossas atitudes. Surpreendentemente, uma das mais importantes atitudes sociais é aquela com nós mesmos.

As vantagens sociais do excesso de confiança

A parte *Von* do meu sobrenome revela minha origem alemã — se você recuar o suficiente, descobrirá que a família do meu pai era formada por proprietários de terras submissos aos reis da Prússia. Isso significa que temos um brasão (que, por acaso, lembra um anúncio da cerveja St. Pauli Girl) e um lema familiar: *Mehr sein als scheinen*. A tradução literal seria "Mais ser que parecer", que eu entendo como "Seja mais do que pareça ser". Uma busca no Google sugere que nosso lema familiar é partilhado por muitos de nossos antigos vizinhos, já que a modéstia é uma virtude prussiana. "Seja mais do que pareça ser" é uma excelente postura de vida se você é um ninja ou um jogador de cartas profissional, mas para quase todos os outros nosso lema está invertido. Nós conseguimos mais da vida se parecemos ser mais do que somos. De fato, desconfio fortemente de que me vejo como "Bill mais 20%". Deixe-me explicar.

Em um dos meus estudos preferidos sobre excesso de confiança, Nicholas Epley, da Universidade de Chicago, e Erin Whitchurch levaram pessoas ao laboratório para tirar fotografias. Depois, os dois fundiram essas fotos em diferentes graus com fotos atraentes ou não atraentes de indivíduos do mesmo sexo do retratado. Algumas semanas depois, eles pediram que os indivíduos retornassem ao laboratório e lhes deram fotos modificadas ou inalteradas deles em diferentes circunstâncias. Em um experimento, participantes foram estimulados a encontrar sua verdadeira fotografia em um conjunto misturado que tinha sua foto e várias fotos deles modificadas. Nesse experimento, os participantes mostraram-se mais propensos a indicar que sua foto verdadeira era a fundida entre 10% e 20% com a imagem mais atraente.

Em um segundo experimento, os participantes receberam um conjunto de fotos de outros indivíduos, entre as quais havia uma foto deles inalterada ou fundida em 20% com uma imagem atraente ou não atraente. Nesse experimento, Epley e Whitchurch descobriram que as pessoas eram capazes de localizar fotografias suas mais rapidamente se estivessem fundidas com uma foto atraente, a uma velocidade intermediária se estivessem inalteradas, e mais lentamente se fundidas com uma foto não atraente. Tais descobertas sugerem que a imagem melhorada corresponde mais a como as pessoas se veem, indicando que nós nos enganamos sobre quão atraentes somos.

Se você acredita que estaria imune a esse efeito de melhoramento pessoal, pense por um momento na última vez em que viu uma foto sua não posada de que tenha gostado. Se for parecido com a maioria das pessoas, provavelmente, costuma achar que suas fotos espontâneas foram mal tiradas. No meu caso, estou certo de que meus amigos são não apenas fotógrafos ruins, mas completos sádicos. A triste verdade é que nossos conhecidos não são fotógrafos ruins, nós apenas não temos uma aparência tão boa quanto pensamos. E é por isso que você não gosta de suas fotos espontâneas: porque captam sua aparência real, não como você crê parecer. Você prefere aquela foto sua que pegou o ângulo certo, no dia certo, e são essas que você coloca no Facebook, no Tinder ou na página da empresa. Como você vê essa foto com maior frequência do que as (deletadas) de que não gosta, também passa a acreditar que essa foto boa irreal é uma representação precisa. Não espanta que comece a pensar em si mesmo como "você mais 20%".

O estudo de Epley e Whitchurch é um grande exemplo de autoengano em ação, mas não nos diz *por que* as pessoas se enganam, questão que é debatida pelo menos desde Sócrates e Platão. O primeiro era um grande apreciador da recomendação do oráculo de Delfos para "conhecer a si mesmo" e adorava demonstrar à elite ateniense que ela não sabia tanto quanto acreditava. Seus colegas não apreciavam a tendência dele de destacar suas inadequações, e, por fim, sentenciaram-no à morte sob acusações falsas. Como psicólogo, eu também acho que o conhecimento pessoal costuma ser altamente supervalorizado. Só é preciso dar uma olhada em uma fotografia de meu eu adolescente para compreender o dano terrível que o conhecimento pessoal pode causar. Se eu tivesse alguma ideia de como parecia insignificante no nono ano, teria de me esforçar até mesmo para ir à escola, quanto mais para flertar com a garota ao lado.

Freud também via o valor do autoengano, acreditando que seu objetivo é nos proteger de um mundo muitas vezes desagradável demais para suportar. Talvez haja alguma verdade nisso, já que poderia ser difícil enfrentar mais um dia se soubéssemos o que nossos amigos e vizinhos realmente pensam de nós. Mas como discutiremos no capítulo 9, a evolução não nos projetou para sermos felizes; e, sim, para termos sucesso. E é fácil imaginar como uma noção equivocada do eu nos tornaria muito menos bem-sucedidos. "Bill mais 20%" vai entrar em lutas que perderá, vai chamar para sair mulheres não interessadas (que, se bem me lembro, darão risada na sua cara). Então, como os ganhos superam os custos?

Embora os psicólogos tenham ignorado por quase quarenta anos, Robert Trivers sugeriu uma resposta simples e brilhante a essa pergunta quando era um jovem professor de Harvard em meados dos anos 1970. Ele sugeriu que nós nos enganamos de modo a enganar os outros com maior eficácia. Se meu eu do nono ano acredita (equivocadamente) que não sou insignificante, quando eu chamar para sair a garota bonita da turma de biologia ela se verá diante de um enigma. Por um lado, eu certamente não pareço grande coisa. Por outro, pareço acreditar no contrário, então talvez haja algo em mim além do que o olho vê.

Assim, o excesso de confiança pode ser benéfico se eu conseguir plantar a visão inflada de mim mesmo na mente das outras pessoas. Se eu for particularmente bom nisso, posso não precisar pagar o custo que acabei de destacar (ter meu nariz quebrado ou parecer um idiota). O cara capaz de me dar uma surra pode ficar imaginando se sou mais durão do que pareço e achar que talvez seja melhor deixar para lá, e a mulher que conseguiria algo muito melhor pode ser levada a pensar que o "muito melhor" sou eu. Afinal, eu me conheço há muito mais tempo do que ela, então seria tolice ignorar a opinião que tenho de mim mesmo.

Foram feitos apenas alguns testes dessa ideia, mas até o momento os resultados são consistentes com a hipótese de Trivers. Por exemplo: Cameron Anderson e seus colegas de Berkeley colocaram estudantes em pequenos grupos de trabalho e descobriram que eles não conseguiam estabelecer a diferença entre seus pares que eram instruídos e os que tinham excesso de confiança. Como consequência, tendiam a concordar com pessoas com excesso de confiança quando não deveriam. Richard Ronay e seus parceiros da Universidade de Amsterdã descobriram efeitos similares entre consultores de recursos humanos que recebiam a tarefa de determinar quais candidatos deveriam ser promovidos a posições de gerência. Os consultores de RH tendiam a recomendar candidatos com excesso de confiança em vez de candidatos mais bem equilibrados em seu autoconhecimento. Assim como os estudantes de Cameron Anderson, nem mesmo profissionais de RH conseguiam diferenciar pessoas que realmente sabiam do que estavam falando de pessoas que apenas se pavoneavam.

Meu aluno de doutorado Sean Murphy mostrou que esses efeitos não são apenas evidências de que as pessoas podem ser enganadas a curto prazo por aqueles que não conhecem bem. Sean descobriu que estudantes de ensino médio com excesso de confiança em sua capacidade esportiva de fato se tornavam mais populares de um ano para outro. Esses dados sugerem que este excesso não é apenas eficaz quando as pessoas não nos conhecem bem, mas também tem um impacto positivo nas redes sociais a longo prazo. Por fim, e talvez guardando alguma relação, em outro experimento Sean descobriu que um dos motivos pelos quais as pessoas com excesso de confiança são bem-sucedidas é que elas são mais intimidantes na competição, de modo que os outros não gostam de entrar em conflito com elas.

Tais estudos sugerem que há notáveis vantagens interpessoais no excesso de confiança, e que Freud estava errado quando caracterizou o auto-engano como um mecanismo de defesa. Em vez disso, Trivers acertou na mosca quando sugeriu que o autoengano é mais adequadamente descrito como uma arma social. "Bill mais 20%" não está tentando proteger sua psique de um mundo nada hospitaleiro; está tentando fazer com que as pessoas gostem dele e evitem bater de frente com ele. Em linhas gerais, minha tendência a me inflar evoluiu para me ajudar a conseguir resultados sociais que eu não poderia ter se fosse honesto sobre quem realmente sou.

O autoengano não é apenas para aqueles com excesso de confiança

A descoberta de Trivers de que o autoengano é uma arma de influência social e não uma estratégia para nos sentirmos melhores nos ajuda a compreender o excesso de confiança, mas a teoria vai bem além disso. Nossa autoconfiança não é o único fator facilmente perceptível pelos outros, já que quase todas as nossas emoções têm consequências sociais. Consideremos uma de nossas emoções mais importantes: a felicidade. Passarei muito tempo nos capítulos 9 e 10 falando sobre o que nos torna felizes, então por ora o importante são as consequências sociais deste sentimento. Um momento de reflexão revela que a felicidade tem um impacto social substancial, em grande medida porque gostamos de passar tempo com pessoas felizes. Como diz o ditado: "Ria, e o mundo rirá com você; chore, e chorará sozinho."

As consequências sociais da felicidade são razão suficiente para fazer uma cara boa, e as pessoas exageram a própria alegria em diversas interações sociais. Se eu encontro você na rua e pergunto "Como tem passado?", na verdade não quero ouvir sobre seus joanetes ou suas hemorroidas, apenas espero que você diga: "Bem! E você?" Mesmo quando nossos joanetes ou hemorroidas nos incomodam, em interações sociais rápidas quase sempre dizemos aos outros que as coisas vão bem. Mas o efeito é mais profundo do que simplesmente dizer às pessoas uma coisa quando se acredita em outra. Se Trivers estiver certo, nós, na verdade, tentamos nos convencer da veracidade dessas alegações de modo a persuadir os outros. Podemos ver essa possibilidade no estudo de Epley e Whitchurch com os rostos alterados, no estudo de Anderson com os estudantes com excesso de confiança e em numerosos outros estudos nos quais as pessoas exageram na sua avaliação e potencialmente levam outros a fazer o mesmo. Então, como tal efeito pode surgir no caso da felicidade?

Meu estudo preferido sobre excesso de felicidade é de Sean Wojcik e seus colegas da Universidade da Califórnia em Irvine. O cenário é um efeito bem conhecido entre cientistas sociais: as pessoas no lado conservador do espectro político nos Estados Unidos tendem a ser mais felizes do que as pessoas no lado liberal. Foram sugeridas diversas hipóteses para esse efeito, mas Wojcik e sua equipe tiveram uma ideia diferente. Quando mergulharam na literatura, se deram conta de que os dados mostravam que os conservadores *alegavam* ser mais felizes do que os liberais, mas ninguém sabia se eles *agiam* como pessoas mais felizes. Então Wojcik mergulhou no tipo de *big data* hoje disponível a todos via Twitter, LinkedIn e os Registros do Congresso. Coletou milhões de palavras, milhares de tweets e centenas de fotografias de congressistas e outras pessoas identificadas com esquerda e direita para descobrir se realmente há diferenças na positividade de sua linguagem e no tamanho dos sorrisos.

A primeira pergunta que você poderia fazer é: por que conservadores alegariam ser mais felizes que liberais se não são? Se refletir sobre a ideologia do conservadorismo americano moderno em oposição ao liberalismo, uma das diferenças claras entre os dois grupos está em suas crenças relativas à igualdade nas regras do jogo. Os conservadores endossam com mais vigor a ideia de que o mundo é uma meritocracia, já os liberais tendem a ver uma diversidade de barreiras estruturais às conquistas. Os conservadores, por sua vez, consideram tais barreiras desimportantes. Por exemplo, os liberais acreditam que a raça, o sexo ou a orientação sexual de alguém pode gerar um tratamento injusto e tirar oportunidades, enquanto os conservadores tendem a crer que os efeitos de raça, sexo e orientação sexual são exagerados.

Se levarmos essas crenças à sua conclusão lógica, veremos que os conservadores deveriam acreditar (conscientemente ou não), mais do que os liberais, que as pessoas são mais responsáveis por sua própria felicidade. Se sou um conservador infeliz e se o mundo é uma meritocracia, devo ter fracassado em atingir meus objetivos, do contrário estaria feliz. Por outro lado, se sou um liberal infeliz, é muito possível que minha raça, meu sexo, classe social ou algo mais em mim que não controlo me conteve, e minha infelicidade, portanto, não é, necessariamente, um sinal de minhas próprias falhas. Por essa razão, é mais importante para os conservadores alegar felicidade do que é para os liberais, já que a falta de felicidade sugere fracasso por parte dos conservadores, mas não por parte dos liberais.*

Coerente com essa lógica, quando Wojcik examinou o conteúdo das falas e dos tuítes de liberais e conservadores, e a aparência deles nas fotos, não surgiram evidências de que conservadores sejam mais felizes do que liberais. Na verdade, ele descobriu exatamente o oposto. Os liberais usavam mais palavras positivas e davam sorrisos maiores nas fotografias. Os sorrisos não diferiam apenas em tamanho, pois feições sinceras podem ser diferenciadas das posadas pelas rugas que surgem ao redor dos olhos. Sorrisos sinceros quase sempre criam marcas ao redor dos olhos, mas os posados muitas vezes não. Quando Wojcik e seus colegas classificaram as fotografias de acordo com presença ou ausência de rugas, descobriram que os liberais tinham mais probabilidade do que os conservadores de apresentar essa evidência de genuína felicidade.**

---

* Pelo menos isso é o que Wojcik sugere a seus colegas conservadores e liberais, que tendem a ser pares mais importantes que os integrantes do partido oposto.

** Não tenho ideia de por que liberais seriam mais felizes do que conservadores, mas há muitas possibilidades. Os conservadores costumam preferir que o mundo permaneça como está ou esteve, e ele está mudando rapidamente. Talvez isso os deixe infelizes. Obama era presidente quando Wojcik realizou seu estudo; talvez isso deixasse os liberais mais felizes. Há diversas outras possibilidades, mas a questão é que os conservadores alegam ser mais felizes que os liberais quando os dados sugerem que não são. É importante ter em mente que os conservadores, provavelmente, não tendem mais ao autoengano que os liberais, já que o autoengano é um aspecto fundamental da natureza humana. É só que eles têm mais a ganhar do que os liberais quando se levam a acreditar que são felizes, e, consequentemente, se esforçam um pouco mais para parecer felizes quando as pessoas perguntam.

O autoengano funciona

Estudos sugerem que as pessoas são muito atentas às impressões que as outras pessoas têm delas, mas não indicam se o autoengano é eficaz. Conservadores, por exemplo, aparentemente passam a vida alegando ser mais felizes que liberais, o que significa que é mais seguro perguntar como estão passando caso os encontre na rua, mas não sabemos se os conservadores se beneficiam de suas alegações.

A forma mais fácil de responder a essa pergunta é fazer experimentos, então foi o que fizemos. Nosso objetivo era testar a hipótese de Trivers de que o autoengano torna as pessoas mais persuasivas, então decupamos a hipótese em seus três componentes lógicos. Sempre que as pessoas não estão totalmente certas de que estão dizendo a verdade, primeiro elas deveriam tentar se convencer da veracidade da alegação; em segundo lugar, deveriam acreditar na alegação; em terceiro, tendo se convencido, deveriam ser mais eficientes em convencer os outros. Para testar essas três possibilidades, nós pegamos emprestado um paradigma experimental de meu velho amigo Peter Ditto.

Os experimentos de Ditto foram realizados há mais de vinte anos, mas continuam a ser meu método preferido para estudar os efeitos da motivação para o autoengano em como coletamos informação. Nos seus experimentos, universitários eram levados ao laboratório e informados (incorretamente) de que os pesquisadores estavam estudando a relação entre características psicológicas e saúde física. Com esse objetivo claro, Ditto dizia a eles que tinham a oportunidade de fazer um exame médico que indicaria se tinham propensão a desenvolver uma doença debilitante mais à frente.

Em outras palavras, embora fossem universitários saudáveis naquele momento, o exame revelaria se tinham a probabilidade de ficar doentes no futuro. Nesse "exame médico", os indivíduos expunham sua saliva a uma fita de teste e depois observavam se a fita mudava de cor. Alguns dos indivíduos foram informados de que a mudança de cor indicava boas notícias (isto é, eles permaneceriam saudáveis), e alguns foram informados de que a mudança de cor indicava más notícias (provavelmente ficariam doentes no futuro).* Na realidade, a fita de teste era inerte e nunca mudava de cor.

Imagine-se nesse experimento. Você colocou saliva na fita de teste e está esperando para ver se ela muda de cor. Se a mudança de cor indica que você permanecerá saudável, provavelmente, começará a se preocupar após um minuto se passar e a fita ainda não tiver mudado de cor. O que está acontecendo? Há algo errado com a fita de teste. A essa altura, como muitos participantes, você poderia jogar a fita fora e tentar novamente.

Por outro lado, se a mudança de cor significa propensão à doença, você estuda a fita de teste com alguma apreensão, esperando que nada aconteça. Assim que meio minuto se passa, provavelmente começará a ficar aliviado, e, nesse momento, joga a fita no recipiente sem planos de verificá-la de novo. Se essa é sua intuição sobre o que faria, você descreveu com precisão o que a maioria dos participantes fez no experimento. Ditto descobriu que as pessoas esperavam mais tempo e conferiam os resultados com maior frequência quando a falta de mudança de cor sugeria que eram suscetíveis a doenças futuras do que quando a falta de mudança de cor sugeria que permaneceriam saudáveis.

Embora não haja nada de errado em reunir um pouco mais de informação quando se está inseguro, reunir *seletivamente* mais ou menos informação dependendo da sua aprovação do resultado inicial é uma forma de autoengano. É um pouco como não se dar ao trabalho de conferir a nota da prova quando teme um resultado ruim. Evitar informações importantes pode permitir que nos enganemos da mesma forma que pode nos ajudar a enganar outras pessoas (por exemplo, ao mudar de assunto quando o cônjuge pergunta por que está atrasado para o jantar e se recusar

---

* Este estudo pode parecer antiético, já que Ditto e seus colegas estavam criando um estresse desnecessário para os participantes. Contudo, é importante ter em mente que assim que o experimento terminava, ele explicava aos indivíduos o objetivo do estudo e o fato de que havia inventado uma doença e o exame para identificá-la. Então, sim, as pessoas sofreram algum estresse, mas apenas pelo breve tempo que passaram no experimento.

a admitir que estava conversando com o colega bonito na mesa ao lado). Às vezes a realidade mostra sua cara feia; se você não passou na prova, sofrerá as consequências saiba ou não a nota. Mas, às vezes, podemos moldar a realidade evitando informações. Se fiz papel de bobo em meu encontro às cegas, mas nunca mais terei contato com ela, posso ir para meu próximo encontro com mais confiança e mais chance de sucesso.

No caso do experimento de Ditto, evitar informações é uma grande forma de se enganar, porque você não quer saber com certeza o que o aguarda. Se esperasse mais tempo, talvez a fita de teste mudasse de cor, mas talvez não, e você estava apenas perdendo tempo. Em média, esse tipo de estratégia de coleta de informações seletiva força as reações que o mundo tem a você na direção das suas conclusões preferidas, mas, em determinado dia, é possível que a resposta que encontrou seja a correta. Esse tipo de busca seletiva pode permitir às pessoas criar uma visão da realidade desejável, mas potencialmente distorcida.

A experiência de Ditto oferece um grande procedimento para avaliar o autoengano, mas faltam algumas peças importantes se quisermos testar as questões que motivaram nossa pesquisa. Em primeiro lugar, não está claro por que os indivíduos tentaram se enganar em relação a seu futuro. Eles queriam proteger sua felicidade e estima pessoal de possíveis más notícias sobre saúde no futuro, como sugeriria um relato freudiano? Ou queriam preservar uma imagem de si mesmos como saudáveis para que fossem mais confiantes e, portanto, mais eficazes em atrair parceiros românticos e aliados, como sugeriria o relato de Trivers? No caso de Ditto, a resposta pode ser um pouco de ambos, mas claro que queremos projetar um experimento que forneça um teste claro do relato interpessoal de Trivers. Se as pessoas se autoenganam para aumentar suas chances de persuadir os outros, o tipo de processamento distorcido dos indivíduos de Ditto deveria surgir quando as pessoas não tinham razão para proteger seu ego frágil.

Para testar essa possibilidade, minha aluna de doutorado Megan Smith juntou forças comigo e com Trivers. Conduzimos um experimento em que os participantes eram informados de que veriam uma série de vídeos nos quais um sujeito chamado Mark apresentava uma série de comportamentos diferentes. Megan disse a alguns dos participantes que receberiam um bônus se conseguissem escrever um argumento particularmente persuasivo de que Mark é uma pessoa repulsiva, e a outros que receberiam um bônus se conseguissem argumentar de forma convincente que Mark é uma pessoa adorável (e deixou claro a todos que teriam de basear os argumentos nas informações contidas nos vídeos). O segredo era que algumas vezes os vídeos iniciais mostravam Mark tendo comportamentos positivos, e os vídeos posteriores o mostravam em comportamentos negativos; em outras vezes, ainda, a ordem dos vídeos era invertida. Por fim, os participantes foram informados de que poderiam ver quantos vídeos quisessem, e cabia a eles decidir quando estavam prontos para escrever o ensaio persuasivo.

O estudo produziu algumas descobertas. Primeiro, em vez de ver todos os vídeos e escolher falar apenas sobre aqueles coerentes com seus objetivos de convencimento, as pessoas coletavam informação exatamente como tinham feito os indivíduos de Ditto. Se os primeiros vídeos eram coerentes com seus objetivos, elas paravam de ver rapidamente. Se eram incoerentes, continuavam a ver por mais tempo, presumivelmente, na esperança de encontrar informações que os ajudassem a ser mais persuasivos. Não há nada de errado nisso, e é possível que todos soubessem muito bem o que estavam fazendo e quisessem apenas ser eficientes com seu tempo.

Para testar essa possibilidade, depois de escrever o ensaio os indivíduos deram opiniões pessoais sobre Mark. As respostas indicaram que com sua coleta de informações distorcida, eles haviam se convencido de que Mark era o que queriam: as pessoas pagas para argumentar a favor dele o acharam mais agradável do que as pessoas pagas para argumentar contra. Quando oferecemos outro bônus se pudessem adivinhar com precisão o que os outros sentiriam, elas acharam que suas próprias impressões seriam partilhadas pelos demais. Mais uma vez, esse resultado sugere que eles não tinham noção do impacto de sua própria coleta de informações distorcida.

Por fim, nós descobrimos que as pessoas mais persuasivas foram aquelas mais distorcidas em sua coleta de informações; os participantes sem inclinações escreviam argumentos que as outras pessoas achavam menos convincentes. Esse efeito de coleta de informações distorcida surgia à medida que os participantes se convenciam. Quando suas coletas de informações distorcidas lhes permitiam ver Mark como eram pagos para retratar, seus argumentos eram mais eficazes.

Esse é apenas um experimento, mas sustenta a proposta de Trivers de que nós nos enganamos de modo a enganar os outros com maior eficiência. O estudo também ajuda a lançar luz sobre uma série de comportamentos que vemos em nossa vida cotidiana. Por exemplo, houve muita preocupação depois das eleições presidenciais dos Estados Unidos de 2016 de que *fake news* pudessem ter tido um papel na vitória de Trump. Embora isso certamente seja possível, os resultados de nosso estudo sugerem que as pessoas tendem a coletar informações que se encaixem com o que elas querem acreditar. Em consonância com essa interpretação, pesquisas realizadas depois das eleições mostraram que as pessoas que mais consumiam *fake news* eram partidários que já estavam alinhados com o viés das notícias falsas.

Essa descoberta sugere que as *fake news,* provavelmente, tiveram muito pouco efeito em levar eleitores indecisos a escolher Trump, mas, talvez, foram muito persuasivas para pessoas que já tendiam a apoiá-lo. Em outras palavras, as pessoas buscavam e acreditavam em *fake news* apenas se estas correspondessem às suas crenças prévias, e assim o efeito das notícias falsas foi apenas uma maior polarização do eleitorado. Eu desconfio de que só em casos raros as *fake news* realmente geraram preferências políticas que não existiam antes. Tal possibilidade também seria consistente com a pesquisa de Chip Heath sobre lendas urbanas que já discutimos; as pessoas transmitem histórias exageradas em parte porque o exagero garante que outros partilhem a reação emocional de quem conta. Nesse sentido, as *fake news* provavelmente servem a uma função de criação de laços unindo integrantes do grupo em seu ultraje com as supostas malfeitorias do partido rival.

Talvez lhe soe estranho que as pessoas sejam suscetíveis a esse tipo de distorções, mas vale lembrar-se das pressões evolucionárias que nos tornaram tão inteligentes. Como propõe a hipótese do cérebro social, uma razão substancial pela qual desenvolvemos um cérebro tão grande é nos orientar em nosso mundo social. Em contraste com o valor no mundo físico, o valor no mundo social reflete a realidade objetiva apenas parcialmente. Se decidimos que calças boca-de-sino são legais, não há discussão quanto a isso, e é melhor você comprar logo seu modelo, ou corre o risco de ser rejeitado na festa. Muito do valor que existe no mundo social é criado por consenso, e não descoberto em um sentido objetivo.

Se consigo influenciar o consenso em uma direção que me favorece (qualquer coisa que eu esteja fazendo é legal), provavelmente me beneficiarei mesmo que minha compreensão objetiva do mundo seja distorcida. Por essa razão, faz sentido que nosso maquinário cognitivo tenha evoluído para ser apenas parcialmente limitado pela realidade objetiva, já que as consequências sociais de nossas crenças costumam ser tão importantes quanto as consequências objetivas. De fato, alguns pesquisadores argumentam que nossa mente desenvolveu a capacidade de processar argumentos lógicos não para que pudéssemos descobrir o verdadeiro estado do mundo, mas para que pudéssemos convencer os outros da precisão de nossas próprias crenças egoístas.

Nesse sentido, a hipótese do cérebro social sugere que as grandes descobertas da humanidade são apenas um subproduto evolucionário dos esforços de nossos ancestrais de persuadir outros de suas alegações duvidosas. Nas palavras do meu irmão astrônomo: "Então a Nasa pode agradecer a todos os mentirosos egoístas do nosso passado evolutivo por nossa capacidade de enviar espaçonaves robóticas pelo sistema solar?" A resposta a essa pergunta é um sonoro sim, e isso revela quão importante é a sociabilidade na evolução de nossas incríveis capacidades cognitivas.

6

Homo innovatio

A criação de novos produtos não é uma atividade unicamente humana. Os chimpanzés tiram folhas de ramos para desentocar cupins, e os corvos da Nova Caledônia criam ganchos com ramos de palmeira para extrair insetos de buracos em árvores mortas. Esses são exemplos maravilhosos de engenhosidade animal, mas mesmo um rápido olhar por nosso próprio mundo indica que operamos em um nível diferente. Criamos casas confortáveis para nós em todos os ambientes da Terra; colhemos, estocamos e transportamos uma grande variedade de alimentos; nos comunicamos uns com os outros instantaneamente por enormes distâncias do planeta; e nos divertimos com todo tipo de aparelhos complexos.

Muitas das nossas invenções são tão novas que não existiam há uma geração, mas nossa vida parece muito diferente da dos outros animais do planeta, seja há cem, mil, 10 mil ou mesmo 100 mil anos. Em todos esses períodos, os humanos se protegeram de predadores e das intempéries e foram predadores de animais muito maiores e mais fortes, usando roupas, abrigos, ferramentas e estratégias que inventaram.

As inovações de nossos ancestrais e pares permeiam todos os aspectos de nossas vidas. Suas invenções me permitem contar histórias para pessoas que não conheço ao digitar em meu teclado, fazendo eventuais intervalos para uma refeição ou uma xícara de café, tudo sem deixar minha casa bem iluminada e climatizada. Enquanto isso, do outro lado do planeta, meus primos chimpanzés ainda se sentam em galhos de árvores sob o sol forte, enfrentando a chuva e noites geladas, ganhando a vida com as mãos nuas assim como faziam quando nossos ancestrais se despediram deles há seis milhões de anos. A única característica que claramente diferencia nossa posição da deles é a inventividade. E esse é o paradoxo: a inovação técnica é a característica que define nossa espécie, mas a maioria das pessoas nunca inventa nada.

Quando pesquisadores perguntam a amostras representativas da sociedade se modificaram algum produto em casa ou criaram algo novo do nada (como ferramentas, brinquedos, equipamento esportivo, carros ou utilidades domésticas), cerca de 5% contam que fizeram isso nos três anos anteriores.* O percentual de inovadores varia um pouco de país para país, mas nunca chega a 10%. Para uma espécie inventiva, um em dez ou vinte parece extremamente baixo. Mas, quando reflito sobre minha própria vida, não me lembro de ter inventado nada. Tenho alguns amigos inventivos, mas ficaria surpreso se 5% deles tivessem um dia criado algo, quanto mais nos três anos anteriores.

Esses números sugerem uma desconexão extraordinária entre o *Homo sapiens* como espécie e os humanos individualmente. Quando pensamos

---

* Essa pode parecer uma pergunta estranha a se fazer ao público em geral, mas um percentual surpreendente de invenções importantes foi criado por pessoas modificando objetos para seu próprio uso. Um dos meus exemplos preferidos é de 1911, quando Ray Harroun decidiu pilotar sozinho na primeira 500 Milhas de Indianápolis, dispensando um mecânico. Essa decisão exigiu que ele concebesse um modo de monitorar os carros atrás dele, algo que tradicionalmente era o trabalho do mecânico. Para isso, ele instalou o que acredita-se que tenha sido o primeiro espelho retrovisor em um automóvel, desse modo garantindo aos fiscais da corrida que podia correr sozinho em segurança. (Na época, as 500 Milhas de Indianápolis era corrida sobre uma superfície de tijolos, e depois Harroun admitiu que não conseguiu ver nada porque seu espelho retrovisor sacudia, mas ainda assim venceu a prova.) Um exemplo mais banal de inovação pelos usuários pode ser encontrado no skate, inventado nos anos 1940 por garotos nos Estados Unidos e na Europa que desmontavam seus patins e pregavam a estrutura das rodas em caixas ou tábuas.

em outras espécies, suas qualidades definidoras são partilhadas por todos os membros. Elefantes são enormes e fortes, e "enorme e forte" descreve todos os bichos dessa espécie que já vi. Guepardos são rápidos, leões e tigres são ferozes e golfinhos são brincalhões, e esses adjetivos, em grande medida, também cobrem todos eles.

Há pelos menos três formas de interpretar essa desconexão em inventividade entre o *Homo sapiens* e humanos isolados: primeiramente, a maioria de nós não é inovadora; em segundo lugar, todas as invenções óbvias foram pensadas há muito tempo; terceiro, a maioria das pessoas é criativa, mas não usa suas tendências inovadoras para pensar coisas novas.

Começando pela primeira possibilidade, talvez a maioria das pessoas não seja equipada para inovar e apenas os raros gênios entre nós tenham a capacidade de inventar coisas novas. Inovações extraordinárias, como o telefone, a lâmpada e o motor a jato são consistentes com essa possibilidade, já que a imaginação por trás deles parece fora do alcance para mentes comuns. Segundo essa possibilidade, inovações técnicas são análogas a mutações genéticas; são raras e, na maioria das vezes, banais ou mesmo inúteis, mas eventualmente um produto conquista a população e tem um impacto enorme na espécie. Se esse é o caso, a desconexão entre nossa espécie e seus membros isolados é fundamental. Assim, a maioria dos seres humanos não é nada inovadora; apenas temos o bom senso de nos beneficiar dos raros gênios entre nós que criam coisas que melhoram nossa vida.

Como alternativa, talvez a maioria das pessoas *seja* inovadora, mas todos os produtos óbvios e simples já foram inventados. Apenas algumas centenas de anos atrás, qualquer um poderia inventar coisas muito provavelmente úteis. De acordo com essa possibilidade, por acaso vivemos em uma janela de tempo única na qual as invenções se tornaram tão complexas que agora são limitadas a gênios e grandes equipes de técnicos. Invenções supercomplicadas como o iPhone parecem sustentar essa tese, já que há centenas de patentes por trás dessa única ferramenta. Essa visão da inventividade humana é comum, e as pessoas costumam sugeri-la quando falo sobre inovação. Tenho uma resposta de três palavras: *mala com rodinhas*.

Pelo menos desde os navios a vapor, as pessoas viajam pelo planeta com relativa facilidade e regularidade. Mas, dentre todas essas gerações de viajantes, ninguém pensou em colocar rodas em malas até 1970, que só fizeram sucesso em 1987, com o surgimento da versão moderna desse equipamento, com um cabo retrátil.* Essa falha em colocar rodas nelas é ainda mais impressionante uma vez que as pessoas carregavam suas malas sem rodas até o aeroporto, pagavam com dinheiro vivo a um carregador, que as colocava em seu carrinho e facilmente *rolava* a bagagem de toda uma família pelos cinquenta metros restantes até o balcão.

Se você nunca viajou com malas sem rodas, não tem ideia do incômodo que é. No começo dos anos 1980, atravessei o país para ir à faculdade, ou seja, tive de carregar duas grandes malas pesadas de um lado para outro no começo e no fim de cada verão. Como não sou o ser humano mais alto do planeta, arrastava as malas pelo chão, a não ser que eu erguesse os ombros e dobrasse os braços para suspendê-las. Parece incrivelmente patético arrastar malas sem rodas pelo chão (além de cruel com as bagagens), então eu estava sempre cruzando apressado saguões de aeroportos com ombros encolhidos, braços dobrados e malas duras batendo em canelas e joelhos. Quando eu chegava ao balcão estava com torcicolo, pernas machucadas, não passava de um desmazelo suado.

Difícil imaginar um melhor começo do que esse para um voo transcontinental. Mas eu era estudante universitário, e pagar um carregador significava uma pizza a menos quando chegasse ao dormitório, então,

---

* Talvez malas com rodas não fossem muito úteis até os últimos cem anos, mais ou menos, já que as pessoas estariam rolando suas malas pela lama ou sobre paralelepípedos irregulares. Contudo, desde a década de 1870, as rodinhas teriam sido muito práticas nas grandes estações ferroviárias do mundo, como as de Nova York, Londres e Berlim. Segundo essa conta, ainda demorou uns cem anos para que alguém desenvolvesse essa simples inovação.

como quase todos, sofri tudo isso. Em momento algum me ocorreu que tinha uma oportunidade de inventar algo novo e bastante simples que tornaria minha vida mais fácil e me daria uma fortuna. Não tenho como saber quando surgirá a próxima invenção bem trivial que melhorará amplamente algum aspecto de nossa vida, mas posso garantir que acontecerá novamente.*

O exemplo da mala nos leva à nossa terceira possibilidade: a de que a maioria das pessoas é capaz de inovar mas não tem a tendência a voltar seus esforços para criação de produtos. Segundo essa possibilidade, a inovação técnica não necessariamente demanda genialidade, afinal, malas com rodas não são exemplos de alta ciência. A inovação técnica, na verdade, é rara apenas porque a maioria das pessoas volta suas energias para outras coisas. Que outras coisas? Para responder a essa pergunta, consideremos uma extraordinária sequência de acontecimentos testemunhada por Jane Goodall enquanto observava chimpanzés em Gombe, Tanzânia. Perdoe-me pela história desagradável que estou prestes a contar. Quando li, não consegui tirá-la da cabeça por dias.

Uma breve contextualização: Melissa é uma chimpanzé que havia acabado de ter um filhote. Passion é outra chimpanzé do grupo de Melissa. Pom é a filha adolescente de Passion, e Passion e Pom são psicopatas violentas. Eis o que Goodall escreveu, em versão ligeiramente reduzida:

> Às 17h10, Melissa, com sua bebê de três semanas, Genie, subiu em um galho de árvore baixo. Passion e a filha Pom cooperaram no ataque, com Passion prendendo Melissa no chão e mordendo seu rosto e suas mãos. Pom tentou pegar a bebê. Melissa,

---

* Para dar exemplos, uma busca rápida no Google revela todo tipo de invenções espertas e simples: um híbrido de patinete e carrinho de bebê, um espremedor de cítricos que é apenas um bico spray com a ponta afiada para se enfiar em um limão ou lima, tesouras de pizza com uma espátula na base para pegar e servir sua fatia, ou um garfo com dentes ondulados para que o espaguete enrolado não caia com tanta facilidade.

ignorando a agressão, lutou com Pom. Passion então agarrou uma das mãos de Melissa, abocanhando e mastigando os dedos várias vezes. Ao mesmo tempo, Pom, esticando-se para o colo de Melissa, conseguiu morder a cabeça do bebê. Então, usando um pé, Passion empurrou o peito de Melissa enquanto Pom puxava suas mãos.

Pom finalmente conseguiu fugir com o bebê e subir em uma árvore. Melissa também tentou subir, mas caiu. Ela observou do chão enquanto Passion pegava o corpo e começava a comer. Quinze minutos depois da perda do bebê, Melissa se aproximou de Passion. As duas mães se encararam; depois Melissa esticou o braço e Passion tocou sua mão ensanguentada. Enquanto Passion continuava a se alimentar do bebê, Melissa começou a cuidar de seus (próprios) ferimentos. Seu rosto estava muito inchado, as mãos laceradas, o traseiro sangrando muito. Às 18h30, Melissa novamente estendeu a mão para Passion e as duas fêmeas se deram as mãos brevemente.

O que mais me incomodou na história não foi o canibalismo em si, por mais perturbador que seja, mas o fato de Melissa ter se reconciliado tão rapidamente com as duas assassinas. Pior ainda, esse não foi um incidente isolado. Passion e Pom continuaram a matar e comer recém-nascidos em seu grupo durante anos. Uma pobre mãe perdeu três bebês seguidos, e foi então que Goodall se deu conta de que, em três anos, apenas um bebê sobrevivera ao primeiro mês no grupo. A despeito da simplicidade e da previsibilidade dos ataques de Passion e Pom, nenhuma das mães concebeu uma estratégia bem-sucedida para lidar com a dupla de canibais, e a equipe de mãe e filha devastou o potencial reprodutivo do grupo. As outras mães reagiram em grande medida como Melissa, lutando com todas as forças durante o ataque, mas depois aceitavam o destino e não faziam nada a respeito. Foi seu desamparo diante de um problema tão terrível, embora solucionável, que assombrou meus pensamentos.

Não há como saber no que Melissa pensava quando estendeu a mão para Passion enquanto seu bebê ainda era devorado. Meu palpite é que ela foi bloqueada pelo fato de não conseguir conceber um modo de derrotar Passion e Pom e, carecendo de alternativa, achou melhor se reconciliar. Chimpanzés são bastante inteligentes, mas há limites claros para suas capacidades cognitivas. Em muitos sentidos, suas capacidades de solução de problemas são similares aos de uma criança pequena. Esses primatas podem planejar e planejam, por exemplo, quando preparam uma vara de cupins antes de ir até o cupinzeiro, mas não conseguem criar e testar mentalmente situações complexas que poderiam trazer diversos resultados. Em vez disso, a única forma de um chimpanzé testar um plano é colocá-lo em prática fisicamente e ver o que acontece. São incapazes de repassar os problemas complexos de cabeça.

Imaginação e simulação são algumas das maiores vantagens trazidas por nosso cérebro grande.* A vida é cheia de problemas que, se resolvidos na hora e sem um raciocínio cuidadoso, podem ser perigosos. Assim que começamos a colocar um plano em prática, muitas vezes é impossível parar e recomeçar. Se no meio do caminho eu descubro que meu plano de matar Passion e Pom enquanto dormem não dará certo porque uma delas acorda enquanto estou atacando a outra, não posso pedir que voltem a dormir para que eu retorne à velha prancheta.

Nossos cérebros grandes solucionaram essa questão específica por intermédio de nossa capacidade de conceber e simular mentalmente planos complexos para diversas situações. No caso de Passion e Pom,

---

* Em seu fantástico livro *Sapiens*, Yuval Noah Harari argumenta que nossa capacidade de criar ficções elaboradas explica nossa propensão a cooperar uns com os outros bem mais do que os grupos dos quais evoluímos. Nas palavras de Harari: "Se você tentasse agrupar milhares de chimpanzés na praça Tiananmen, em Wall Street, no Vaticano ou na sede da ONU, o resultado seria um pandemônio. Já os sapiens se reúnem regularmente aos milhares em tais lugares. Juntos, criam padrões ordenados — tais como redes de negócios, celebrações em massa e instituições políticas — que jamais poderiam isolados. A diferença real entre nós e os chimpanzés é a cola mítica que une grandes quantidades de indivíduos, famílias e grupos. Essa cola nos tornou os mestres da criação."

basta refletir qual seria sua reação se alguém o atacasse e comesse seu bebê para se dar conta de que solucionar esse problema está nas possibilidades de todos nós. Se eu vivesse em um mundo sem polícia ou governo e Passion e Pom me atacassem, desconfio de que meu primeiro impulso seria contra-atacar. Contudo, sabendo que essa seria uma batalha perdida, eu controlaria meu impulso inicial e fingiria fazer as pazes enquanto concebia um plano para neutralizar as psicopatas.

Talvez as atacasse durante o sono ou talvez pedisse ajuda de amigos que tivessem sido vítimas delas. A questão não é o que eu realmente faria para resolver o problema. A questão é que todos temos a capacidade de elaborar um plano, simulá-lo mentalmente para testar, encontrar pontos fracos com essa simulação, atualizar e aperfeiçoá-lo e continuar a repetir o processo até estarmos satisfeitos com nossa abordagem. Ademais, podemos fazer tudo isso deitados na cama, sentados junto ao fogo ou dirigindo para o trabalho — não há evidências físicas de que estamos dedicados a esse processo, não há como saber se estamos ocupados conspirando ou apenas sonhando acordados. Mas como esses processos mentais excedem as capacidades dos chimpanzés, as mães ficavam desamparadas diante daquelas duas canibais alucinadas.

Em contraste com os chimpanzés, caçadores-coletores em todas as sociedades da Terra são bons em lidar com membros difíceis do grupo. Esses problemas são universalmente abordados por intermédio de estratégias sociais como ostracismo comunal ou violência coletiva contra indivíduos violentos. Quando os membros mais fortes ou violentos de comunidades de caçadores-coletores causam problemas, seus pares costumam se unir em resposta. Primeiro, eles debocham dos agressores, o que serve como um alerta de que o comportamento é inaceitável. Se o deboche não os coloca na linha, o grupo muitas vezes finge que os agressores não estão ali, ignorando-os e falando deles como se estivessem ausentes. Se essa forma suave de ostracismo comunal não funciona, certa manhã o agressor acorda e se descobre sozinho, já que todos os outros se arrumaram no meio da noite e partiram. Se isso não funciona, certa manhã o agressor não acorda.

Ao se unirem, nossos ancestrais descobriram que até mesmo os indivíduos mais fortes e agressivos do grupo não eram páreo para o restante. Como esse fato explica a desconexão entre a inventividade de nossa espécie e seus membros individuais? E o que tudo isso tem a ver com malas com rodinhas e por que demoramos tanto para inventá-las? A resposta às duas perguntas é que nossos ancestrais eram *inovadores sociais*. Ou seja, resolviam seus problemas socialmente em vez de inventarem novos produtos, assim como nós. Por quê? Porque a sociabilidade que desenvolvemos após a mudança para a savana nos leva a empregar nossas incríveis capacidades de solução de problemas para soluções sociais em vez de técnicas.

A maioria das pessoas acha relações sociais e reciprocidade social recompensadoras, e consequentemente se voltam para soluções sociais para seus problemas, mesmo que sejam capazes de criar uma solução técnica. Isso não significa que desenvolvemos capacidades de inovação que se limitam ao domínio social. As principais habilidades por trás da inovação, como elaboração de cenários e simulação mental, são úteis em uma grande gama de domínios e podem ser usados para solucionar problemas sociais ou técnicos. A questão é em que tendemos a empregar essas habilidades de inovação.

Se nós evoluímos para inovar socialmente, essa possibilidade poderia ajudar a explicar a extraordinária desconexão em inovação técnica entre o *Homo sapiens* como espécie e humanos individuais. Esta inventividade pode ser rara porque as pessoas estão preocupadas com a busca de soluções sociais para os problemas. Se retornarmos ao exemplo das malas com rodinhas, a história sugere que nossa orientação padrão para o social (isto é, encontrar um amigo ou um carregador para nos ajudar) estava bloqueando nossa capacidade de encontrar uma solução óbvia (ou seja, colocar rodas na mala).

De fato, a competição entre raciocínio social e técnico parece fundamental para o modo de funcionamento de nosso próprio cérebro. Em *Social: Why Our Brains Are Wired to Connect*, Matthew Lieberman argumenta que o estado padrão, ou "de repouso", de nosso cérebro nada tem de repouso, mas de uma ativação perpétua da rede neural social. Nós começamos a ativar essa rede quando somos recém-nascidos, antes de sabermos qualquer coisa sobre o mundo social, e essa rede continua a capturar nossos pensamentos por toda a nossa vida adulta. Ademais, a ativação da rede social está associada à desativação do pensamento não social, e vice-versa. Como consequência, quando refletimos livremente sobre nosso mundo, nossa orientação social abafa outras abordagens para a solução de problemas.

No meu caso, sempre que eu ia ao aeroporto carregado de bagagem, meu primeiro pensamento era se conseguiria convencer um parente ou um amigo a ajudar. Fora isso, o segundo pensamento era se valia contratar um carregador. Como essas soluções sempre eram as que se destacavam em minha mente, eu (e todos os outros viajantes) nunca pensamos em rodas como uma solução alternativa evidente. Quando um fabricante de bagagem as acoplou em malas nos anos 1970 e um piloto aperfeiçoou o projeto no fim dos anos 1980 com rodas melhores e um cabo retrátil, uma solução técnica muito simples finalmente superou nossa orientação social e penetrou em nossa consciência coletiva. No momento em que vi pela primeira vez uma mala com rodas, eu soube que precisava disso, embora nunca tenha me ocorrido colocar rodas na minha própria.

O que são inovações sociais?

Antes de analisar as evidências que sustentam essa hipótese da inovação social, precisamos esclarecer o que significa uma inovação ser social, além de obviamente envolver pessoas. Uma inovação é uma nova forma de solucionar um problema — ao menos é nova para o solucionador, se não para o mundo — e, portanto, uma inovação social é uma nova forma de solucionar um problema por intermédio de relações sociais. A questão fundamental não é a natureza do problema, mas a natureza da solução.

Por exemplo, o desejo de conversar com amigos e parentes distantes é um problema social, e pode ser solucionado tecnicamente, com a invenção do telefone, ou socialmente, ao transmitir mensagens por intermédio de amigos. De modo similar, o desejo de andar mesmo com um joelho quebrado é um problema técnico, e pode ser solucionado socialmente, com a ajuda de amigos, ou tecnicamente, com a ajuda de muletas. Quando tais soluções são novas, são inovações sociais ou técnicas; quando são repetidas ou copiadas de outros, são soluções sociais ou técnicas, mas não inovações. Pedir ajuda é uma solução social, mas não é uma inovação social (a não ser que seja a primeira vez que tenha lhe ocorrido pedir ajuda).

Se pensarmos nas maiores invenções da história humana, fica evidente que muitas são sociais. Uma das mais importantes invenções do *Homo erectus*, por exemplo, foi a divisão do trabalho, e a coordenação social resultante. Ao dividir tarefas e trabalhar em grupo, o *Homo erectus* foi capaz de caçar animais enormes com as ferramentas mais simples. A divisão do trabalho tornou o grupo mais que apenas a soma de suas partes, e assim desempenhou um gigantesco papel em nos tornar a história de sucesso que somos hoje.

A despeito de nosso tempo muito mais curto no planeta, o *Homo sapiens* criou um número exponencialmente maior de invenções técnicas do que o *Homo erectus*, e também concebemos inúmeras inovações sociais. Por exemplo, embora o amor ao dinheiro possa estar na raiz de todos os tipos de males, é uma inovação social incrivelmente útil. O objeto físico em si é banal — o importante é a convenção social em torno de seu valor. Depois da divisão do trabalho, o dinheiro pode ser a segunda mais importante inovação social da história. É usado para adquirir qualquer coisa de valor e, portanto, permite todo tipo de trocas comerciais que seriam quase impossíveis caso as pessoas fossem obrigadas a negociar por meio de bens. Imagine a inconveniência de ir ao shopping para comprar um novo suéter e levar um porco ou um bode como moeda de troca. No mundo antes do dinheiro, era assim que as pessoas faziam compras.

Se a divisão do trabalho é nossa inovação social mais importante e o dinheiro vem em segundo lugar, qual é a próxima? Meu terceiro lugar pode soar estranho, mas tendo a escolher a fila de espera. Eu nunca havia pensado muito na inovação da fila de espera até me ver em uma situação em que não havia filas. Eu tentava cruzar uma fronteira internacional que permitia apenas trânsito de pedestres, vindo de uma região rural que aparentemente não tinha convenções sobre esperar na fila. Havia várias dezenas de outros viajantes tentando fazer com que seus passaportes fossem carimbados por uma pessoa em uma pequena cabine, e nenhum deles esperava na fila. Enquanto eu estudava a massa rodopiante de humanidade que envolvia a cabine da alfândega, me lembrei do especial da BBC *Planeta Terra*, no qual pinguins imperiais se agrupavam em uma gigantesca bolha de pinguins na Antártida em um esforço para permanecerem aquecidos.

Ao contemplar aquela bolha humana, pude sentir meu coração despencar no peito, e fiquei imaginando se deveria mudar meus planos de viagem. Mas eu tinha de cruzar a fronteira, então escolhi um ponto qualquer da bolha e entrei, tentando chegar o mais perto da cabine sempre que possível. Em duas oportunidades cheguei desalentadoramente perto, apenas para ver a corrente mudar de direção no último instante. Às vezes eu avançava com velocidade surpreendente, e às vezes ia para trás.

Depois do que pareceu uma eternidade imprensado naquela massa suada e empoeirada de viajantes, e quando estava pensando se deveria (ou mesmo conseguiria) me libertar da bolha e tentar de novo no dia seguinte, uma maré na corrente humana me jogou na frente da cabine. Estendi meu passaporte para o funcionário exausto e me senti com sorte, até a multidão começar a me levar para longe enquanto ele ficava com meu documento. No desespero, agarrei a cabine de compensado com as duas mãos. O funcionário colocou meu passaporte carimbado entre meus dedos antes que meus pés deixassem o chão e eu soltasse as mãos. Desde então, considero a prática de esperar na fila uma das grandes inovações sociais do mundo.

Dinheiro e filas são invenções antigas, mas a internet recentemente tem possibilitado todo tipo de inovações sociais que nossos ancestrais teriam adorado. Todos têm seus preferidos, mas considero as mídias sociais e os sites de encontros as mais importantes na internet.* Quando eu era jovem, havia basicamente três formas de encontrar um companheiro para o resto da vida. Podíamos ir aos lugares onde a pessoa seria encontrada, podíamos ser apresentados por amigos em comum, ou podíamos colocar um "anúncio pessoal" no jornal local, no qual eram informados altura, peso e idade, junto com um resumo de quatro ou cinco palavras explicando por que alguém deveria escolher você. As fotos de jornal eram caras e de baixa qualidade, então as pessoas simplesmente alegavam ser atraentes e não colocavam imagens nesses anúncios. Meu palpite é de que a taxa de sucesso desse método de encontrar um companheiro era bastante baixa, e certamente não tinha a fama de ser um grande meio de conhecer o homem ou a mulher da sua vida.

Redes sociais e sites de encontros nos levaram um milhão de quilômetros além daquele mundo, oferecendo lugares especializados para pessoas com interesses ou históricos específicos, permitindo que elas aprendam muito mais umas sobre as outras antes de um encontro pessoal e, acima de tudo, aumentando enormemente o número de potenciais companheiros que as pessoas podem conhecer. Se o namoro é um jogo de azar, e eu desconfio de que seja, a internet desempenha um papel fundamental ajudando as pessoas a encontrar suas agulhas no palheiro. Redes sociais e sites de encontros têm muito tráfego, e pesquisas mostram que cada vez mais é provável que parceiros românticos se conheçam on-line.

---

* Tenha em mente que a distinção entre inovações sociais e técnicas é contínua, não dicotômica. O Facebook, por exemplo, é uma incrível inovação social, mas também um impressionante feito técnico. Portanto, está mais perto do meio do continuum social técnico do que esperar na fila (uma solução puramente social para o problema de quem vai a seguir) ou da lâmpada elétrica (uma solução puramente técnica para o problema da escuridão indesejável).

Por exemplo, um estudo com quase 20 mil pessoas que se casaram entre 2005 e 2012, feito por John Cacioppo e seus colegas da Universidade de Chicago, descobriu que mais de um terço delas se conheceu na internet. Embora o trabalho tenha sido concluído em 2012, 7,7% daqueles que se conheceram pessoalmente já estavam separados ou divorciados, ao passo que apenas 6% dos que se conheceram na internet estavam separados ou divorciados. Pode parecer uma diferença pequena, mas cada ponto percentual na amostra fora do ambiente on-line equivale a 125 relacionamentos encerrados.

Ademais, se compararmos as quatro mil pessoas que se conheceram em redes sociais e sites de encontros (os dois pontos de encontro mais comuns na grande rede) com as 8 mil que se conheceram no trabalho, por intermédio de amigos, na escola, em reuniões sociais ou em um bar ou clube (os cinco pontos de encontro presencial mais comuns), vemos diferenças confiáveis na satisfação conjugal. Nenhum daqueles que se encontraram na vida real estava tão satisfeito quanto os que se conheceram na internet, embora os que tenham se conhecido na escola ou em reuniões sociais chegassem perto. Casais que se conheceram por intermédio de amigos ou em um bar, por outro lado, eram o que menos tendiam a estar satisfeitos no casamento. Esses dados sugerem que relacionamentos iniciados na internet podem ter maior probabilidade de durar do que aqueles começados em quase qualquer outra situação.

Falando mais amplamente de mídias sociais, há diversos casos do valor de Facebook, YouTube e Snapchat. Por exemplo: embora a Primavera Árabe não tenha dado muito certo (ainda), o Facebook desempenhou um papel determinante em ajudar indivíduos relativamente impotentes a coordenar enormes protestos contra regimes totalitários por todo o Oriente Médio. Esta mídia pode ser onipresente e eventualmente de grande importância social, e me ajudou a retomar contato com amigos do ensino médio, mas meu exemplo preferido do poder virtual é o YouTube.

Quando eu era garoto, guardiões tinham as chaves de quase todos os caminhos para fama e fortuna. Para ser um astro do cinema, alguém tinha de decidir se você estava apto. Se tinha uma ideia para um novo tipo de programa de TV, alguém precisava avaliar se ela era divertida. O YouTube eliminou esses guardiões em um golpe só — agora, qualquer um que tenha um computador e uma ideia pode começar a postar vídeos para o mundo ver. Este canal de streaming demonstrou que os guardiões têm uma noção muito limitada do que as pessoas de fato querem. A evidência mais convincente que conheço é a inacreditável popularidade de YouTubers que se filmam jogando videogames. Nunca teria me ocorrido que as pessoas pudessem querer assistir a outras pessoas jogando, mas certa tarde ouvi gritos vindos do quarto do meu filho e perguntei se estava tudo bem. No fim das contas, os gritos vinham do canal de YouTube a que ele estava assistindo, no qual pessoas jogavam videogames e gritavam para as telas.

Caso você ache que esse é um mercado marginal, quando este livro estava sendo escrito PewDiePie era o rei do gênero, com mais de 54 milhões de assinantes. Para dar uma noção desse número, o programa de TV mais popular nos Estados Unidos na temporada 2015-16 foi o *Sunday Night Football*, com uma audiência semanal média de 22 milhões de telespectadores. Quando pesquisei a audiência de PewDiePie no mês anterior, ele tivera 147 milhões de visualizações, substancialmente mais que as 90 milhões do *Sunday Night Football* por mês. Quase todos os vídeos que ele posta têm milhões de espectadores, que lhe dão uma fortuna em anúncios (e suas postagens são de produção muito mais barata que um jogo de futebol americano).

PewDiePie não é de modo algum a única história de sucesso do You-Tube. Vários outros ganham a vida demonstrando diferentes técnicas de maquiagem, falando sobre teorias da conspiração bizarras, oferecendo conselhos de vida ou mesmo apenas mostrando cenas do seu cotidiano. E não há barreira etária, já que algumas crianças pequenas ganham enormes quantias simplesmente abrindo presentes e brincando com eles. O que eu adoro nesses canais de sucesso é como são desinteressantes para a maioria dos adultos. Nenhum dos YouTubers de maior sucesso conseguiria passar pelo segurança de uma agência de talentos, muito menos um verdadeiro agente de talentos, mas eles claramente têm apelo junto à plateia visada. As mídias sociais democratizaram o caminho para fama e fortuna, e, ao fazer isso, preencheram muitas necessidades de entretenimento (por exemplo, ver pessoas espremendo cravos ou amorosamente tirando tênis das caixas).

A hipótese da inovação social

Então, como explicamos por que algumas pessoas inovam produtos, mas a maioria não? Embora os humanos tenham evoluído para solucionar os problemas socialmente em vez de tecnicamente, isso não significa que todos escolherão uma solução social todas as vezes. Em vez disso, deveríamos poder usar essa hipótese como ponto de partida para prever quem inovará produtos e quem não inovará.

Um ponto de partida óbvio para tal busca é a previsão de que as pessoas menos sociáveis deveriam tender mais a inovar tecnicamente. Não apenas pessoas menos sociáveis têm redes sociais menores e, portanto, menos pessoas a quem recorrer quando precisam de ajuda, mas muitas também consideram soluções sociais menos recompensadoras e confiáveis. Como consequência, pessoas mais introvertidas tenderiam a se voltar para soluções técnicas de seus problemas, uma tendência que levaria a uma taxa maior de inovação.

Se concebemos orientações sociais e técnicas como características de certo modo não relacionadas, esperaríamos que as pessoas estivessem em um de quatro quadrantes, definidos por suas orientações sociais e técnicas (ver Figura 6.1). Considerando como o funcionamento social era determinante para o sucesso de nossos ancestrais, a maioria das pessoas provavelmente seria encontrada nos dois quadrantes superiores do diagrama. Aqueles no canto superior esquerdo têm habilidades técnicas relativamente fracas, então poderíamos esperar que inovem em termos sociais. Mas a questão fundamental é que aqueles no canto superior direito, que têm fortes habilidades técnicas, também deveriam inovar socialmente, em vez de tecnicamente.

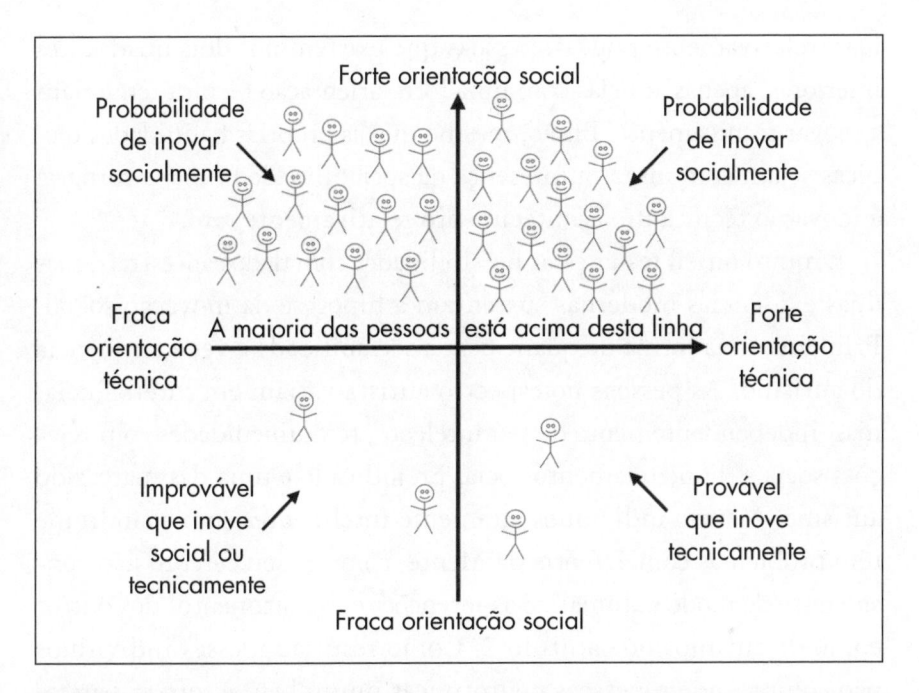

Figura 6.1. Orientação social, orientação técnica e inovação (Adaptado de von Hippel e Suddendorf, no prelo)

Para a maioria de nós, o envolvimento social é divertido e recompensador, e desde que deixamos as árvores essa tem sido nossa orientação padrão com relação ao mundo.* Como consequência, é relativamente improvável que pessoas muito sociáveis com talento para lidar com objetos façam isso quando confrontadas com um problema. Por exemplo, poderia ser fácil para alguns indivíduos ligar um abridor de latas à torradeira e um timer de forno para criar um alimentador automático de cachorro para quando saíssem da cidade, mas mesmo pessoas tão habilidosas assim normalmente prefeririam pedir a um amigo que fosse alimentá-lo. Portanto, a hipótese da inovação social prevê que a maioria das pessoas dificilmente inovará em termos técnicos.

---

* Essa observação também vale para introvertidos. Quase todos gostam de socializar; os introvertidos apenas preferem socializar com menos frequência e com um círculo menor de amigos mais íntimos.

Das (relativamente poucas) pessoas que existem nos dois quadrantes inferiores, apenas aquelas com uma forte orientação técnica tenderiam a inovar tecnicamente. Então, mesmo que as próprias habilidades técnicas sejam comuns, a onipresença da sociabilidade humana tornaria a inovação técnica um acontecimento relativamente raro.

É muito difícil testar essas possibilidades com dados ancestrais, mas duas evidências modernas sustentam a hipótese da inovação social. Primeiro, uma forma de quantificar a sociabilidade é ver a frequência do autismo. As pessoas no espectro autista variam em inteligência, mas, independentemente de seu intelecto, têm dificuldades com relações sociais. Funcionamento social prejudicado é uma das marcas do autismo. Mesmo indivíduos altamente inteligentes com a síndrome têm problemas com a Teoria da Mente, como se seu cérebro não considerasse de modo automático as intenções e os sentimentos dos outros como discutimos no capítulo 2. Como resultado, esses indivíduos não compreendem pessoas neurotípicas muito bem e sofrem para se relacionar com elas socialmente.

Considerando esse fato, não surpreende que raramente encontremos pessoas com autismo trabalhando em vendas, ou nas áreas de ciências humanas e sociais. Por outro lado, elas podem ser encontradas em campos nos quais a orientação dominante é para objetos e não pessoas, como engenharia e ciências físicas. Simon Baron-Cohen e seus colegas da Universidade de Cambridge descobriram que o autismo é mais comum nas famílias de físicos, engenheiros e matemáticos do que na população em geral.

Quando a equipe responsável começou a desenvolver uma escala para quantificar graus de autismo, uma de suas primeiras comparações foi entre estudantes de ciências e de humanas. Eles descobriram que os do primeiro grupo tinham uma marcação maior de autismo, incluindo níveis reduzidos de sociabilidade, que os do segundo, e essa diferença era notável entre estudantes de ciências físicas, computação e matemática. Os alunos de carreiras sociais não tiveram marcações diferentes de estudantes de humanas. Os de engenharia nessa amostra tinham notas que ficavam entre os de ciências físicas e os de ciências humanas.

Previsivelmente, mais que as pessoas de humanas e de sociais, engenheiros e cientistas físicos costumam ter mais patentes ou inovar produtos técnicos para seu próprio uso em casa. Em outras palavras, há uma preponderância de pessoas no quadrante inferior direito da Figura 6.1. Como exemplo notável, o Vale do Silício é um polo de inovação e também apresenta uma concentração incomum de pessoas no espectro autista.* Claro que essas descobertas não são evidência de que a sociabilidade *impede* que as pessoas inovem tecnicamente (como proposto pela hipótese da inovação social), mas a relação oposta entre sociabilidade e inovação técnica levanta a possibilidade de que uma influencie a outra.

Como segunda abordagem, podemos procurar diferenças de gênero em inovação. Sempre é algo arriscado investigar diferenças entre os gêneros, considerando a tendência geral dos dois lados de extrapolar bem além das informações. Mas, por favor, me acompanhe nessa discussão e acho que você verá que as implicações fazem todo sentido. Se mergulharmos nessa literatura a despeito dos riscos óbvios, descobrimos que uma das diferenças mais substanciais e amplamente replicadas entre os sexos em preferências é a tendência de os homens serem mais interessados em objetos e as mulheres mais interessadas em pessoas. Por exemplo, esse resultado foi confirmado em uma análise de interesses vocacionais de mais de meio milhão de homens e mulheres dos Estados Unidos e do Canadá.

---

* As taxas de autismo flutuam por época e localização (um fato em si importante, porém mal compreendido), e não é fácil estabelecer o índice exato de autismo no grande e um tanto amorfo Vale do Silício. Mas um estudo de Baron-Cohen e seus colegas comparou o "Vale do Silício holandês" (Eindhoven, onde 30% dos empregos são no setor de TI) com duas cidades holandesas de tamanho similar (Utrecht e Haarlem). Eles descobriram que os índices de autismo eram de 23 por 1.000 pessoas em Eindhoven, mas de apenas 6 por 1.000 em Utrecht e 8 por 1.000 em Haarlem.

Sem dúvida tais diferenças de interesse entre os gêneros são em parte determinadas por expectativas culturais marcadas pelo gênero, mas a pesquisa sugere que também são em parte inatas e parecem culturalmente universais. Muitos estudos documentam distinções do tipo sexual em preferências por brinquedos que são evidentes em crianças no primeiro ano de vida (por exemplo, caminhões em oposição a bonecas), e a preferência masculina por veículos de brinquedo foi demonstrada até mesmo em macacos.

Independentemente de essas diferenças serem motivadas por expectativas culturais ou por diferenças biológicas (ou, mais provável, ambas), a hipótese da inovação social sugere que as diferenças entre os sexos na sociabilidade, provavelmente, levam a diferenças entre eles na inovação técnica. Coerente com essa possibilidade, profissões orientadas para soluções técnicas (por exemplo, matemática e engenharia) têm muito mais pessoas que não apenas estão no espectro autista, mas também são do sexo masculino em sua maioria.

Um enorme corpo de pesquisa transcultural mostra que as mulheres costumam ter habilidades verbais mais fortes do que habilidades espaciais, e os homens costumam ter habilidades espaciais mais fortes do que as verbais, então o fato de que os homens são sobrerrepresentados em matemática e engenharia pode refletir nada mais que diferenças entre os gêneros em perfis de habilidade. Nós somos naturalmente atraídos para as coisas em que somos bons, e tendemos a melhorar em domínios que nos interessam, então a relação causal dessas distinções entre os gêneros em habilidades e interesses é difícil de identificar. As mulheres são mais interessadas em pessoas, então, talvez, se comuniquem mais umas com as outras e se tornem mais hábeis em termos verbais. Os homens são mais interessados em objetos, passando mais tempo manipulando-os, o que estimula um melhor raciocínio espacial. Ou, quem sabe, a relação causal seja a oposta, ou ambas.[*]

---

[*] Qualquer que seja a origem, é importante ter em mente que as habilidades espaciais e verbais de homens e mulheres coincidem mais que diferem.

Contudo, a descoberta fundamental é que mesmo entre homens e mulheres com fortes habilidades matemáticas e técnicas, eles demonstram maior interesse por objetos e elas por pessoas.

Como exemplo, David Lubinski e seus colegas da Universidade Vanderbilt selecionaram uma amostra de mais de 15 mil estudantes de matemática precoces em todos os Estados Unidos e os acompanharam até a vida adulta. Quando chegavam à meia-idade, os homens dessa amostra tinham mais que o dobro de probabilidade das mulheres de ter uma patente. Mais importante para nossos propósitos, as diferenças entre os gêneros em interesses sociais correspondiam às diferenças entre os gêneros em inovação técnica.

Quando questionados sobre suas preferências profissionais, os homens dessa amostra estavam mais interessados do que as mulheres em "trabalhar com coisas (por exemplo, computadores, ferramentas)" e "inventar/criar algo que cause impacto". Em contraste, as mulheres eram mais interessadas em "trabalhar com outras pessoas" e "o resultado do meu trabalho afetar de modo significativo outros indivíduos". De modo similar, elas eram mais focadas do que os homens em "tempo para socializar" e "fortes amizades". Assim, mesmo entre ambos com dotes matemáticos, surgem notáveis diferenças entre os gêneros em sua orientação social e realização técnica.

Essas diferenças entre os sexos em orientação social também preveem se as pessoas escolherão uma carreira que envolva inovação técnica. O exemplo mais claro desse efeito pode ser visto em um estudo longitudinal de Ming-Te Wang e seus parceiros da Universidade de Pittsburgh com outra amostra nacional de aproximadamente 1.500 estudantes. Com base nas notas deles na conclusão do ensino médio, Wang separou aqueles que tinham bom desempenho em matemática *e* grandes habilidades verbais dos que tinham notas altas em matemática, mas habilidades verbais apenas moderadas. Surgiram várias diferenças importantes entre esses dois grupos de estudantes, a despeito de serem todos ótimos em matemática.

Em primeiro lugar, Wang descobriu que o grupo boa matemática/habilidade verbal tinha dois terços de mulheres, enquanto o grupo boa matemática/moderada habilidade verbal tinha dois terços de homens. Em outras palavras, mulheres com dotes matemáticos tendiam a ser inteligentes em geral, ao passo que muitos homens são ótimos em matemática/ciências e não muito mais. Isso é importante, porque as pessoas com dotes em números e verbais relatavam maior interesse em trabalhar com indivíduos e menos em trabalhar com objetos que aquelas que só eram ótimas em matemática.

Wang também descobriu que estudantes ótimos apenas em matemática tinham uma probabilidade maior de seguir uma carreira em ciências físicas e engenharia do que estudantes inteligentes em geral. Essas escolhas de carreira correspondiam a seus interesses relatados anteriormente; quanto mais interessados estavam em trabalhar com pessoas, menos provável que escolhessem uma carreira em ciências físicas, e quanto mais interessados em trabalhar com coisas, mais provável que escolhessem uma carreira nas ciências físicas.

Essas descobertas são importantes por diversas razões. Primeiro, sugerem que a baixa representação das mulheres na matemática e nas ciências físicas pode não ser um problema no sentido clássico de que significa barreiras às mulheres nessas áreas. Muitas pessoas interpretaram a pouca representação feminina em matemática e ciência como prova de que as mulheres não se sentem bem-vindas nesses campos. Há evidências nos dois lados do debate, mas os dados de Wang sugerem que estereótipos de gênero e um clima potencialmente hostil não são os principais fatores que mantêm a maioria delas fora do ramo. Afinal, as mulheres também eram raras nas ciências biológicas, que agora dominam nos níveis escolar e profissional. Presumivelmente, o clima não era mais receptivo às mulheres na biologia (ou nos numerosos outros campos em que a participação feminina disparou) do que era em matemática, engenharia e ciências físicas (nos quais a participação feminina tem aumentado muito mais lentamente).

As descobertas de Wang, na verdade, sugerem que a maioria das pessoas com talentos verbais, além de matemáticos, não está terrivelmente interessada em se tornar cientista física e engenheira. Como as mulheres boas em matemática tendem a ser inteligentes de forma geral, vão cuidar da vida e escolhem outras carreiras. Esse resultado faz todo o sentido para mim, já que me lembra de minha própria escolha profissional. Como um terço dos homens no estudo de Wang, eu tenho um cérebro tipicamente feminino no sentido de que minhas habilidades verbais são maiores que as matemáticas. No ensino médio, pensei em me tornar engenheiro, e até fiz provas para a faculdade de engenharia antes de me dar conta de que números e construir coisas não me interessavam tanto quanto uma carreira voltada para seres humanos.

É importante observar que eu tive o luxo de fazer essa escolha por ter crescido em um país rico no qual as pessoas podem ganhar a vida muito bem com uma formação em artes liberais.* Por outro lado, em países mais pobres onde a maioria dos bons empregos são em tecnologia e ciência, pessoas boas em matemática e ciência tendem a seguir esse caminho profissional. Essa diferença em escolhas que surge como uma função da riqueza geral de um país leva a um efeito interessante e nada intuitivo. Nações mais pobres costumam ter menos igualdade de gênero do que as mais ricas, mas as mulheres têm maior probabilidade de ingressar nas ciências nesses países mais pobres e com menor igualdade de gênero do que nos mais ricos e igualitários. Se o sexismo ou valores culturais sobre o que as mulheres devem fazer fossem o que as mantém fora de certos nichos como um dia foi, esse resultado é o oposto do que deveríamos esperar. Por outro lado, se a sub-representação delas em matemática e ciência é hoje, em grande medida, em função das diferenças de interesse este resultado é exatamente o que deveríamos esperar. Engenharia, matemática e ciências físicas podem

---

* Apesar da velha piada: como você tira um estudante de psicologia da sua varanda? Pagando pela pizza.

simplesmente não ser muito interessantes para a maioria das pessoas socialmente orientadas que têm outras opções.*

Como as mulheres tendem a ser mais orientadas para pessoas e menos para objetos, a hipótese da inovação social sugere que as inovações delas têm menos probabilidade de serem soluções técnicas que as dos homens. Os dados sustentam essa possibilidade. Em uma amostra de quase 10 mil patentes concedidas em seis países europeus nos anos 1990, menos de 3% foram para mulheres. Fatores culturais e históricos que colocam inventoras em desvantagem certamente desempenham um papel nesse número, mas é importante notar que o percentual de patentes femininas naquela amostra é quatro vezes menor que o percentual de engenheiras (aproximadamente 12%).

De modo similar, em uma análise representativa de quase 1.200 pessoas do Reino Unido, 8,6% dos homens e 3,7% das mulheres disseram ter feito inovações técnicas criando ou modificando produtos para seus próprios objetivos em casa. Esses dados sugerem que mesmo quando as limitações, os preconceitos e as barreiras formais envolvidas nas patentes são eliminados, a proporção de inovadores técnicos dos sexos masculino e feminino ainda é superior a dois para um. Embora a inovação técnica seja rara em homens e mulheres, eles criam produtos com mais frequência do que as mulheres, formal e informalmente. De acordo com a hipótese de inovação social, o fato de que eles são sobrerrepresentados entre os inventores não é evidência de que as mulheres

---

* De fato, é possível que diferenças entre gêneros em taxas de formação universitária se revelem um problema muito maior que diferenças entre gêneros em participação em matemática e ciência. Desde o fim do século XX, as mulheres têm maior probabilidade de se formar na universidade nos Estados Unidos do que os homens. Por um lado, essa estatística pode ser vista como a reparação de um erro histórico, considerando que elas antes eram impedidas de frequentar algumas das melhores instituições. Por outro, as mulheres raramente se casam com homens menos instruídos, de modo que taxas diferentes de formação podem causar problemas de relacionamento em um futuro próximo. Como casamento é bom para os homens, e homens solteiros são ruins para a sociedade, essa diferença entre os gêneros pode levar a todo tipo de perturbações individuais e sociais.

são menos inventivas, mas de que a sociabilidade das mulheres as leva a inovar em outros campos.*

Contrária à crença disseminada de que os inventores são uma raça rara, a hipótese da inovação social elucida que quase todos os seres humanos *são* inventores, mas que a maioria das pessoas dirige suas capacidades inventivas para soluções sociais em vez de técnicas. Os humanos não inovam todos os dias, mas apenas porque não precisamos — nosso conhecimento cultural partilhado oferece soluções prontas para a maioria dos problemas que enfrentamos. Contudo, somos capazes de criar sempre que encontramos um problema novo que tenha importância suficiente para nos compelir a solucioná-lo. Em contraste com Melissa e as outras mães chimpanzés, quase todos os humanos seriam aptos a pensar em uma solução para o problema das psicopatas em seu grupo se não houvesse força policial.

A necessidade costuma ser descrita como a mãe das invenções, mas cada um percebe sua carência de um jeito, e é o problema raro que exige uma solução técnica e não social. Podemos inventar uma armadilha para lidar com canibais assassinas, mas também podemos nos valer da ajuda de outros membros do grupo que foram vítimas delas para conseguir uma nova solução social para eliminar a ameaça. A capacidade de desenvolver novos caminhos parece ser universal em nossa espécie, mas a tendência a dirigir tal capacidade para soluções técnicas em vez de sociais parece ser incomum. Com apenas um pouco de formação e experiência, quase toda mente humana adulta é capaz de criar soluções caso a situação exija. Na ausência dessa exigência, a inovação técnica pode ser rara mesmo que as capacidades que a permitem sejam universais em nossa espécie. Pessoas que se interessam por pessoas (isto

---

* Como virtualmente não há pesquisa sobre inovação social, a possibilidade de que as mulheres sejam mais inovadoras em termos sociais do que os homens permanecia uma hipótese não testada no momento em que este livro era escrito.

é, quase todos nós) simplesmente não inventam muitas novidades, apesar de seu potencial de fazê-lo.

Por fim, embora nossa inerente sociabilidade possa perturbar a tendência a inventar novos produtos, também desempenha um grande papel transformando a invenção de uma pessoa na solução de todos. A história de sucesso humano não é apenas de inovação, é também de transmitir novas criações a outros, que as usam e as aperfeiçoam. A solução técnica de problemas pode ser menos frequente devido à nossa orientação social incrivelmente forte, mas a própria sociabilidade é determinante para disseminar a inovação técnica. A ironia é que o *Homo sapiens* conseguiu o domínio mundial em função da hipersociabilidade, mas talvez seja aos relativamente poucos antissociais entre nós que tenhamos de agradecer pelas invenções técnicas que tanto diferenciam nossa vida da vida dos outros animais neste planeta.

7

Elefantes e babuínos

A EVOLUÇÃO DA LIDERANÇA MORAL E IMORAL

Nelson Mandela é um dos meus heróis. Aos 40 e poucos anos, ele foi sentenciado a trabalhos forçados por sua luta para derrubar o governo sul-africano do apartheid, e permaneceu preso até quase os 70. É fácil imaginar que ele sairia um homem alquebrado ou amargurado, mas após ser libertado da prisão, tornou-se um combatente pela democracia e pela reconciliação racial. Mandela venceu com facilidade a eleição para primeiro presidente da África do Sul pós-apartheid, mas depois de apenas um mandato escolheu se afastar em vez de buscar a reeleição (que ele teria conseguido com a mesma facilidade). Mandela foi o político mais perto da santidade que eu já vi, e um dos grandes líderes morais de nossa época.

Robert Mugabe, do vizinho Zimbábue, oferece um nítido contraste com Mandela. Mugabe também foi preso por seu papel em tentar derrubar um governo do apartheid. Tal como o sul-africano, ele ampliou os serviços sociais e pediu reconciliação racial ao ser eleito primeiro-ministro. Mas as semelhanças terminam aí. Quando Mugabe enfrentou a concorrência interna de adversários, em vez de entrar em acordo com eles, como Mandela havia feito, apelou para a violência para consolidar e estender seu governo. Em vez de se afastar depois do primeiro mandato, assinou emendas constitucionais que tornaram sua posição ainda mais poderosa e lhe permitiram concorrer em repetidas eleições fraudadas. Suas políticas devastaram o país, gerando hiperinflação, desemprego, disseminação de doenças e escassez de alimentos.

Mandela e Mugabe partilhavam um histórico similar e poderiam ter sido motivados a agir de formas similares, então por que não o fizeram? O contraste entre eles levanta a questão acerca do que leva uma pessoa a se tornar um líder moral ou imoral. Eu não poderia ter previsto o caminho que ambos escolheriam no começo da carreira política, e muitas pessoas demoraram demais para condenar Mugabe porque não conseguiam acreditar no que ele havia se tornado. Embora os dois representem exemplos radicais, as forças psicológicas que criaram estes homens podem ser encontradas em todos nós.

A hipersociabilidade que desenvolvemos para sobreviver ao desaparecimento da floresta tropical reprimiu nosso individualismo, mas não o eliminou. Como consequência, os humanos são uma mistura de egoístas e abnegados. Do primeiro lado, a evolução atua em organismos individuais para maximizar sua adequação inclusiva (o número de descendentes que eles e seus parentes colocam com sucesso na geração seguinte). Como vimos no capítulo 4, para atrair um parceiro os integrantes de um grupo precisam competir entre si, e, assim, qualquer característica que os ajude a superar os outros tenderá a ser reforçada na população em função de seu impacto na seleção sexual.

A pressão evolucionária na direção do individualismo e da competição é equilibrada por pressões opostas sobre nós por nosso papel em grupos cooperativos e interdependentes. A despeito de sermos pequenos, lentos e fracos, tivemos sucesso na savana (e em todos os outros lugares) graças à capacidade que desenvolvemos de trabalhar bem em equipe. Por essa razão, o trabalho coletivo e a cooperação são altamente valorizados em potenciais amigos e parceiros, e nossa orientação para o grupo beneficia cada um de nós enquanto indivíduos, ajudando-nos a conquistar parceiros para a coalizão. Pessoas egoístas e que não cooperam são menos desejáveis, em especial, como parceiros românticos, de modo que a seleção sexual garante que a cooperação também permaneça comum no fundo genético.

A tensão entre individualismo e coletivismo é subjacente à sociabilidade humana e a todas as nossas interações com nossos colegas de grupo. Essa tensão é exacerbada no contexto da liderança, já que os custos e benefícios de pertencer ao conjunto são amplificados nos nossos líderes. Por um lado, os cabeças exemplificam, facilitam e dependem da orientação grupal exigida pelo trabalho em equipe, e isso nos tornou muito bem-sucedidos. O sofrimento de Mandela em benefício de seu povo e sua posterior vontade de apostar a própria reputação em inclusão e reconciliação são exemplos desse tipo de orientação abnegada.

Por outro lado, o poder traz benefícios, e, quando dados unicamente aos líderes dos grupos, costumam levá-los a pensar em seus desejos pessoais e nepotistas acima das necessidades do coletivo. A disposição de Mugabe de deixar seu próprio povo passar fome para consolidar seu poder e sua riqueza é um exemplo dessa orientação egoísta. A solução dessa tensão entre orientação para a comunidade e para si determina a moralidade da liderança. Chefes morais são aqueles que agem no interesse do grupo e se beneficiam de suas decisões apenas na medida em que todos se beneficiam. Por razões que ficarão evidentes, eu me refiro aos líderes morais como *elefantes*. Os imorais são aqueles que agem de modo egoísta e se beneficiam de suas decisões. Eu me refiro a eles como *babuínos*.

Elefantes e babuínos

Elefantes adultos do sexo masculino são animais formidáveis. Com poucos ou mesmo nenhum predador natural, os machos escolhem viver sozinhos ou em grupos um tanto fluidos de outros machos, portanto comunidades duradouras deste animal são compostas exclusivamente de fêmeas adultas e machos e fêmeas juvenis. A princípio, o elefante macho mais forte poderia se impor como líder do rebanho, mas não há incentivo para que ele faça isso. Suas fontes de alimento espalhadas por uma grande área não são facilmente monopolizáveis, e as fêmeas anunciam sua fertilidade a todos os machos da vizinhança, então eles precisam competir por acesso social, pertençam eles ao grupo ou vivam a quilômetros. Assim, os chefes elefantes costumam ser escolhidos entre as fêmeas mais velhas, e essa matriarca é responsável por coordenar os movimentos, migração e reações a ameaças, como leões. O papel da líder nessas situações é convocar os outros elefantes para a ação e conduzi-los na direção de perigos ou oportunidades. Ela não se destaca na frente para oferecer proteção (quando atacados por leões, todos os adultos se colocam na frente para proteger os jovens) nem sofre privações em benefício do todo. A liderança que oferece é na forma de orientação.

Como o poder não lhes dá acesso preferencial a fontes de alimento nem a oportunidades de acasalamento, as líderes elefantes não recebem benefícios exclusivos de sua posição. Em vez disso, dá benefícios iguais e mútuos a todos os membros do grupo, e assim todos têm motivação para que a mais sábia os conduza. Interesses do grupo e individuais são bem alinhados nesse sistema, portanto a liderança é predominantemente abnegada.

Os líderes babuínos estão no extremo oposto do espectro. Como discutimos no capítulo 1, os babuínos da savana são caçados por hienas e por grandes felinos, como leopardos e leões. Por essa razão, há segurança na quantidade, e babuínos machos e fêmeas da savana vivem em grandes grupos. Embora eles raramente tenham líderes no sentido de um indivíduo que oferece orientação ou proteção aos demais, os machos competem furiosamente pelo domínio sobre os outros. As fêmeas herdam da mãe sua posição na hierarquia de domínio, mas os machos deixam o grupo natal para se juntar a outro, então precisam subir na hierarquia dominando outros membros da comunidade por intermédio de ameaças constantes ou atos de agressão.

Como o macho alfa não costuma oferecer orientação alguma ao grupo, o objetivo do domínio sobre outros babuínos é inteiramente egoísta. É impossível monopolizar os benefícios à disposição dos outros machos (como, por exemplo, acesso a fêmeas férteis, comidas preferidas e locais de descanso sombreados), mas eles são tomados de modo desproporcional pelo macho alfa. Claramente não é benéfico para os outros babuínos serem dominados assim, mas eles são, em grande medida, incapazes de impedir esse resultado. Características como tamanho e agressividade se desenvolveram nos babuínos porque facilitam o domínio do bando, o que, por sua vez, oferece oportunidades reprodutivas que permitem que tais características floresçam.

Uma lição da comparação entre estilos de liderança de elefantes e babuínos é que a distribuição de recursos faz diferença. Semelhante aos elementos, que permitem prever territorialidade abordados no capítulo 3, os babuínos têm mais incentivo para dominar os colegas de grupo do que os elefantes. Com relação ao alimento, a incapacidade dos elefantes herbívoros de monopolizar as plantas abundantes de que precisam contrasta com a situação dos babuínos onívoros. A relativa escassez de alimentos altamente calóricos (em especial a carne) à disposição impõe fortes pressões evolutivas sobre o domínio. Os egoístas competem ferozmente por alimentos de alta qualidade, e o controle da partilha do alimento permite aos líderes comprar e manter aliados, o que pode ser determinante para manter o status de alfa.

Talvez mais importante, diferenças nas oportunidades de reprodução também contribuem para o tipo de chefe que emerge. Em parte porque as lideranças dos elefantes são fêmeas, não têm vantagem reprodutiva em consequência do seu papel. Por outro lado, cerca de metade do sucesso reprodutivo dos babuínos machos depende de sua posição na hierarquia, já que os espécimes dominantes têm acesso a mais parceiras do que os inferiores. Essa diferença impõe uma forte pressão evolutiva sobre os babuínos machos para atingir uma posição de domínio no bando. Membros descontentes do bando podem desafiar o alfa ou tentar se juntar a outro grupo em que consigam maior sucesso. Seja como for, o bando oferece proteção e mais olhos para identificar predadores, de modo que machos não dominantes preferem viver em grupo a tentar a sorte sozinhos.

Elefantes e babuínos como estilos de liderança

A maioria dos líderes humanos é uma mistura de abnegados e egoístas, mas as pessoas variam muito quanto a que ponto do espectro ocupam. Alguns indivíduos são abnegados, como Mandela, e outros, egoístas, como Mugabe. Um líder do tipo elefante mantém uma orientação grupal sob a maioria das circunstâncias, mas líderes ao estilo babuíno são muito sensíveis a ameaças à liderança, e oscilarão entre orientação pessoal e de conjunto dependendo de ameaças internas e externas.

O exemplo mais claro dessa alteração de situação entre líderes humanos pode ser encontrado no trabalho de Jon Maner e seus colegas da Universidade Estadual da Flórida. Em uma série de experimentos, Maner demonstrou que quando líderes babuínos (isto é, aqueles com forte orientação de domínio) sentem que sua posição de liderança está ameaçada por subordinados, limitam a partilha de informações com o grupo e excluem membros talentosos, ao custo do desempenho coletivo. Maner descobriu que líderes babuínos também empregam a confiável estratégia de dividir para governar quando sentem que sua posição de liderança é ameaçada por membros talentosos da comunidade. Esses líderes tentam impedir que outros membros criem laços entre si.

A imoralidade dessa estratégia de liderança é destacada pelo esforço dos líderes babuínos para excluir e isolar os indivíduos mais talentosos. Essas ações colocam os objetivos do líder em oposição direta aos do grupo. Mais importante, esses comportamentos imorais desaparecem quando os babuínos garantem sua posição de liderança, mais uma vez oferecendo evidências de que eles sabem como melhorar o desempenho do conjunto, mas escolhem não fazê-lo quando sua própria posição corre risco. Esse tipo de comportamento egoísta e danoso é uma marca dos líderes babuínos no mundo todo, com inúmeros déspotas empobrecendo seu povo como uma tentativa de garantir sua permanência no topo (de uma pilha cada vez menor).

Essas condutas imorais de liderança desaparecem quando os líderes babuínos descobrem seu grupo competindo com outros. Nessas circunstâncias, os chefes atuam no interesse do todo, porque os objetivos de grupo e líder (mesmo os objetivos de líderes babuínos) são alinhados pelo fato de que o fracasso em competição *entre* grupos pode custar muito caro. Entre nossos ancestrais caçadores-coletores, uma derrota em um conflito entre grupos podia levar ao extermínio do conjunto inteiro (ou, mais comumente, de todos os machos, com as fêmeas sendo capturadas, escravizadas e, por fim, incorporadas ao outro grupo).

Por essa razão, desenvolvemos uma propensão a colocar de lado nossas diferenças quando competimos com grupos externos para concentrar nossa energia em apoiar nossa própria comunidade. Mais uma vez, esse tipo de comportamento pode ser visto em déspotas no mundo todo, já que muitos ditadores modernos começaram suas carreiras como defensores da liberdade, que muitas vezes arriscaram a vida e a subsistência para derrubar o ditador ou o líder colonial que os precedeu. Mas, assim que esses líderes têm sucesso e a competição entre grupos é eliminada, os líderes babuínos colocam os próprios interesses acima daqueles do grupo e se concentram em consolidar e manter seu poder em vez de servir ao povo.

Os seguidores desempenham um papel determinante em sustentar líderes babuínos nessas condições. Como será discutido melhor no capítulo 8, a competição mortal entre grupos é um desafio que os humanos enfrentaram desde que somos *Homo sapiens*, e isso moldou nossa psicologia para aceitar e até mesmo preferir líderes mais dominantes em tempos de rivalidade entre bandos. Uma pessoa gentil ou indecisa pode ser uma boa amiga, mas um indivíduo assim seria um líder terrível diante de um inimigo mortal. Alguns líderes elefantes se mostram à altura do desafio e mudam o estilo de liderança em função da situação, mas outros são simplesmente democratas demais para as exigências de um conflito entre grupos. Como consequência, nossas preferências quanto a lideranças mudam face ao conflito. Essas reações psicológicas à competição interna ou entre grupos representam adaptações em uma espécie que, apesar de demonstrar substancial cooperação dentro de seus próprios grupos, muitas vezes apresentam uma competição impiedosa entre os distintos.

Um estudo de caso: os hadza e os ianomâmi

Os hadza são caçadores-coletores da Tanzânia.[*] Eles vivem em grupos relativamente pequenos e fluidos, tendo em média de vinte a trinta pessoas, que se instalam em cada lugar por algumas semanas ou meses. Os hadza costumam se mudar para outro local quando a fonte de água seca ou eles esgotam os recursos próximos e precisam percorrer distâncias desconfortáveis para conseguir comida. Por causa de seu estilo nômade, este povo tem apenas o que podem carregar, de modo que o total de seus bens individuais é limitado. Os homens costumam ter algumas joias e roupas, arcos e flechas para caçar e algumas facas, machados e outras ferramentas para montar acampamento. As mulheres também têm joias e roupas, além de varas de cavar e panelas para coletar e cozinhar alimentos.

Os hadza tomam todas as decisões grupais por discussão, e não têm líderes explícitos. Os homens e as mulheres mais velhos recebem alguma deferência, mas não lideram de fato, e indivíduos que tentam dominar os outros logo se veem isolados. Como cada hadza pode mudar de grupo quando quer, pretensos líderes têm pouco poder para impor sua vontade a outras pessoas. Todos são relativamente pacíficos para

---

[*] Isso pode não ter relevância para o estilo de vidas deles, mas os hadza vivem no berço da humanidade, na mesma savana da África Oriental em que nossos ancestrais foram expulsos das árvores.

uma sociedade sem coerção policial. Também são monógamos, e um casal é considerado em matrimônio quando passa a morar junto. Em sua pesquisa sobre nascimentos, o fantástico etnógrafo dos hadza, Frank Marlowe, da Universidade Estadual da Flórida, descobriu que os homens têm em média de quatro a cinco filhos, com idades entre zero e 16 anos.

Enquanto isso, os ianomâmi são caçadores-horticultores que vivem na bacia amazônica da Venezuela e do Brasil. Suas aldeias também são transferidas de vez em quando, mas como os ianomâmi se dedicam um pouco ao cultivo (plantando mandioca e outros alimentos), mudam-se com frequência muito menor que os hadza. Como consequência, seus domicílios são estruturas mais permanentes, e as pessoas tendem a ter mais utensílios. Suas aldeias também chegam a um tamanho muito superior às daquelas dos hadza, algumas vezes tendo mais de trezentos indivíduos.

A maioria das pessoas prefere viver em aldeias menores, mais pare-cidas com os acampamentos padrão dos hadza, e pela mesma razão pela qual os hadza preferem grupos menores: eles levam a menos conflitos. Os chefes nas menores aldeias tendem a liderar pelo exemplo e não pela força, e a vida não é muito diferente daquela nos acampamentos hadza. Ainda assim, alguns líderes têm muito poder e impedem que seus grupos se fragmentem, a despeito dos desejos dos membros. Parte da motivação deles é que muitas das aldeias estão quase o tempo inteiro em guerra umas com as outras, e as maiores têm uma vantagem sobre as menores nesses conflitos.

Muitos líderes ianomâmis são déspotas e cruéis. Controlam os membros do grupo pela ameaça de violência pessoal e costumam se valer de uma rede de parentes do sexo masculino como sua base de poder. Os conflitos, em geral, são resolvidos por intermédio de for-mas ritualizadas de violência. Se há uma disputa menor, as pessoas organizam competições de tapas no corpo e luta. Nas competições de tapas, os rivais se colocam em grupos diferentes. Os integrantes de um grupo erguem os braços e os integrantes do outro dão tapas no lado exposto do corpo com toda a força. Depois os lados são trocados, e isso prossegue até que todos fiquem doloridos e cansados. A essa altura, a disputa é considerada resolvida e as pessoas vão cuidar de suas vidas.

Se a disputa é grande, os ianomâmi organizam extraordinárias lutas ritualizadas com porretes. Como nas competições de tapas, as pessoas de um dos lados da disputa ficam de pé imóveis enquanto as do outro agridem, e depois os papéis são trocados. Neste caso, a pessoa A fica com os braços esticados junto ao corpo enquanto a pessoa B bate na cabeça de A com um porrete de três a quatro metros e meio, com toda a força. A pessoa A pode desabar no chão inconsciente, mas caso isso aconteça, o membro seguinte do grupo de A a substitui e acerta a pessoa B da mesma forma.

O espancamento em série continua até que todos os membros dos dois lados tenham sido nocauteados ou decidam que a disputa foi resolvida. Se surge uma disputa entre membros de aldeias diferentes que é séria demais para ser resolvida a porretadas, segue-se uma série de ataques mortais recíprocos entre aldeias. Às vezes, essas batalhas terminam com um banquete coletivo, com os grupos decidindo deixar o conflito para trás, mas outras vezes se tornam intermináveis.

Os ianomâmis são adeptos da poligamia, muitas vezes com pouca escolha feminina, já que homens poderosos têm sistemas de troca de parentes do sexo feminino uns com os outros para conseguir esposas. Estas costumam ser muito maltratadas por esses homens, que as agridem fisicamente quando querem, em geral, em público e sem a interferência de outros membros do grupo. A violência parece ser um caminho importante para conseguir posições de liderança e esposas, já que os homens que mataram outro homem (chamados *unikais*) têm mais esposas do que os homens que não o fizeram. Em consequência do maior número de esposas, os *unikais* também têm mais filhos que os homens que não mataram ninguém.

Tal diferença no sucesso reprodutivo oferece um incentivo incrivel-mente forte à violência e à liderança babuíno que existe em algumas aldeias ianomâmi. De fato, alguns chefes ianomâmi têm um enorme número de filhos. O ilustre etnógrafo Napoleon Chagnon, da Universidade de Michigan, documenta um líder poderoso como tendo 43 filhos e 229 netos. Considerando a alta taxa de mortalidade infantil entre os ianomâmi, esse é um resultado extraordinário.

Desigualdade e o surgimento de líderes babuínos

Por que os líderes hadza (na medida em que tais líderes existam) são elefantes pacíficos enquanto os líderes ianomâmi costumam ser babuínos despóticos e violentos? Sem dúvida muitos fatores estão envolvidos, mas a oportunidade de monopolizar recursos parece desempenhar um papel importante. Lembrando elefantes que pastam o tempo todo, os participantes de sociedades nômades como os hadza encontram menos oportunidades de acumular e controlar recursos do que aquelas em sociedades de caçadores-horticultores mais sedentários, como os ianomâmi. Quando recursos podem ser controlados e utilizados para obter deferência e obediência dos outros, isso apela aos aspectos mais competitivos e egoístas da nossa psicologia. Como vimos no capítulo 3, a transição de sociedades caçadoras-coletoras para práticas horticulturais mais assentadas foi um momento decisivo na passagem do igualitarismo para o despotismo em muitas sociedades humanas.

Um aspecto importante de um estilo de vida horticultural é a capacidade de ter mais de uma esposa. Homens ianomâmi que mataram outro e estão em posição elevada na hierarquia costumam ter muitos filhos com muitas esposas, mas isso não é possível para caçadores-coletores de retorno imediato. Os homens hadza não conseguem acossar animais em número suficiente para sustentar mais de uma esposa, e, mesmo se fossem caçadores fenomenais, teriam de partilhar a caça com o restante do grupo, com oportunidades limitadas de alimentar sua família. A monogamia (e a escolha feminina) entre os hadza contribui para um estilo de liderança elefante, enquanto a poligamia (e a falta de escolha feminina) entre os ianomâmi gera um estilo de liderança babuíno. De fato, o potencial da poligamia desempenha um papel determinante em moldar a moralidade dos líderes em uma ampla gama de sociedades.*

O igualitarismo forçado da sociedade hadza (com os caçadores tendo de partilhar a caça e demonstrar humildade, as pessoas apresentando poucos bens e o sucesso reprodutivo distribuído de modo relativamente igual na sociedade) faz com que haja pouco a ganhar com uma liderança despótica. Não apenas os esforços de dominar são recebidos com firme resistência por parte dos outros (que têm acesso igual a recursos e não dependem de supostos chefes), como realmente não há recursos adicionais a obter com tal estratégia. Em vez disso, conselhos sábios podem ajudar o grupo a ter mais sucesso e os indivíduos a se beneficiar no mesmo grau em que todos se beneficiam.

De fato, na medida em que as pessoas não têm nada a ganhar oferecendo sua liderança durante a tomada de decisões em grupo, é possível conseguir maior prestígio demonstrando sabedoria e compaixão. Assim, a liderança na sociedade hadza só pode ser conquistada por pouco tempo e em situações específicas, e os objetivos dos supostos líderes devem, necessariamente, se alinhar aos do grupo. O egoísmo inerente à natureza humana e a orientação de grupo também inerente à natureza humana são alinhadas pela estrutura igualitária da sociedade hadza, e ambas empurram as pessoas para uma liderança elefante.

Em contraste, o sistema matrimonial dos ianomâmi gera o potencial para uma desigualdade substancial. Essa desigualdade recompensa os homens por seu domínio e sua busca de status, já que as esposas são obtidas em parte por intermédio de violência contra os outros, em

---

* Sociedades poligâmicas costumam ser criticadas pelo tratamento ruim dado aos membros do sexo feminino (como pode ser visto entre os ianomâmi), mas as mulheres em algumas sociedades desse tipo, como os sukuma e os rangi do norte da Tanzânia, são tratadas muito bem. Nessas comunidades, elas se beneficiam da maior riqueza de seus maridos, são mais bem cuidadas junto com os filhos, e, portanto, muitas vezes escolhem ser segundas ou terceiras esposas de um homem rico em vez de primeiras esposas de pobres. Em contraste, como Robert Wright aponta em *O animal moral*, pobres do sexo masculino são sempre os perdedores nas sociedades poligâmicas, já que passam a vida solitários, incapazes de ter uma esposa.

especial, outros grupos, e, em parte, por alianças que podem ser mais bem controladas por aqueles em posição de liderança. Como consequência, chefes violentos e despóticos têm maior sucesso reprodutivo que indivíduos não violentos e pessoas fora de posições de liderança. Desse modo, a estrutura da sociedade ianomâmi faz com que nosso egoísmo se oponha à nossa orientação de grupo.

Essa tensão motivacional resulta em um estilo de liderança que varia tanto em circunstância quanto com as personalidades e tendências de líderes isolados. Em especial nas aldeias menores, a orientação de comunidade é comum e a liderança muitas vezes é ao estilo elefante. Mas, como a sociedade ianomâmi tem o potencial para uma desigualdade muito maior, uma orientação egoísta também é recompensada, e a liderança resultante pode ser do tipo babuíno, com base em domínio dos outros em vez de orientação útil.

De sociedades de pequena escala a empresas de grande escala

Quando passamos de sociedades coletoras para o empresariado dos Estados Unidos, vemos muito da mesma dinâmica baseada em desigualdade. As empresas modernas são estruturadas de modo mais similar aos ianomâmi do que aos hadza, e como consequência incentivam a liderança babuíno. Por exemplo, o salário médio do CEO das maiores empresas americanas foi de 9 milhões de dólares em 2017. Não surpreende que a competição por uma quantia dessas seja feroz. Nem surpreende que líderes babuínos sejam, particularmente, motivados pelo enorme status, poder e retorno financeiro de ser um CEO.[*]

---

[*] Não quero insinuar que todos os CEOs de empresas sejam babuínos ou que CEOs muito bem-remunerados são necessariamente babuínos. De fato, há muitos exemplos notáveis de líderes elefantes no mundo empresarial, alguns dos quais são muito bem pagos. Mas há babuínos empresariais e políticos demais (a despeito do fato de que empregados, acionistas e eleitores preferissem que fosse o contrário), e o objetivo deste capítulo é discutir a psicologia por trás dessa lamentável situação.

Embora os seguidores queiram escolher elefantes para liderá-los, os babuínos, em geral, fingem ser elefantes até conseguirem o emprego.*

Sem dúvida, há muitos fatores que produziram uma maior remuneração dos CEOs ao longo das últimas décadas. Talvez o mais relevante para esta discussão seja o efeito da decisão da Comissão de Títulos e Câmbio dos Estados Unidos (SEC, na sigla em inglês) em 1992 de que as empresas do país apresentassem os salários de seus CEOs em tabelas padronizadas em vez de disfarçá-los em um longo relatório com muitos detalhes. A SEC estava preocupada com o fato de que a relação entre a remuneração dos chefes e a do trabalhador médio da empresa passara de vinte para um em meados dos anos 1960 para cem para um no início da década de 1990. O objetivo desse novo formato era dar aos acionistas informações claras sobre disparidades de remuneração entre CEOs e o trabalhador médio e, assim, constranger os CEOs para uma redução de remuneração.

Infelizmente a decisão teve efeito oposto, e os salários dos CEOs dispararam para mais de duzentos para um. Em 2017, eles estavam em 130 para um, mas muitos presidentes de empresas na relação recebem quatrocentas ou quinhentas vezes mais que o trabalhador médio (por exemplo, Comcast, T-Mobile e Pepsi). Ao que parece, uma apresentação mais transparente dos salários levou os CEOs a competirem por uma remuneração maior que as dos colegas no mesmo cargo. Assim, a suposição de que eles avaliariam sua remuneração em comparação com os funcionários e ficariam constrangidos com o exagero se revelou ingênua. Eles estavam mais preocupados com sua posição relativa uns aos outros. Essa descoberta sugere que eles já eram predominantemente babuínos no início dos anos 1990, já que para obter o máximo de recursos, sua orientação não era para o grupo, mas autocentrada.

---

* Babuínos também conquistam seguidores, prometendo levá-los junto em sua busca de domínio. Como Donald Trump repetiu durante sua campanha: "Nós venceremos tanto que vocês vão se cansar de vencer." "America First" foi um típico argumento de vendas babuíno: vamos usar nossa força militar e nossa força econômica até conseguirmos o que queremos, não importando o custo para os outros.

Tal descoberta também demonstra que não há um limite claro para o desejo dos líderes babuínos de se beneficiar à custa do grupo.

Talvez a reação dos CEOs à decisão da SEC não devesse ser surpresa, considerando a extraordinária disposição de ditadores ao redor do mundo de empobrecer o próprio povo em seu esforço para enriquecer. O livro de Daron Acemoglu e James Robinson *Por que as nações fracassam* é um *tour de force* pelas economias derrotadas do mundo e suas causas, e no caminho descreve um número grande e deprimente de líderes babuínos.

Apenas para citar um exemplo, tomemos Islam Karimov, o ditador do Uzbequistão até sua morte em 2016. Quando sua política econômica desastrosa garantiu que os fazendeiros não conseguissem mais manter suas colheitadeiras de algodão, ele simplesmente decretou que crianças em idade escolar passariam os meses de setembro e outubro colhendo algodão manualmente. Os pequenos eram obrigados por lei a colher entre vinte e sessenta quilos de algodão por dia, dependendo da idade, e recebiam cerca de três centavos de dólar. Tinham de levar a própria comida e encontrar um lugar para dormir caso não morassem por perto. Com essa liderança babuína, Karimov ficou milionário enquanto o uzbeque médio era obrigado a sobreviver com mil dólares por ano.

A tomada do poder pelos babuínos não se limita à estrutura de liderança de países e empresas modernos. Efeitos similares podem ser vistos nas sociedades, com a desigualdade despertando os aspectos babuínos de nossa psicologia. Quando as sociedades se tornam cada vez mais desiguais, as pessoas ficam mais desesperadas para estar entre os que têm em vez de entre os que não têm. Esse desespero amplifica alguns dos aspectos mais desagradáveis da natureza humana, um dos quais é a sobrevalorização do eu, ou a alegação de ser mais do que de fato somos.

O exemplo mais claro desse efeito pode ser visto em um estudo de Steve Loughnan e seus colegas da Universidade de Melbourne, que descobriram que a sobrevalorização aumenta na sociedade em função da desigualdade de renda. Loughnan descobriu, por exemplo, que o

Japão (cujos cidadãos são conhecidos pela discrição por razões há muito consideradas relacionadas ao seu alto grau de coletivismo) está no limite inferior do espectro de sobrevalorização do eu. Os alemães são muito mais individualistas que os japoneses, mas apresentam níveis igualmente baixos de sobrevalorização. E Alemanha e Japão são países com alto nível de igualdade econômica.

Em contraste, Peru e África do Sul estão no limite superior deste espectro e são também países com alto grau de desigualdade. Tais dados sugerem que o desnível de renda pode exacerbar nossa psicologia babuína, levando as pessoas a alegar serem muito mais do que de fato são. Como as consequências do fracasso em países como Peru e África do Sul são tão ruins, os indivíduos se valem de todas as armas em seu arsenal para garantir que terão sucesso. Alegações exageradas sobre o próprio valor surgem nessas sociedades desiguais à medida que as pessoas se esforçam para convencer as outras de suas capacidades em uma tentativa de serem escolhidas para as poucas oportunidades lucrativas existentes.

Uma razão para a sobrevalorização se destacar tanto na psicologia babuína é que aumenta a autoconfiança, uma qualidade que, para o bem ou para o mal, as pessoas preferem ver em seus líderes. Em contraste com o crescimento pessoal, que gera mais confiança por intermédio de melhor desempenho, a sobrevalorização gera mais confiança por intermédio do excesso de confiança. Como vimos no capítulo 5, as pessoas são, em grande medida, incapazes de diferenciar excesso de confiança de altos níveis de confiança bem calibrada. Como consequência, aqueles com conceitos pessoais equivocadamente grandiosos têm uma vantagem em competições de liderança. Essa tendência à sobrevalorização pode ajudar os babuínos a garantirem postos de liderança, mas faz pouco para promover sua eficácia nesses cargos. Chefes com excesso de confiança costumam tomar decisões ruins, ignorar falhas evidentes em suas estratégias e levar adiante planos fracassados. Uma autoimagem inflada também leva os babuínos a se recompensarem em demasia em função de uma noção distorcida de suas próprias habilidades.

Como é de se esperar, os resultados deste tipo de comando raramente são bons. Quando o interesse pessoal e o domínio prevalecem, é difícil sustentar a confiança, em especial, entre os impotentes, que são os primeiros a serem explorados. Vimos uma erosão da confiança nos Estados Unidos em anos recentes que corresponde a um forte aumento da desigualdade. A Figura 7.1 mostra que os americanos tinham níveis mais altos de desigualdade e níveis ligeiramente mais baixos de confiança interpessoal que as pessoas da Tailândia, quando esses dados foram coletados em 2004. Se retornarmos ao início dos anos 1970, os níveis de confiança e desigualdade nos Estados Unidos teriam colocado o país mais ou menos onde a Suíça está nesta imagem. Há pouco tempo os Estados Unidos eram um dos países mais confiantes; agora, estão apenas no meio do bolo.

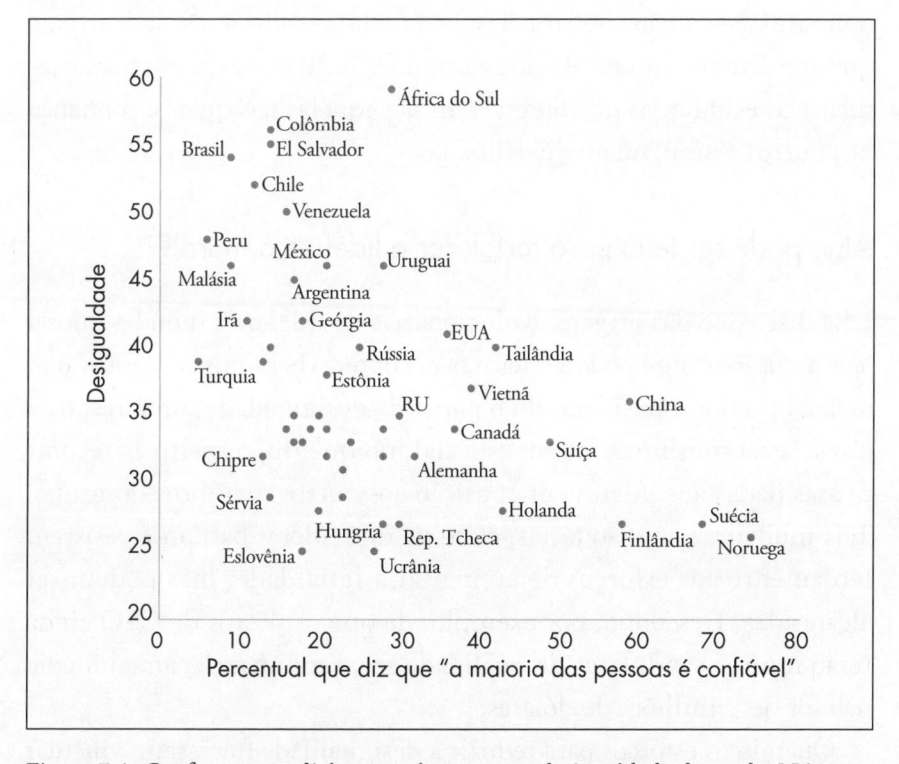

Figura 7.1. Confiança mundial e sua relação com a desigualdade de renda. Números maiores no eixo y representam maior desigualdade, e números maiores no eixo x representam maior confiança (World Values Survey)

A perda de confiança é importante porque a incerteza leva as pessoas a se desligar de suas comunidades, reduzir o compromisso com o local de trabalho e o grau em que partilham informações importantes umas com as outras. Em resumo, sem confiança, as pessoas se concentram na proteção pessoal e não se dispõem a ficar vulneráveis. A liderança elefante se torna quase impossível nessas circunstâncias, já que os membros do grupo não conseguem alinhar seus interesses.

Como a vulnerabilidade é um ingrediente importante para estabelecer e sustentar relações de cooperação, as pessoas que carecem de confiança são limitadas no que conseguem realizar juntas. Para citar um exemplo ancestral, o fator mais determinante em minha decisão de arremessar pedras em um leão que se aproxima (em vez de sair correndo) é minha fé de que os outros membros do meu grupo farão o mesmo. Se eu não confiar neles, não tenho escolha a não ser correr, o que apresentaria um resultado muito inferior. Por essa razão, historicamente as economias que floresceram são aquelas nas quais a confiança nos outros é amplamente partilhada.

Algo pode ser feito para fortalecer a liderança moral?

Essa discussão das origens evolucionárias de liderança moral e imoral leva à questão: algo pode ser feito para conter o babuinismo e estimular o elefantismo? Considerando o papel da desigualdade, uma resposta óbvia seria minimizá-la, em especial, no que diz respeito às recompensas dadas aos líderes em oposição aos outros membros do grupo. Tais mudanças não são fáceis, claro, já que líderes babuínos resistem ferozmente aos esforços de aumentar a igualdade, mas podem ser alcançadas. Desconfio, por exemplo, de que os postos de CEO ainda terão muitos candidatos de qualidade se a remuneração anual média não for de 9 milhões de dólares.

Quando os esforços para reduzir a desigualdade fracassam, vincular da forma mais rígida possível os salários a resultados de desempenho a longo prazo cria uma forma de remuneração mais ao estilo elefante, já que alinha os interesses dos líderes ao do grupo. Chefes babuínos podem não se sentir atraídos por postos de CEO que paguem apenas de vinte a cinquenta vezes o salário do funcionário médio (como era a norma antes de 1992), ou que paguem um salário mais alinhado ao desempenho do grupo, mas o objetivo é precisamente este. Líderes elefantes estão dispostos a vestir o manto da liderança mesmo quando a recompensa financeira é mais modesta ou depende inteiramente de desempenho. A ironia é que remuneração maior pode levar a uma liderança pior por atrair babuínos para postos de liderança e transformar líderes do pior tipo.

Além da improvável solução de cortar drasticamente a remuneração de CEOs e altos administradores, várias outras estratégias podem ser adotadas para minimizar a liderança babuína. Lembre-se de que Jon Maner descobriu que o conflito com outros grupos faz com que os babuínos se comportem de modo mais moral, colocando os interesses do conjunto acima dos próprios. Essa descoberta sugere que o conflito pode fortalecer a moralidade do líder. Em empresas modernas esse tipo de conflito é a base da economia de mercado, já que conluio empresarial é proibido pela legislação antitruste. Mas algumas empresas enfrentam maiores ameaças dos concorrentes do que outras, e a pesquisa de Maner sugere que os riscos da liderança babuína serão maiores naquelas empresas cujos produtos e posição no mercado são mais seguros.

Infelizmente, a concorrência com outros grupos é uma faca de dois gumes. Ao levantar o espectro de tal conflito, ou ao de fato criar uma batalha entre grupos que não precisa existir, os líderes babuínos podem gerar mais lealdade entre seus seguidores à custa dos objetivos do todo. Na história humana, líderes autocráticos e ditatoriais usaram conflitos e a criação de inimigos do Estado como estratégia para justificar e fortalecer sua liderança babuína. Claro que a estratégia é ela mesma um exemplo desta liderança, já que a criação de conflito desnecessário costuma ser prejudicial aos objetivos do grupo. Assim, isso tem o potencial de fortalecer a liderança moral, e ao mesmo tempo, servir como uma ferramenta cínica nas mãos de líderes imorais.

Outra solução pode ser encontrada no fato de que grupos ancestrais tinham permanência de longo prazo em pequenos bandos. Em grande parte, isso se devia à relativa dispersão das populações humanas e à baixa capacidade de tirar o sustento da terra até o advento da agricultura. Com poucas alternativas (ou nenhuma), as pessoas costumavam permanecer na mesma pequena rede de grupos sociais por toda a vida.

Conhecer outros membros da comunidade em um mundo assim era algo que se dava cara a cara ou por relatos (ou seja, fofoca). Essas estruturas sociais mais fechadas e duradouras eram um meio eficaz de regular o grau em que líderes babuínos podiam influenciar negativamente os resultados. Relações sociais duradouras impunham maiores custos a membros egoístas interessados em explorar o grupo em benefício pessoal. Relações duradouras não são uma garantia contra liderança babuína — basta olhar para os ianomâmi —, mas servem como uma proteção contra supostos líderes que conquistam sua posição de liderança disfarçando seus planos egoístas.

Em contraste, as organizações modernas, em especial aquelas nos contextos culturais ocidentais mais individualistas, tendem a ser caracterizadas por altos níveis de mobilidade. De acordo com o censo dos Estados Unidos, o americano médio se muda quase doze vezes, e o tempo médio que passa em determinado emprego é de aproximadamente quatro anos apenas. De fato, agora é algo relativamente simples atravessar o país ou mesmo o mundo em busca de um novo emprego. No meu caso, não me pareceu nada de mais atravessar metade do planeta para assumir um cargo na Austrália. A tecnologia me permite permanecer em contato com amigos e parentes, então por que não morar onde quero?

A incrível mobilidade permitida pela tecnologia moderna pode levar as pessoas a se preocuparem mais com os próprios objetivos do que com os de sua organização, já que deixam o emprego para trás se as coisas não derem certo. Embora diferenças culturais desempenhem um papel importante nessas decisões, nosso ambiente atual torna mais fácil do que nunca abandonar organizações e mesmo comunidades inteiras. O resultado dessa mobilidade sem precedentes é uma estrutura de incentivos bem adequada à ascensão dos babuínos, que podem explorar sua instituição e seguir em frente quando a empresa começa a sofrer.

Considerando a limitada mobilidade e o conjunto relativamente pequeno de indivíduos em nossos grupos ancestrais, os líderes surgiam dos próprios integrantes das comunidades que acabavam liderando. Assim, qualquer tentativa do indivíduo de exercer influência sobre o todo teria sido moderada por evidências em primeira mão da competência, do conhecimento, da experiência e do compromisso com o grupo do aspirante a líder. Essa abordagem interna da seleção de liderança é usada com menor frequência nos contextos organizacionais modernos, onde os candidatos (especialmente nos níveis mais elevados da organização) muitas vezes são recrutados de empresas concorrentes. Contratações externas trazem novas ideias e nova energia, mas contratar de fora significa que as pessoas que conhecem o candidato raramente estão envolvidas no processo de seleção de liderança. Sem dúvida, é parte do motivo para que CEOs trazidos de fora, em geral, tenham um desempenho pior e durem menos do que aqueles recrutados internamente.

Por fim, as organizações modernas estão em desvantagem quando comparadas a grupos ancestrais, já que estes tinham uma estrutura de liderança dinâmica e distribuída, de modo que a experiência na tarefa determinava quais indivíduos lideravam em diferentes áreas. Embora tipos babuínos algumas vezes tivessem controle sobre caçadores-horticultores, a liderança entre os caçadores-coletores é tipicamente maleável e dependente do contexto, muitas vezes com pequena passagem de uma área para outra. Por exemplo, a liderança em muitas sociedades de pequena escala inclui líderes de guerra, de caça, médicos, de canções e de paz. Como a experiência em cada tarefa é mais facilmente avaliada do que a competência geral, os grupos ancestrais com normas de liderança baseadas em tarefas seriam menos suscetíveis aos falsos sinais dos babuínos ao escolher quem deveria liderar a comunidade em atividades específicas.

Em contraste, as organizações contemporâneas têm hierarquias de dominância que perpassam diferentes atividades, mesmo quando ela inclui divisões que dependem de conjuntos de habilidades não sobrepostas (por exemplo, engenharia, contabilidade, vendas). Os CEOs são os tomadores de decisão encarregados da organização inteira, independentemente de seu conhecimento. Como resultado dessas muitas mudanças que nos afastaram das abordagens ancestrais da liderança, muitas empresas e entidades políticas americanas são comandadas por babuínos, embora acionistas, funcionários e eleitores sejam altamente motivados a escolher elefantes.

Isso não significa que nossos antepassados tivessem alguma espécie de sabedoria que nós perdemos ao longo da evolução. É possível que muitas boas ideias tenham se perdido, mas a causa principal é o contraste entre o ambiente no qual evoluímos e aquele em que nos encontramos agora. Esse desajuste evolutivo é a fonte de muitos de nossos problemas, e, como veremos no próximo capítulo, isso aumenta bastante o risco de conflitos desnecessários que podem muito bem aniquilar todos nós.

8

Tribos e tribulações

PSICOLOGIA EVOLUCIONÁRIA E PAZ MUNDIAL

Nós temos uma sorte incrível de viver em uma época de paz crescente e violência em queda. Pode não parecer nada disso se você acompanha o noticiário, mas ao longo dos últimos mil anos, cem anos, e até mesmo 25 anos, a violência diminuiu em todo o mundo industrializado. Há muitos motivos para esse feliz estado de coisas, já que o estabelecimento da democracia, sólidas instituições de governo, comércio e turismo internacionais e diversos outros fatores contribuíram para nossa crescente compreensão uns dos outros e um mundo mais pacífico.

A redução da violência entre pessoas (em oposição a entre Estados) é fruto de dois fatores. Primeiro, a presença de forças de manutenção da lei poderosas e relativamente imparciais abalou as três principais fontes de violência identificadas pelo grande filósofo político Thomas Hobbes. Na presença de um Estado forte e imparcial, eu não tenho mais motivação para atacar você e tomar o que é seu, já que sei que o Estado me punirá. Também não é mais necessário atacar você para impedi-lo de tomar o que é meu, porque, mais uma vez, sei que o Estado me protegerá. E, por fim, não preciso mais retaliar se você atacar a mim ou minha família, já que sei que o Estado o punirá.

Segundo, e mais como especulação, à medida que o mundo industrializado se torna um lugar mais seguro, aqueles de nós com a sorte de viver nele se tornam mais sensíveis à violência. O aumento de segurança acontece aos poucos, de modo que tendemos a não notar, mas, ao longo de um tempo suficientemente logo, os efeitos são drásticos. A maior diferença, claro, é entre caçadores-coletores e pessoas com acesso à medicina moderna. Considere as curvas de sobrevivência apresentadas na Figura 8.1, documentadas por Brian Wood e seus colegas da Universidade de Yale, mostrando chimpanzés em diferentes regiões da África e humanos de distintas sociedades de coletores.

Como fica evidente no quadro à esquerda, quase metade dos chimpanzés nascidos nesses vários grupos morrem antes de chegar aos 5 anos (que ainda é infância para um chimpanzé). De forma impressionante, o índice de sobrevivência não é muito melhor para os humanos: de 20% a 40% das crianças humanas também morrem por volta da mesma idade (quadro direito). Se consideramos 20 anos como o começo da idade adulta em humanos, vemos que de 25% a 50% dos humanos em todas essas sociedades nunca chegam à idade adulta. Altos níveis de violência em sociedades coletoras contribuem para o alto índice de mortalidade, mas este indicador sem dúvida também contribui para a violência. Quando as pessoas se acostumam com o

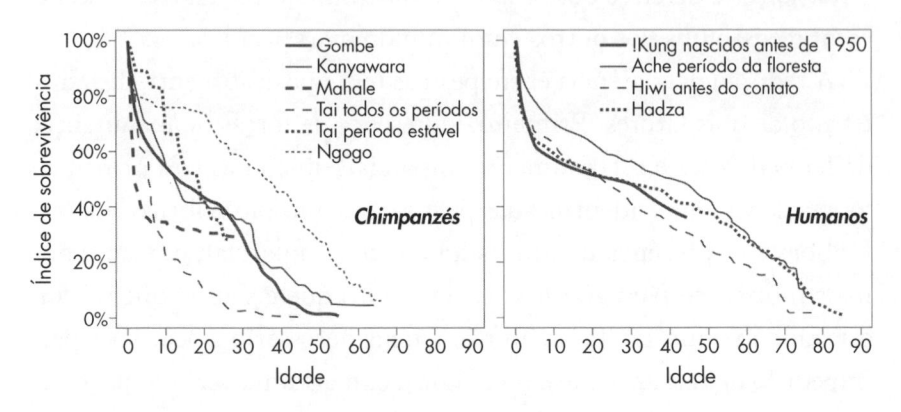

Figura 8.1. O índice de sobrevivência entre diferentes grupos de chimpanzés e humanos coletores. (Adaptado de Wood et al., 2017, por Gwendolyn David)

sofrimento, o mal que elas causam umas às outras parece menos significativo.

Não surpreende que nossa vida tenha se tornado muito mais segura do que quando éramos caçadores-coletores, mas as mudanças em segurança também são substanciais em ambientes modernos. A Figura 8.2 mostra mudanças no índice de mortalidade de mães no parto e nos primeiros cinco anos para as crianças nos Estados Unidos ao longo do século XX. Como fica evidente a partir desses dados, parto e infância se tornaram muito mais seguros. No início da década de 1900, quase 1% das mães morria no parto. Ainda mais impressionante, quase 25% das crianças morriam antes de completar 5 anos (um índice equivalente ao de alguns grupos de caçadores-coletores apresentados na Figura 8.1). Em um mundo assim, todos conheciam alguém que morrera de complicações no parto e que perdera filhos antes do quinto aniversário.

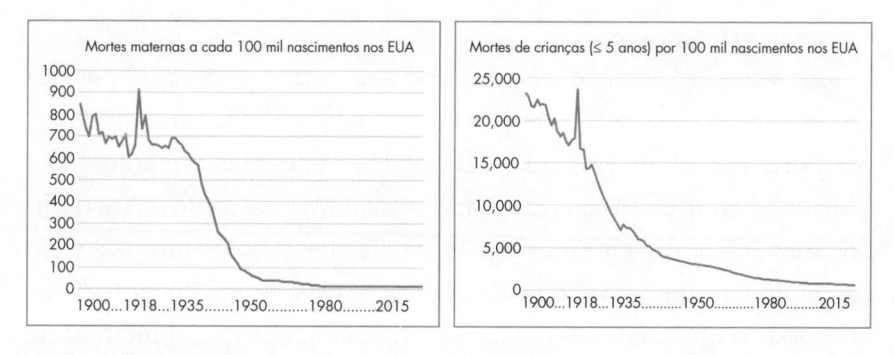

Figura 8.2. Índices de mortalidade materna (*esquerda*) e infantil (*direita*) nos Estados Unidos. (Our World in Data)

Diversos outros avanços em saúde refletem essa tendência positiva. Por exemplo, no início do século XX, 120 de cada cem mil pessoas no Reino Unido morriam de intoxicação alimentar todos os anos. Para contextualizar esse número, era mais perigoso comer peixe com fritas em Oxford em 1890 do que circular pelo centro de Detroit cem anos depois. É possível encontrar estatísticas similares para diversas outras ameaças à saúde e à longevidade, e muitas não diminuíram até muito recentemente.

Talvez essa melhoria na saúde não surpreenda, já que a medicina moderna tem sido uma grande história de sucesso. Mas outros dados mostram que mudanças na segurança não são fruto apenas de avanços médicos — o comportamento das pessoas umas em relação às outras também se transformou. Nós vemos, por exemplo, uma grande queda no índice de homicídios nas cinco maiores cidades dos Estados Unidos (Nova York, Los Angeles, Chicago, Houston e Filadélfia) nos últimos trinta anos. Do fim dos anos 1980 até o início dos 1990, todas essas cidades tinham em média trinta homicídios por cem mil habitantes todos os anos. Em 2015, Nova York e LA tinham menos de um terço do número de homicídios anterior, Houston e Filadélfia haviam cortado o índice anterior pela metade e apenas o recente aumento da criminalidade em Chicago resultou em índices de homicídio mais próximos daqueles que vimos nos anos 1980. Esses dados mostram que viver nas grandes cidades americanas se tornou *muito* mais seguro em apenas trinta anos.

Assassinos podem não ser como todos os outros, então você poderia argumentar, com razão, que esses dados não revelam uma mudança comportamental disseminada. Para evidência de transformação disseminada, dirigir embriagado é um dos melhores exemplos. Até o fim dos anos 1970, dirigir embriagado era não apenas comum, mas visto como um fato inevitável da vida. Talvez o mais impressionante é que as pessoas tratavam isso como uma brincadeira. Quando alguém havia bebido demais em uma festa, os amigos chegavam a ajudar a colocar a chave na ignição e depois riam ao ver a pessoa seguir engasgando pela rua. Em *Medo e delírio em Las Vegas*, Hunter S. Thompson descreve como um policial permitiu que dirigisse para casa para dormir quando ele estava claramente embriagado ao volante. Isso pode ou não ter acontecido, mas é bastante plausível para a época.

Tudo mudou desde o surgimento do grupo Mothers Against Drunk Driving em 1980, que merece o crédito de ter chamado atenção para o fato (reconhecidamente óbvio) de que motoristas bêbados representam perigo para outras pessoas e para si mesmos. Desde 1982, quando foi feita a primeira estatística sobre direção sob efeito de drogas (por si só um fato impressionante), as mortes por dirigir embriagado nos Estados Unidos caíram de mais de 20 mil por ano para menos de 10 mil. Essa melhoria é ainda mais impressionante ao levarmos em conta que os americanos dobraram a quilometragem ao volante desde 1982, o que sugere que havia quatro vezes mais motoristas embriagados nas ruas em 1980 do que há hoje.

Além dessas enormes mudanças na segurança, vieram enormes transformações de posturas. Um caso que serve como meu exemplo preferido disso foi uma vez em que eu estava voltando para casa do jardim de infância em 1969, com o pai policial do meu amigo Andy ao volante. Éramos três ou quatro sentados no banco de trás, e nenhum de nós usava cinto de segurança porque os carros raramente eram equipados com este acessório naquela época. Quando dobramos uma esquina a alguns quarteirões da minha casa, todas as crianças deslizaram pelo banco e me espremeram. Tentei empurrar, mas eles eram pesados demais e eu estava sendo esmagado na porta. Só me lembro que a porta abriu, e eu rolei pela rua até cair em uma vala. O pai de Andy parou o carro para me pegar — nenhuma surpresa nisso, já que ele não poderia chegar à minha casa de mãos abanando —, mas o surpreendente foi a reação de minha mãe quando ele me deixou.

Pense por um instante em como você teria reagido se um amigo estivesse trazendo seu filho de 5 anos da escola e confessasse, constrangido, que a criança havia caído do carro em movimento e rolado pela rua. Mesmo se ele acrescentasse rapidamente a boa notícia de que seu filho não tinha sido atropelado por um dos carros que vinham atrás, você ficaria horrorizado e quase sem palavras.

Já minha mãe examinou meus galos, cortes e arranhões e disse ao pai de Andy que eu parecia bem e que ele não deveria se preocupar; essas coisas acontecem. Para que você não pense que ela era fria e insensível, quando o irmão do meu amigo caiu do carro em circunstâncias similares, a mãe dele o censurou por não se segurar com mais força. Esse era o mundo em que vivíamos não faz muito tempo. Motoristas embriagados eram um incômodo divertido, ninguém usava cinto de segurança (nem sequer imaginava um mundo de crianças em assentos especiais) e não havia problema algum nisso.

Em tal contexto, homicídio ou agressão teriam sido uma tragédia para a família e os amigos da vítima, mas para todos os outros esses crimes eram um pontinho difícil de notar em um quadro de muita morte e violência. À medida que o tempo passa e nós nos acostumamos com alimentos que não nos matam, cintos de segurança, para-brisas laminados, airbags e cachorros que não nos mordem (porque não podem mais circular livremente pela vizinhança), cada incidente isolado começa a ganhar mais destaque.

Aqueles que se opõem a TV e videogames violentos argumentam que essas formas de pseudoviolência nos habituam à coisa real, mas eu acho que os efeitos negativos deste tipo de entretenimento são ofuscados pelo mundo cada vez mais seguro em que vivemos. Não há dúvida de que a internet nos permite ver carnificina real sempre e onde quer que ocorra no mundo, e estou certo de que isso contribui para nossa sensação de que o planeta é mais perigoso do que quando éramos mais jovens. No entanto, nossa experiência cotidiana é de segurança, e desconfio de que nossas sensibilidades aumentadas desempenharam um papel em tornar as pessoas menos propensas a cometer assassinato, estupro e agressão ao longo das últimas décadas.

A segurança crescente e a violência decrescente que vemos *dentro* dos países industrializados também se refletem em níveis decrescentes de conflito *entre* países. Ainda assim, há ameaças constantes à segurança global: conflitos na Europa, no Oriente Médio e na África muitas vezes ganham força; grupos terroristas como o Estado Islâmico buscam inflamar as tensões religiosas; muitas nações sentem saudade de um tempo em que tinham maior influência no cenário mundial e fazem reivindicações territoriais que são inconsistentes com a atual ordem internacional; e, talvez o mais surpreendente, políticos xenófobos demonstram popularidade sólida (e quando este livro era escrito, crescente) mesmo em países ricos e estáveis. Por todas essas razões, a paz e a segurança internacionais não podem ser consideradas garantidas. O restante deste capítulo mostra como nossa psicologia evoluída contribui para esse frágil estado de paz no planeta.

Os humanos evoluíram para cooperar dentro, mas não entre grupos

O capítulo 1 discute como sobrevivemos e prosperamos na savana aprendendo a ser muito mais cooperativos do que nossos primos chimpanzés. A princípio, a troca tem o potencial de nos tornar mais pacíficos, mas acontece que isso é altamente seletivo; nós evoluímos para cooperar com nossos colegas, mas não com membros de outros grupos. A razão para essa dinâmica é que em nosso passado ancestral outras comunidades eram uma imprevisibilidade: algumas vezes uma oportunidade e outras uma ameaça. Quando encontros com outros grupos se revelavam amistosos, nossos antecessores aumentavam as oportunidades de acasalamento (e reduziam a reprodução consanguínea) encontrando parceiros em outros bandos. Mas os encontros se revelavam inamistosos, e os membros dos outros grupos queriam o que nós tínhamos e escolhiam tomar à força.

O arremesso de pedras aumentou drasticamente nossa segurança na savana, mas também criou uma nova ameaça: o poder de matar à distância marcou o começo da guerra de fato eficaz. Assim que ganhamos a capacidade de realizar o apedrejamento coletivo, também adquirimos a habilidade de nos envolver em batalhas encarniçadas. Quando o *Homo erectus* dobrou a aposta nessa capacidade e desenvolveu o planejamento e a divisão de trabalho, estratégias e campanhas militares se tornaram possíveis. Como consequência, a cooperação seletiva apenas entre membros de nosso próprio grupo era uma escolha prudente para nossos ancestrais, já que outros rapidamente se tornaram nossos concorrentes mais perigosos. Assim que nossos antepassados chegaram ao topo da cadeia alimentar, os riscos representados por outros animais diminuíram depressa e os humanos logo se tornaram a maior ameaça.

Como discutimos no capítulo 7, as pessoas em sociedades de pequena escala, muitas vezes, estão em um estado de conflito com outros grupos. Tais conflitos costumam se manifestar em escaramuças e ataques em vez das batalhas encarniçadas que associamos à guerra entre nações industrializadas. Mas escaramuças e ataques também são mortais, em especial a longo prazo, e membros de grupos de guerra bem-sucedidos se beneficiavam de sua violência com o roubo de riqueza transportável, como gado, e a oportunidade de ganhar novas esposas capturando mulheres. Assim, o conflito foi mantido em parte porque pode gerar maior sucesso reprodutivo para membros de grupos de guerra bem-sucedidos.

Além da competição por recursos representada por membros de outros conjuntos, nossos ancestrais também enfrentavam o risco de que estes houvessem sido expostos a diferentes patógenos e, portanto, tivessem o potencial de transmitir novas doenças. Em um mundo antes da medicina, a ameaça de doença era muito maior do que é hoje, então nós desenvolvemos adaptações psicológicas a ameaças de doenças, que são coletivamente caracterizadas como sistema imunológico comportamental. Nosso sistema imunológico biológico lida com patógenos assim que os ingerimos (por exemplo, através do vômito ou encontrando-os e destruindo-os), mas nosso sistema imunológico comportamental evoluiu para nos impedir de ingerir os patógenos em primeiro lugar. Por exemplo, fezes, feridas abertas, infecções e vômito estão cheios deles, então evoluímos para achar a visão e o cheiro disso repulsivos e evitá-los. Pessoas que consideram as feridas abertas de outras pessoas interessantes ou atraentes têm probabilidade muito menor de sobreviver e ter os próprios filhos, portanto a evolução garantiu que nossa repulsa nos protegesse.

Os patógenos variam muito em sua virulência, e nossa psicologia é sintonizada para evitar aqueles germes que nos oferecem maior risco. Como exemplo, considere o seguinte experimento: imagine que você está em um avião, na fila para usar o toalete. Quando chega sua vez, percebe que a pessoa que sai de lá dentro está bastante constrangida.

Você entra, levanta a tampa do sanitário e o motivo fica evidente na mesma hora: há indícios de sua indisposição gastrointestinal por toda parte.

Eis a questão: a situação seria mais repulsiva se o sujeito com dor de barriga fosse seu irmão ou o desconhecido sentado na poltrona 21C? A maioria das pessoas acha a situação mais repulsiva quando o culpado é o da 21C. E há uma boa razão para isso; as fezes de um estranho têm uma chance muito maior de deixá-lo doente do que as fezes do seu irmão. Você tem uma exposição prévia muito maior aos germes do seu irmão do que aos de um estranho, portanto, maior probabilidade de ter desenvolvido imunidade a eles.

Uma versão desse experimento de raciocínio chegou a ser feita com fezes reais, e os resultados foram os previstos. O intrépido Trevor Case e seus colegas da Universidade Macquarie conduziram um estudo no qual pediram que mães de bebês pequenos fossem ao laboratório com as fraldas sujas dos filhos. Os pesquisadores separaram as fezes em recipientes e depois pediram às mães que as cheirassem. As mães eram incapazes de identificar quais fezes eram de quais bebês, mas consideraram o cheiro das fezes dos outros bebês muito mais repulsivo que as de seus filhos. Embora as mães não fossem capazes de identificar, em um nível inconsciente seu sistema imunológico comportamental a afastou das fezes com um volume maior de patógenos desconhecidos.

Experimentos como esse apontam para a refinada sensibilidade do sistema imunológico comportamental e nossa capacidade evoluída de evitar germes que têm mais chance de nos deixar doentes. Vemos mais evidências desses processos na distribuição geográfica de idiomas, religiões e etnocentrismo. À medida que nos deslocamos dos polos para o equador, o número de idiomas e religiões por região aumenta, e as pessoas se tornam mais xenófobas. Esses efeitos podem parecer não relacionados, mas todos esses três processos servem para manter os grupos separados. Quando você não fala o mesmo idioma, quando não partilha uma religião e quando tende a não gostar de membros de outros grupos, é muito menos provável que se relacione com eles.

Por que idiomas e religiões proliferam perto do equador e por que sua frequência também está relacionada ao etnocentrismo? A resposta a essas perguntas está no fato de que a densidade de patógenos é muito maior nos trópicos que em climas temperados e frios. Quando se vive na Suécia são grandes as chances de que qualquer grupo em um raio de oitocentos quilômetros tenha sido exposto aos mesmos poucos deles. Por outro lado, quando se vive no Congo, o grupo do outro lado do vale pode muito bem ter sido exposto a um patógeno com o qual você não teve contato anterior.

Por essa razão, os humanos nos trópicos aprenderam que quando interagiam com outros grupos tendiam a ficar doentes, então teriam parado de fazer isso. Em um mundo pré-científico era lógico culpar os vizinhos por suas doenças (o que, de qualquer modo, era em parte verdade) e, portanto, desgostar deles. Repulsa e medo mantinham os vizinhos separados, e, como não se interagia mais com outros, os idiomas e religiões também divergiram naturalmente. Todos esses processos se perpetuam e servem para reforçar a separação das sociedades.

Os efeitos de patógenos em condutas, comportamentos e crenças que mantêm os grupos separados também tendem a ser mais fortes quando dependem de transmissão de humano para humano (por exemplo, hepatite) do que quando são transmitidos de animais para humanos (por exemplo, malária). Quando outras pessoas têm práticas culturais diferentes das nossas, o comportamento delas não apenas coloca em questão nossas práticas, mas tem também o potencial de levar a diferentes caminhos de transmissão de doenças. Distintas formas de cozinhar, ritos de passagem e sistemas de acasalamento podem levar a novas formas de exposição a patógenos. Nosso sistema imunológico comportamental evoluiu para garantir que cada prática estrangeira nos parecesse não apenas diferente, mas também *errada*.

Embora nosso comportamento tenha evoluído para ajudar a nos proteger de doenças, as condutas que compõem o sistema imunológico comportamental não são dirigidas aos próprios germes. Essas atitudes, na verdade, simplesmente nos levaram a evitar patógenos perigosos, cujas fontes não compreendíamos, enquanto as condutas se desenvolviam. Por exemplo, ao considerar comportamentos diferentes dos nossos errados ou imorais, tendemos a manter distância de pessoas com tais comportamentos, o que nos protege deles.

Como os humanos tendem a moralizar comportamentos que desempenham um papel importante na procriação e na transmissão de doenças (que muitas vezes são os mesmos comportamentos), formas simplesmente diferentes de fazer as coisas logo se tornam imorais caso tenham o potencial de servir como vetor de doenças. Dessa forma, é provável que ameaças de patógenos sejam a fonte subjacente do que é conhecido como preconceito simbólico, ou a animosidade com grupos com práticas e crenças diferentes das nossas. Assim que outras comunidades são vistas como imorais, as pessoas têm muito mais chance de se evitar, e, quando entram em contato, o conflito é muito mais provável.

Por todos esses motivos, nós evoluímos para cooperar com membros de nosso próprio grupo, mas não com de outros. Esse tribalismo muitas vezes é visto como incoerente com nossa natureza cooperativa, mas nossa história evolucionária revela que essas são duas faces da mesma moeda. Nosso tribalismo é causa e consequência de nossa natureza cooperativa, já que nossa capacidade de cuidar dos membros de nosso próprio grupo evoluiu para nos tornar assassinos mais eficazes.

Evidências de nossa cooperação seletiva dentro do grupo podem ser encontradas em muitos lugares, mas talvez a distinção mais clara seja uma entre humanos e chimpanzés. Para obter um indicador de nossas taxas históricas de conflito, Richard Wrangham, da Universidade Harvard, estudou níveis de conflito físico entre populações de humanos caçadores-coletores. Como não têm acesso a leis formais ou à polícia, eles fornecem o melhor indício de qual era o nível de violência de nossa espécie antes do advento do governo moderno. Quando Wrangham comparou o nível de conflito intragrupo entre caçadores-coletores ao de primatas, descobriu que os chimpanzés tinham de 150 a 550 vezes mais probabilidade que os humanos de apelar para agressão física dentro do grupo. Por outro lado, quando estudou casos de agressão e violência internas, descobriu que os índices de violência são os mesmos entre coletores humanos e chimpanzés. Nossa mudança para a savana nos tornou mais gentis uns com os outros, mas esse efeito não existe além dos limites de grupos.

A despeito dessas transformações evolucionárias, conflito e competição continuam comuns dentro dos grupos, já que as pessoas lutam por recursos ou discordam sobre como solucionar problemas comuns. A seleção sexual cria o mais importante desafio à cooperação interna, já que todos são motivados a melhorar seu status relativo aos outros membros. Essas são as razões pelas quais grupos de caçadores-coletores costumam ser assolados por discussões quando o número é superior a vinte ou trinta indivíduos. Ainda assim, a ameaça representada por outros grupos era uma grande força compensatória ao conflito interno. A preferência por cooperar uns com os outros quando ameaçados por outras comunidades foi determinante para nossa sobrevivência, já que a competição entre grupos era uma ameaça existencial, enquanto a competição interna era apenas uma insegurança ao status.

Esses aspectos opostos de nossa psicologia evoluída continuam a se manifestar de formas importantes nas relações nacionais e internacionais. Talvez de forma mais notável, a cooperação dentro dos grupos pode desaparecer com o tempo na ausência de uma ameaça externa. O partidarismo radical e o clima político tóxico nos Estados Unidos foram explicados de muitas formas, mas, do ponto de vista evolutivo, parte da causa subjacente é o desaparecimento da União Soviética. Durante algum tempo o conflito entre partidos políticos foi deixado de lado porque os conflitos internos eram menos importantes do que manter a unidade diante de um inimigo poderoso. A queda da União Soviética marcou o fim da única ameaça existencial real aos Estados Unidos, com a consequência de que os conflitos internos têm menor probabilidade de serem contidos. Sem a ameaça compensatória de um inimigo externo poderoso o suficiente, os partidos cada vez mais veem seus maiores obstáculos não nas ações de outros países, mas nos objetivos e preferências concorrentes de seus rivais domésticos.

O impacto de ameaças externas pode ser visto com facilidade na Figura 8.3, que mostra quão depressa os americanos se uniram em seu apoio ao presidente Bush depois dos ataques de 11 de setembro de 2001. A Figura 8.3 também mostra como esse crescimento do apoio dissipou lentamente, à medida que a ameaça passou a ser considerada menos iminente, para disparar novamente, em menor grau, quando os Estados Unidos invadiram o Iraque.

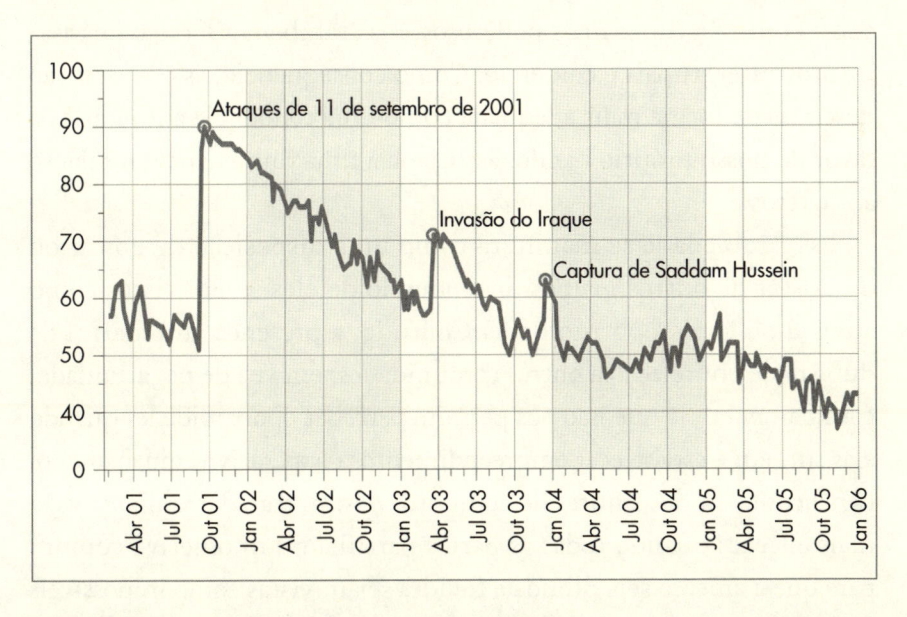

Figura 8.3. Aprovação presidencial antes e depois dos ataques terroristas de 11 de setembro e da invasão do Iraque. (Wikimedia Commons)

Como discutido no capítulo 7, nossos líderes costumam explorar esse aspecto de nossa psicologia evoluída, destacando a ameaça potencial representada por outros grupos como forma de desviar a atenção dos problemas internos ou de sua própria liderança ruim. Essa estratégia aumenta a lealdade e a cooperação dentro do grupo, desse modo fortalecendo a posição do líder, mas esses ganhos têm o custo de perturbar as relações com outros bandos (resultando em perda de comércio e conflito crescente). Assim, nossa natureza cooperativa, na verdade, pode gerar mais conflito entre grupos, em especial, quando líderes valorizam sua posição privilegiada mais que valorizam os objetivos do todo.

A despeito dos substanciais obstáculos representados por esses aspectos de nossa psicologia evoluída à cooperação entre grupos, mesmo aqueles mutuamente desconfiados podem cooperar uns com os outros, e o fazem para atingir metas mais amplas, como comércio e segurança. Sociedades de pequena escala atuais e antigas apresentam numerosos casos de cooperação interna, muitas vezes em coalizões contra outros grupos mais poderosos, mas também a serviço de casamentos intergrupais e comércio. Como consequência, as posturas são descritas de forma mais adequada como uma tendência automática a favor de nosso próprio bando, associada a uma dubiedade em relação aos outros.

Essa dubiedade se manifesta como uma disposição de gostar ou desgostar de outros grupos dependendo de eles serem vistos como ameaça ou como oportunidade. Contudo, a presença automática da dubiedade em relação a outras comunidades, em vez de negatividade, é fundamental, já que isso nos permite perceber oportunidades quando elas surgem e estabelecer empreendimentos cooperativos mutuamente benéficos além dos limites do conjunto. Assim, tratados e alianças são mais eficazes quando todas as partes partilham um objetivo comum para que a ameaça seja diluída e fraudes sejam vistas como impossíveis ou sem benefícios aparentes (mais sobre isso a seguir).

A relatividade perturba as relações nos grupos

Como discutimos no capítulo 4, nossa sensação de justiça é determinada pela comparação entre nossos resultados e os dos outros em nossa rede social. Essa relatividade é fruto do fato de que o posicionamento na hierarquia de status é um determinante fundamental na atração que se exerce como parceiro. Diferenças de status *entre* grupos também são determinantes importantes de resultados individuais. Quando o *Homo sapiens* começou a colonizar áreas distantes do planeta, nós entramos em conflitos frequentes com outros povos por recursos. De fato, grande parte da história humana tem sido uma narrativa de bandos mais fortes expulsando os mais fracos de áreas de caça preferidas, fontes de água e locais de pesca. Nós ficamos maravilhados com a audácia de nossos ancestrais que partiram para o desconhecido, mas boa parte da expansão e exploração humanas reflete desespero no lugar de bravura. O mais comum era que exploração significasse que eles estavam escapando ou sendo forçados a abandonar suas áreas preferidas por seus vizinhos mais fortes ou mais agressivos.

Muitos acadêmicos têm uma visão romântica do nosso passado e gostam de pensar que a violência humana é fruto de nossa vida moderna e da desconexão e anomia criadas pela realidade urbana. Mas, como Steven Pinker mostrou com clareza em *Os anjos bons da nossa natureza*, tal visão é falsa. Se fôssemos tão gentis uns com os outros antes do advento da vida moderna, por que restos humanos antigos mostram tantos ferimentos de projéteis? E por que os ferimentos no lado esquerdo do corpo são tão comuns? Pedras não caem desproporcionalmente no lado esquerdo de nossa cabeça, em nosso braço esquerdo ou na metade esquerda de nossa caixa torácica. Mas armas brandidas por adversários destros sim, então não espanta que tantos de nossos ancestrais tenham encontrado seu fim por causa de ferimentos no lado esquerdo do corpo.

Evidências de hostilidade entre grupos também podem ser encontradas nas antigas moradias em penhascos que marcam o sudoeste americano e vários outros lugares ao redor do mundo. Ao visitarmos esses locais, tentamos imaginar por que alguém escolheria ter bebês e criar uma família na lateral de um penhasco quando poderia ter uma vida muito menos difícil no vale abaixo. A resposta, claro, é que as pessoas escolheram morar em penhascos no Colorado e no Novo México porque eram mais seguros do que o vale abaixo.

Vales oferecem menos risco de queda, mas, quando seus habitantes são desagradáveis, podem ser lugares muito perigosos. Moradias em encostas oferecem proteção contra ataques, mas a um alto custo de vida, especialmente quando as pessoas acessavam suas moradias escarpadas por escadas frágeis na melhor das hipóteses. Essas residências perigosas oferecem provas de expansão motivada pela fuga e mostram o custo para um grupo de pessoas quando outro se torna comparativamente mais poderoso. Por essa razão, a equidade relativa pode ser tão importante externa quanto internamente.

Em função da importância da equidade relativa, os humanos desenvolveram uma percepção aguçada à possibilidade de serem enganados. Essa sensibilidade pode ser vista em diversos aspectos da psicologia humana. Um deles é a grande capacidade de resolver problemas que são postos em termos de identificar pessoas desonestas — e não em termos de regras gerais de lógica. Considere o seguinte problema, adaptado de experimentos conduzidos por Leda Cosmides e seus colegas da Universidade da Califórnia em Santa Barbara. Na Figura 8.4, uma série de cartões indica o que as pessoas comem ou bebem no café da manhã. Um lado mostra o que a pessoa come, e o outro, o que bebe. Sua tarefa é virar o menor número de cartas possível para testar a correção da regra "Todos que comem cereal também bebem suco de laranja".

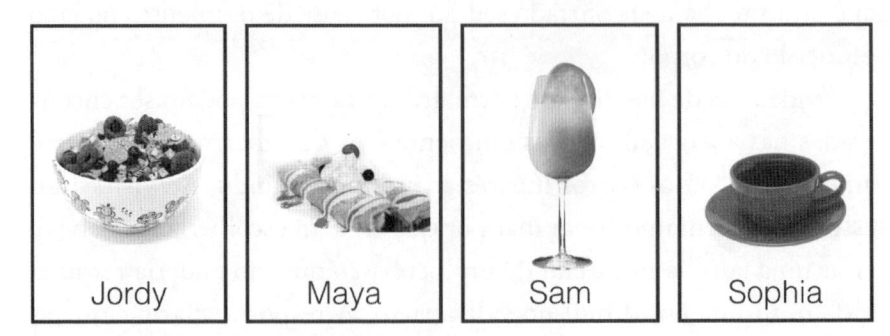

Figura 8.4. Regra a ser testada: "Todos que comem cereal também bebem suco de laranja."

Como se pode ver, Jordy come cereal e Maya come panquecas, mas não podemos ver o que eles bebem. Sam bebe suco de laranja e Sophia toma café, mas não vemos o que eles comem. Se você quer testar a regra de que todos que comem cereal também bebem suco de laranja (virando o menor número possível de cartões), quem você conferiria? O que Jordy e/ou Maya bebem? Ou o que Sam/Sophia comem? Segundo Cosmides e seus colegas, esse deveria ser um problema relativamente difícil de resolver, já que ele se baseia em lógica formal. Faça uma pausa para decidir você mesmo.

Antes de chegarmos à resposta a essa pergunta, consideremos uma versão alternativa do problema que Cosmides também deu aos participantes. Nessa outra questão sua tarefa é testar se as pessoas estão quebrando a seguinte regra: "As pessoas não podem tomar suco de mandioca a não ser que tenham uma tatuagem."

Na Figura 8.5, podemos ver que Jordy está tomando suco de mandioca e Maya toma suco de laranja, mas não vemos se eles têm tatuagens. Sam não tem tatuagem e Sophia tem uma, mas não vemos o que eles estão bebendo. Se você quer testar se algum deles está quebrando a regra de que precisa ter uma tatuagem caso queira beber suco de mandioca (novamente virando o menor número possível de cartas), quem você confere? Segundo Cosmides, esse deveria ser um problema comparativamente fácil de resolver. Faça uma pausa e veja o que acha.

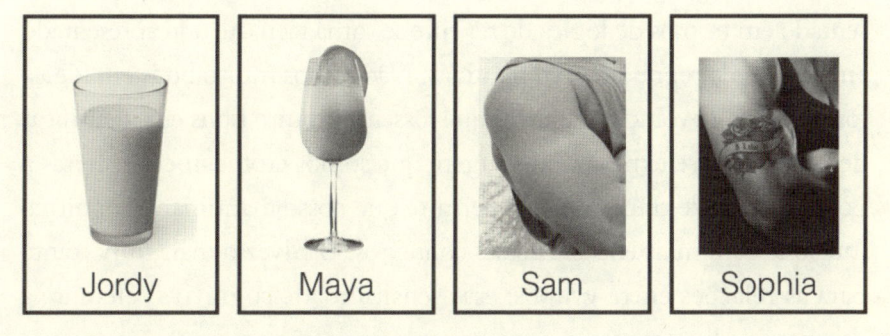

Figura 8.5. Regra a ser testada: "As pessoas não podem beber suco de mandioca a não ser que tenham uma tatuagem."

Retornando ao primeiro problema, se você é como a maioria dos participantes dos experimentos de Cosmides, provavelmente conferiu Jordy para ter certeza de que ele *está* bebendo suco de laranja, mas provavelmente, não checou Sophia para garantir que ela *não* está comendo cereal. Considerando que ela está bebendo café, caso esteja com o cereal estará violando a regra de que todos que comem cereal também bebem suco de laranja. Como consequência, conferir essas duas pessoas é fundamental para identificar se a regra foi violada. Não importa o que Maya está bebendo, já que ninguém disse que quem come panquecas não pode tomar suco de laranja, e não interessa o que Sam come — pela mesma razão. Mesmo quando as pessoas solucionam esse problema, é preciso uma boa dose de concentração para decidir quem verificar e quem pode ser ignorado.

Por outro lado, a maioria das pessoas considera o segundo problema sobre suco de mandioca e tatuagens bastante objetivo, porque lida com nossa propensão evoluída de estar em busca de desonestos. As pessoas costumam conferir Jordy para garantir que ele tem uma tatuagem, e testam Sam para garantir que ele não está pegando suco de mandioca quando não pode. Elas não se importam de conferir Maya, porque a regra não é relevante para ela, e não ligam para o que a tatuada Sophia bebe, porque ela tem direito a suco de mandioca caso queira, mas, claro, não é obrigada a bebê-lo.

O mesmo problema que as pessoas sofrem para resolver quando apresentado em termos de lógica de repente se torna fácil quando apresentado em termos de regras a serem seguidas. Não somos muito bons em lógica formal, mas a evolução garantiu que fôssemos muito bons em identificar desonestos. Esse experimento sugere que somos cronicamente alertas à possibilidade de trapaça, o que permite que nosso maquinário cognitivo funcione com mais eficácia nesses contextos. E talvez o mais importante para as relações entre grupos: essa sensibilidade cognitiva referente à desonestidade desaparece quando as pessoas estão em situações em que julgam impossível ser mentiroso.

Como as preocupações com a equidade relativa e a desonestidade têm impacto nos esforços para conseguir a paz e a segurança global? A conclusão infeliz sobre essas preocupações é que quando grupos, sociedades ou nações tentam negociar tratados de paz ou mesmo acordos comerciais, são frustrados pelo desejo mútuo de garantir que o outro lado não tenha um resultado melhor. Como as preocupações com a equidade são *relativas*, não é suficiente que um acordo beneficie os dois lados em relação ao *status quo*. É preciso que os acordos não pareçam beneficiar um lado mais que o outro. Temores com status relativo garantem que as pessoas rejeitarão um tratado, mesmo que seja melhor que a situação atual, se for visto como dando mais benefícios à outra parte.

Essa preocupação com resultados relativos se combina à capacidade aguçada de percepção sobre possíveis desonestidades e falta de cumprimento das obrigações determinadas pelo acordo. Como as pessoas são tão sensíveis à trapaça, têm reações exageradas diante de qualquer indício disso, e logo deixam de cumprir com suas obrigações para não dar aos outros uma vantagem relativa. Por exemplo: se dois países concordam com uma moratória em testes nucleares, mas desconfiam de que o outro está sendo desonesto, ambos provavelmente começarão a testar em segredo para não ficar para trás em uma corrida armamentista nuclear. Como resultado, qualquer sistema de acordos pode desmoronar rapidamente se não houver capacidade suficiente de identificar os desonestos ou autoridade suficiente para puni-los.

É possível criar regras internacionais para punir desonestos, mas nações soberanas, em geral, detestam aceitar tratados supranacionais que incluam sanções que possam ser aplicadas a elas. Para dar um exemplo recente, a China ratificou a Convenção das Nações Unidas sobre o Direito do Mar em 1996, mas se recusou a aceitar a determinação de 2016 do tribunal internacional de Haia, baseada nesse tratado, que nega a validade de suas reivindicações no Mar da China Meridional. O ministério do Exterior chinês deu uma declaração observando que a decisão "não tem cumprimento obrigatório". A China de modo algum é única nesse sentido, já que uma relutância similar tem sido demonstrada pelo governo norte-americano a permitir que organismos internacionais tenham jurisdição sobre suas ações. Há exceções a essas regras, como existem em muitos acordos comerciais e de armamentos, mas esses tratados, com frequência, são posteriores e não anteriores ao estabelecimento de confiança, ou se dão em campos nos quais os interesses dos rivais são os mesmos.

Por essas razões, soluções técnicas que tornem impossível a desonestidade podem permitir acordos de sucesso — caso contrário, fracassariam por causa da desconfiança. Por exemplo: países poderiam facilmente mentir sobre suas atividades de enriquecimento nuclear, fazendo outras nações refletirem se deveriam fazer seu próprio enriquecimento em segredo. Em resposta a essa situação, os físicos demonstraram que imagens de satélites comerciais podem detectar a produção de plutônio por intermédio de mudanças na atmosfera, desse modo fornecendo evidências claras caso um país esteja desobedecendo suas obrigações segundo o tratado. Tais indícios podem impedir uma corrida armamentista que ninguém quer, mas da qual todos se sentem obrigados a participar para não ficar para trás.

Os humanos evoluíram para se tornar hipócritas que enganam a si mesmos

Interações predador-presa sempre terminam em morte: um se torna jantar ou o outro morre de fome. Em contraste, a competição entre membros da mesma espécie envolve sinais elaborados que buscam deixar claro qual indivíduo é o mais forte, *antes* que o conflito chegue ao ponto de ferimentos. Não é do interesse nem do vencedor nem do perdedor lutar por recursos, já que mesmo os ganhadores se ferem em lutas. Como consequência, é do interesse de ambas as partes determinar quem venceria caso a luta acontecesse, e essa decisão sendo seguida imediatamente por deferência ou fuga por parte daquele destinado a perder. Apenas quando os competidores parecem equivalentes um conflito por recursos se transforma em um combate físico real.

Por essa razão, o duelo entre membros da mesma espécie raramente se baseia em força real, já que a ameaça de força bloqueia o conflito. As batalhas humanas são guiadas pelos mesmos princípios que as dos outros animais, mas o fato de que a guerra é tão comum é uma prova da frequência com que os dois lados são incapazes de concordar em quem ganharia uma luta.

Como ambas as partes costumam ter custos quando uma competição se transforma em violência, disputas entre membros da mesma espécie tendem a ser uma mistura de verdade e exagero dos dois lados, com o objetivo de convencer o rival a recuar. O exagero desapareceria se não houvesse um custo em testar as capacidades de alguém contra as do seu oponente. Se estamos competindo pela última fatia de bolo e eu acho que posso ser mais forte do que você, simplesmente o socarei para descobrir. Mas há um custo notável nesse teste, já que você, provavelmente, dará um soco de volta — uma experiência desagradável na melhor das circunstâncias, ainda mais se você for mais forte do que eu. É esse custo garantido da competição que permite a indivíduos dissimulados exagerar suas forças e amenizar suas fraquezas sem serem desmascarados. Esse tipo de exagero pode ser visto em todo o reino animal, como quando alces ou hienas eriçam os pelos das costas para parecer maiores ou caranguejos crescem pinças desnecessariamente grandes que não são preenchidas com músculos.

Como vimos no capítulo 5, o excesso de confiança que leva ao engano também é comum entre os humanos, que costumam acreditar que são melhores, mais fortes, mais rápidos e mais atraentes do que realmente são. Esse excesso tem um papel fundamental no acirramento das tensões, já que leva os eventuais derrotados em um conflito a acreditar que sairão vitoriosos. Por exemplo, os dois lados da Guerra Civil Americana acreditavam que poderiam vencer em alguns meses e com poucas baixas. Tais crenças enganosas levaram políticos de ambos os lados a orquestrar as mortes de mais de 600 mil de seus compatriotas.

Em combinação com uma ampla falta de cooperação com outros grupos, a crença na probabilidade da própria vitória é uma força que impele ao conflito.

O autoengano desempenha um papel importante na incapacidade do lado perdedor de prever sua derrota, mas o advento das armas nucleares parece ter criado uma nova realidade na qual as pessoas compreendem o valor de contenção de força tão extraordinária em sua não utilização. A vantagem básica das armas nucleares parece estar na compreensão de que mesmo o lado vencedor sofrerá perdas intoleráveis, e, assim, ambos podem continuar a prever sua vitória final, mas escolhem não acirrar.

O autoengano ajuda as pessoas a acreditar não apenas que são mais fortes ou inteligentes do que realmente são, mas também que suas próprias ações são mais morais do que os comportamentos aparentemente idênticos dos outros. Se, por exemplo, eu pegar uma segunda porção de bolo e você acabar sem a sua, posso garantir a mim mesmo que meu aparente egoísmo foi apenas uma distração, já que não notei que você ainda não havia comido a sobremesa.* Se você fizer o mesmo comigo, ficarei chocado com seus maus modos e sua gula.

Como tendo a reapresentar meus próprios motivos sob uma luz favorável, mesmo que você e eu passemos a vida tendo exatamente os mesmos comportamentos, considerarei minhas ações mais morais que as suas. Essa hipocrisia é fundamental para a natureza humana e, como o autoengano em geral, evoluiu para nos ajudar a convencer os outros de que, mesmo quando nossos atos não são exemplares, nossos motivos são os certos. Essa hipocrisia se estende aos outros membros do nosso grupo, já que tendemos a dar ao nosso próprio bando o benefício da dúvida, mas não estendemos essa gentileza aos outros.

Então, confiamos nas intenções de nosso próprio grupo, mas duvidamos das intenções de outros. A despeito de terem um grande arsenal de armas nucleares, os americanos "sabem" que nunca as usarão a não ser em defesa. De fato, para eles é inerentemente óbvio que seu

---

* Acreditar em nossas próprias justificativas é uma forma de autoengano.

arsenal nuclear foi construído para contenção, e não agressão. Mas os americanos não estendem essa confiança aos outros países. Para eles, também é inerentemente óbvio que o Irã não tem necessidade de armas nucleares a não ser para desempenhar um papel desestabilizador no Oriente Médio. Esses "fatos" são tão evidentes para os americanos que quando outros países negam suas intenções agressivas ou questionam suas alegações, essa negação e esse questionamento são vistos como maliciosos e uma postura de barganha estratégica. Claro que do ponto de vista dos rivais dos Estados Unidos, a história se reflete, e tais alegações americanas são altamente suspeitas.

Resumindo, os humanos evoluíram para serem altamente cooperativos, mas a pressão evolucionária subjacente era uma luta pela sobrevivência. Nossa natureza cooperativa evoluiu para nos tornar competidores mais ferozes. Então, não é surpresa que esta nossa natureza não se estenda automaticamente a membros de outras comunidades. De fato, grupos distintos costumavam representar uma séria ameaça à sobrevivência de nossos ancestrais, de modo que a cooperação além das fronteiras do bando se baseava em uma forma muito tênue de confiança. Em função da equidade ser relativa, essa lealdade entre grupos é ameaçada sempre que vemos o outro se beneficiando mais de um acordo do que nós, mesmo se este for claramente mais benéfico do que nenhum acordo. Por fim, como nós hipocritamente enxergamos como positivas as motivações do nosso próprio grupo enquanto suspeitamos dos mesmos motivos em grupos diferentes, não estamos dispostos a estender o benefício da dúvida aos outros, e desconfiamos quando estes não estendem o benefício da dúvida a nós.

Todos esses fatores psicológicos representam importantes obstáculos à nossa capacidade e disposição de conseguir paz e segurança duradouras com membros de outras etnias, religiões e nações. Mas nossa psicologia evoluída também é altamente sensível ao contexto, já que é a flexibilidade da cognição e do comportamento humanos que fez de nós uma história de tanto sucesso evolucionário. Assim, as barreiras à paz impostas por essas tendências psicológicas profundas podem ser superadas — não por intermédio de garantias ou negações, mas de estruturas, processos e acordos que alinhem os interesses de grupos anteriormente hostis ou por tratados e estratégias de validação que superem essas preocupações.

Quando as pessoas veem seus interesses alinhados a outros grupos, ou quando acreditam que é impossível trapacear em um acordo, não ficam mais hipervigilantes em busca de sinais de desonestidade; nem sentem, elas mesmas, a tentação de trapacear. Pode ser difícil alinhar os interesses de diferentes grupos, em especial quando eles têm um longo histórico de conflito, mas numerosas forças sociais podem atingir essa meta com o tempo. Mais democracia, mais consciência e compreensão de outras culturas por intermédio de um maior convívio e muitas outras mudanças sociais conduzem os grupos para a cooperação e para longe do conflito.

A crescente integração da comunidade internacional por meio de viagens, comércio e turismo (bem como a crescente integração pela internet) tem o potencial de criar em muitas pessoas uma identidade de grupo ampliada como humanos, em vez de como membros de determinadas tribos, etnias, países ou religiões. Quando tal alinhamento de interesses e redefinição de fronteiras não é possível, avanços científicos capazes de identificar desonestos, combinados com acordos baseados em uma compreensão realista de nossa psicologia evoluída, criam as circunstâncias que tornam possível a formação de confiança autenticada.

Parte III

Usando o conhecimento do passado para construir um futuro melhor

9

Por que a evolução nos deu a felicidade

Certa manhã de sexta-feira em 2007, os passageiros do metrô de Washington, tiveram uma oportunidade única. Como um estudo em psicologia humana, o *Washington Post* conseguiu que Joshua Bell, um dos maiores violinistas do mundo, se apresentasse em uma estação de metrô no centro da cidade. Por quase 45 minutos Bell tocou música clássica em seu Stradivarius, enquanto mais de mil passageiros entraram bem à sua frente. O *Post* havia feito planos minuciosos para o caso da multidão se tornar incontrolável, mas os preparativos se revelaram desnecessários. Apenas sete pessoas pararam para escutar Bell por mais de um minuto.

O que aqueles passageiros não sabiam era que milhares de pessoas pagam uma pequena fortuna, vestem suas melhores roupas e lutam para encontrar uma vaga para ouvir Bell tocar em sinfônicas no mundo todo, e ainda sentando-se a uma boa distância do mestre. Muito se falou sobre esse experimento e seu resultado. Como o mesmo homem podia ser tão procurado e tão prontamente ignorado? Como o *Washington Post* explicou, Bell era "arte sem uma moldura" — no contexto de uma estação de metrô, as pessoas não sabiam compreender sua música e foram incapazes de apreciá-la. Sem dúvida há alguma verdade nessa interpretação, já que o preço de uma pintura dispara quando descobrimos que é um Picasso e desaba quando descobrimos que não é, embora a tela propriamente dita não tenha mudado nada. Mas há mais nessa história do que contexto. Intencionalmente ou não, ao criar aquele acontecimento o *Post* apelou a uma característica profundamente marcada da psique humana.

Como explicação, considere um experimento clássico da psicologia do começo dos anos 1970. John Darley e Dan Batson, da Universidade de Princeton, estavam refletindo sobre a história do bom samaritano e imaginando por que tantas pessoas deixam de ajudar a alma infeliz que foi espancada e roubada. Jesus conta essa parábola para destacar que todos são nossos vizinhos e mesmo o membro mais inferior da sociedade pode desempenhar um importante papel. (Os samaritanos eram um grupo desprezado na época.) Darley e Batson tiraram uma lição diferente, imaginando se talvez o samaritano fosse o único a ajudar porque não houvesse nenhum outro lugar onde precisasse estar. O levita e o sacerdote eram mais importantes que o samaritano, e o fato de terem passado direto pelo homem necessitado levantava a possibilidade de que seu tempo estivesse tomado. Então Darley e Batson decidiram testar se estar apressado permitia prever quem ajuda e quem não ajuda. Os dois pesquisadores são pessoas incrivelmente gentis, mas para provar sua tese, conceberam um estudo com um tom particularmente sádico.

No experimento, ambos pediram a alunos de um seminário que dessem uma palestra breve sobre o que pode ser aprendido com a parábola do bom samaritano. Os alunos receberam uma dessas três informações: (1) eles tinham tempo de sobra para ir ao escritório onde sua apresentação seria gravada; (2) tinham pouco tempo para chegar lá ou (3) teriam de se apressar porque já estavam atrasados. Os alunos então foram dar suas palestras e no caminho encontraram uma pessoa precisando de ajuda.

Darley e Batson haviam pagado a um ator para se deitar no chão e gemer, posicionado de forma que os alunos quase precisariam passar por cima dele a caminho de explicar como é importante ajudar pessoas necessitadas. A questão principal era quantos deles seguiriam o conselho que estavam prestes a dar. De acordo com as previsões de Darley e Batson, os alunos tendiam muito menos a ajudar se estivessem atrasados do que se estivessem com muito tempo. Mas talvez a descoberta mais impressionante de todas foi que, em todas as três condições, apenas 53% dos alunos de seminário pararam pelo menos para perguntar ao homem se ele estava bem.

O extraordinário fracasso desses alunos em ajudar o indivíduo nos dá uma pista sobre por que os passageiros do metrô de Washington não pararam ao passar por Joshua Bell: em ambos os casos, as pessoas estavam concentradas no futuro. Desconfio de que muitos dos alunos de seminário nem sequer notaram a pessoa precisando de ajuda. Eles o viram, já que alguns passaram por cima, mas estavam tão ocupados pensando em como poderiam persuadir outros a prestarem ajuda que não deram ao homem quase nenhuma atenção. Da mesma forma, os passageiros do metrô de Washington, provavelmente, mal ouviram Joshua Bell em meio ao burburinho de seus próprios pensamentos enquanto se concentravam em lidar com o chefe difícil ou o colega de trabalho que continuava a roubar seu almoço da geladeira do escritório.

Como foi discutido no capítulo 6, essa capacidade de viajar no tempo mentalmente e fazer planos complexos para o futuro nos deu uma enorme vantagem seletiva. Infelizmente, ela tem um preço, considerando que o tempo que passamos vivendo no futuro nos distrai do presente. Como consequência, as pessoas deixam de considerar os prazeres (ou as necessidades) do momento porque prestam pouquíssima atenção no aqui e agora. No meu próprio caso, não sei dizer quantas vezes mal senti o gosto de um lanche delicioso porque minha cabeça estava em uma palestra iminente, nas próximas férias ou em como explicar à minha mulher outra multa por excesso de velocidade.

Nossa tendência a viver no futuro e ignorar o presente não é um problema fácil de resolver, embora as várias abordagens de *mindfulness* que existem no planeta reflitam o fato de que muitas pessoas tentam.

A maioria das práticas de meditação ensina as pessoas a viver o momento. Esse é um objetivo louvável, mas incrivelmente difícil de atingir, porque contradiz uma habilidade desenvolvida que nos serviu muito bem no último milhão de anos. Temos uma grande dificuldade de desligar os pensamentos sobre o futuro a não ser que as exigências ou os prazeres do momento sejam tão substanciais que nos arrastem de volta para o aqui e agora.

Meus cachorros, por outro lado, não apresentam sinais dessa luta interior. Eles vivem o momento porque são incapazes de projetar a mente para a frente. Cada petisco que lhes dou é devorado com gosto, não importa se eles acabaram de jantar ou estão indo ao veterinário. Claro que planejar o futuro não é o ponto forte deles, portanto suas vidas estão sob o meu controle e não o contrário. Como em muitas outras coisas, a evolução dá com uma das mãos, mas toma com a outra. E isso, por sua vez, nos leva àquela que pode ser a mais importante de todas as perguntas...

Por que não somos sempre felizes?

Eu sempre fiquei imaginando como seria ganhar na loteria e de repente ter mais dinheiro do que conseguiria gastar. Não vou ganhar porque não jogo, mas claro que o sonho da loteria da maioria das pessoas nunca se torna verdade. Isso não é tão ruim. Por mais difícil que seja acreditar, ganhadores da loteria normalmente não ficam mais felizes depois de ganhar, e alguns poucos são muito *menos* felizes. Não no dia seguinte — esse é um dia muito bom — mas um ou dois anos depois a maioria das pessoas se adaptou ao novo normal e sua felicidade voltou ao que era antes do bilhete vencedor. Podem estar dirigindo um carro mais legal, mas sua mente foca que ainda estão presos no trânsito.

Pior ainda, alguns estão concentrados em todos os problemas que sua sorte lhes trouxe, como amigos e parentes saindo do nada na expectativa de partilhar toda essa sorte. Como Sandra Hayes explicou depois de ganhar os 224 milhões de dólares da loteria de Missouri em

2006: "Eu tive de suportar a ganância e a necessidade das pessoas. (...) Aquelas eram pessoas que você amava se transformando em vampiros tentando sugar minha vida."

A triste verdade é que todos temos sonhos, mas, mesmo quando eles se realizam, nós raramente acabamos mais felizes do que antes. Novos sucessos trazem novos desafios. O ditado popular alemão *Vorfreude ist die schönste Freude* ("A alegria antecipada é a maior alegria") é muito mais preciso que o "felizes para sempre" da Disney.

Por que a evolução faz esse jogo sujo conosco, dando-nos sonhos de conquistas que garantirão felicidade eterna e depois não entregando os bens emocionais quando atingimos nossos objetivos? Alguns culparam nosso mundo moderno e as muitas discrepâncias entre nossas vidas atuais e como costumávamos viver (mais sobre isso depois), só que é mais do que isso. O advento da agricultura levou a grandes mudanças, muitas das quais são prejudiciais à felicidade, mas nossos ancestrais caçadores-coletores também eram incapazes de conseguir felicidade duradoura.

A resposta mais importante a essa questão está no fato de que a evolução não liga se somos felizes, desde que tenhamos sucesso reprodutivo. A felicidade é uma ferramenta que a evolução usa para nos incentivar a fazer o que é do interesse dos nossos genes. Se fôssemos capazes de experimentar a felicidade duradoura, a evolução perderia uma de suas melhores ferramentas.

Como exemplo, considere dois ancestrais hipotéticos, Thag e Crag. Ambos estão sentados em uma caverna durante o Pleistoceno, comendo rabos de lagartos e sonhando em matar um mastodonte. É um senhor desafio se arrastar pelo glacial congelante apenas para encontrar um animal tão perigoso, mas em nossa situação imaginária os dois realizam o sonho e matam o animal sozinhos — na verdade, isso é improvável demais; vamos colocá-los no comando da caçada. Como esperado, ambos estão incrivelmente felizes e são o orgulho de seus respectivos clãs.

Imagine o que aconteceria se Thag permanecesse feliz para sempre enquanto Crag voltasse ao normal em uma semana. Thag não sentiria mais a necessidade de sair e caçar nada, já que ficaria contente de relaxar na caverna e reviver o feito da caçada. Crag, por outro lado, está de novo faminto e motivado, com a necessidade de realizar mais conquistas. Sua ambição constante o fará levantar e voltar ao gelo. Isso resultará em novos sucessos, que vão atrair uma parceira e o respeito do seu clã, e talvez seus amigos, agradecidos, garantam que ele durma um pouco mais perto do fogo.

Mas nosso hippie e contente Thag logo será de pouco interesse para o grupo por culpa de sua falta de produtividade. Ninguém mais vai querer ouvir sua história sobre o mastodonte, e as pessoas começarão a fazer a antiga pergunta: "O que você tem feito por mim ultimamente?" Ele não se importará muito — afinal, é permanentemente feliz —, mas ainda assim sofrerá as consequências sociais e reprodutivas, e haverá menos bebês Thag na geração seguinte. Como fica evidente na história épica de Thag e Crag, nossa incapacidade de conseguir felicidade duradoura levou nossos ancestrais a buscar novos objetivos, o que por sua vez significou que eles deixaram mais filhos na geração seguinte.

Vemos um padrão similar hoje ao estudar os efeitos motivacionais da felicidade ao longo do tempo. Pessoas realmente felizes quase nunca são muito produtivas, porque não precisam. Como explicou Ted Turner: "Você raramente encontra um grande realizador que não seja pelo menos em parte motivado por uma sensação de insegurança." Os dados concordam com Ted. Considere a relação entre felicidade anterior e ganhos futuros documentada por Shigehiro Oishi e seus colegas da Universidade da Virginia na Figura 9.1.

No lado esquerdo do gráfico vemos que as pessoas que eram infelizes em meados dos anos 1980 (indicadas no eixo x) acabaram ganhando menos no começo dos anos 2000 (indicado no eixo y) que seus compatriotas mais felizes. Não surpreende, pessoas felizes são mais entusiasmadas e convincentes do que pessoas tristes, e ser entusiasmadas e convincentes as ajuda a ganhar mais dinheiro.

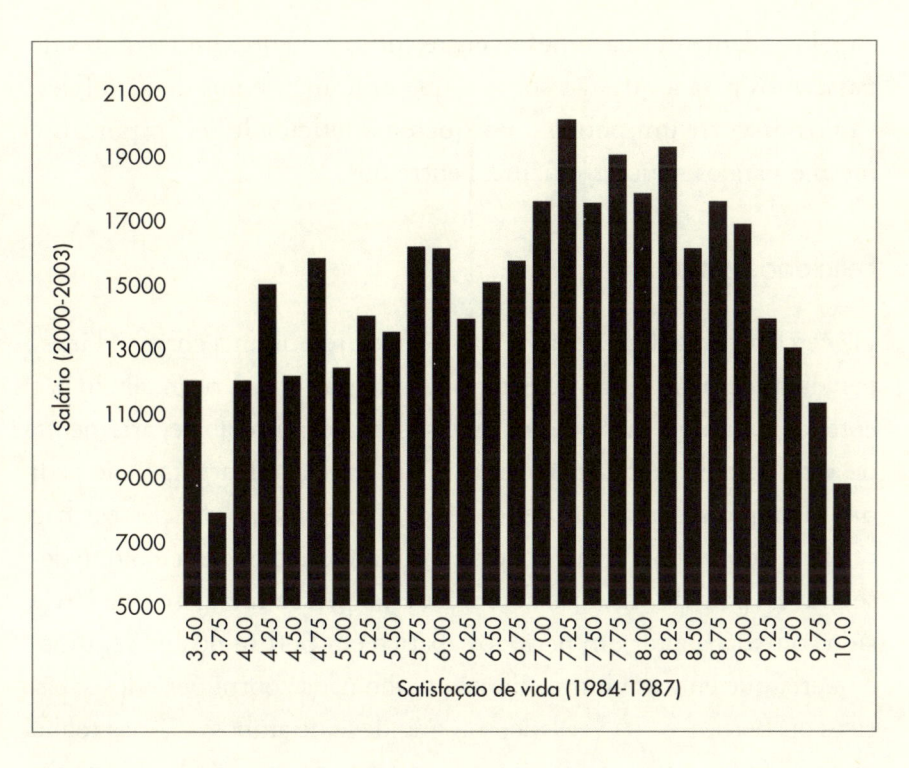

Figura 9.1. A relação entre felicidade anterior e renda posterior (Adaptado de Oishi et al., 2007)

Mais importante para a discussão atual, as pessoas moderadamente felizes que estão do meio para a direita nesse gráfico foram as que mais ganharam dinheiro quinze anos depois, enquanto os ganhos dos muito felizes na extrema direita parecem muito com os dos infelizes. Alguma alegria claramente contribui para o sucesso na vida, mas felicidade demais é uma tragédia financeira. Por isso a evolução nos projetou para sermos razoavelmente felizes, com momentos eventuais de entusiasmo que logo murcham enquanto retornamos a nosso nível padrão de satisfação. Muitos profissionais de autoajuda gostariam de nos fazer crer que conseguir felicidade máxima ou permanente deveria ser nossa meta, mas um ponto de vista evolutivo deixa claro que tal objetivo não é factível nem desejável.

A felicidade evoluiu por um motivo: nos leva a matar mastodontes. Mas ela é mais que apenas uma motivação; também desempenha um papel fundamental na conexão entre corpo e mente. Então, antes de passarmos para a questão sobre o que exatamente nos deixa felizes, vamos discutir um pouco o porquê de a felicidade ser importante mesmo para os maiores ranzinzas entre nós.

Felicidade e saúde

Há cerca de uma década, tarde da noite, eu recebi uma chamada inesperada no celular. Vinha do exterior e a ligação estava ruim, então não entendi seu nome, mas pesquei algo sobre fazer parte do departamento de antropologia do que parecia ser a Universidade Rutgers. Não pedi que ele repetisse, pois me dei conta de que a maioria das pessoas não telefona àquela hora e que logo ficaria claro quem ele era e o que desejava. Depois de algumas amenidades, a pessoa me disse que havia sido convidada a ter um período sabático em Berlim no ano seguinte e queria que eu fosse junto. Eu não tenho nada contra períodos sabáticos ou Berlim — na verdade, sou grande fã de ambos —, mas tenho meus próprios compromissos, então estava recusando educadamente aquele convite incomum quando percebi com quem estava falando: Robert Trivers.

Eu tivera a sorte de conhecê-lo em uma pequena conferência cerca de cinco anos antes daquele telefonema, e, embora só tivesse falado com ele algumas vezes nesse período, ele tinha uma marcante voz rouca que reconheci apesar da ligação ruim. Se era Trivers quem estava me convidando para um período sabático, isso mudava tudo, então pedi que ele esperasse um pouco enquanto eu cobria o fone e perguntava à minha esposa o que ela pensava de um período sabático em Berlim. Ela achou a ideia divertida, então eu disse a ele para contar comigo.

Chegamos ao maravilhoso Wissenschaftskolleg em Berlim em outubro de 2008. O plano era que eu passasse os seis meses seguintes trabalhando com Trivers para ajudá-lo a desenvolver sua teoria do autoengano (discutida no capítulo 5). Trivers é lendário não apenas por seu brilhantismo, mas também por seu temperamento volátil —

você não precisa acreditar em mim; apenas consiga um exemplar de sua autobiografia, *Wild Life* —, e àquela altura eu não o conhecia bem. Então estava um pouco preocupado com o rumo da nossa colaboração. Acabou que nós nos demos muito bem, mas naquela primeira semana tivemos um começo atribulado.

Em uma de nossas primeiras reuniões, Trivers sugeriu que nosso sistema imunológico pode servir como um banco — eu não tinha ideia de o que ele queria dizer com aquilo, mas assenti, concentrado — e que nossa evolução nos orientou para pensamentos positivos à medida que envelhecemos, como forma de fortalecer nosso funcionamento imunológico. (Eu também não tinha ideia do que ele queria dizer com aquilo.) Eu sabia que adultos mais velhos tendem a lembrar de fatos positivos da vida mais que de fatos negativos, enquanto os jovens lembram igualmente de positivos e negativos. A teoria predominante na psicologia para explicar esse efeito é que os mais velhos têm consciência do tempo limitado neste planeta, então priorizam experiências emocionais positivas (em grande medida como estudantes fazem quando estão prestes a se formar e deixar os amigos para trás). Eu sempre achara essa teoria convincente, e sentia que com sua teoria alternativa Trivers estava equivocado. Eu também sabia que a evolução tem um impacto muito maior nas pessoas antes da reprodução do que depois, de modo que uma base evolutiva para o aumento da positividade com a idade me parecia improvável.

Após uma boa dose de discussão (e outra boa dose de explicação), Bob finalmente me convenceu de que a ideia merecia ser testada. Como foi discutido no prólogo, em nosso passado pré-médico, avós desempenhavam um papel importante na sobrevivência dos netos (mais sobre isso depois), o que sugere que sua longevidade é importante para as crianças. De fato, os humanos apresentam diversas adaptações que aumentam o funcionamento no fim da vida, como mudanças em nossa composição genética que nos protegem do Mal de Alzheimer e outras formas de decadência neurológica com impacto apenas em pessoas mais velhas. Essas descobertas abrem a possibilidade de que a evolução também possa moldar o sistema motivacional de pessoas mais velhas para mantê-las vivas pelo maior tempo possível. Mas o que Trivers queria dizer com aquele papo do sistema imunológico como um banco, por que pessoas mais velhas ganhariam com isso e o que aquilo tudo tinha a ver com a importância da felicidade e sua relação com a saúde? Vou responder a essas perguntas uma de cada vez.

Quando consideramos os custos de desenvolvimento e manutenção, nosso cérebro é nosso órgão mais caro. Demanda 20% de nossa energia metabólica o tempo todo, estejamos solucionando problemas matemáticos ou assistindo a reprises na TV. Em função da necessidade constante de energia, não há como pegar energia do cérebro quando nossa necessidade de energia supera a oferta. Por outro lado, nossos músculos usam muito mais energia quando estão ativos do que em repouso, portanto, a princípio podemos pegar energia emprestada dos músculos nos sentando e relaxando. O problema com essa estratégia é que a maioria das emergências que nossos ancestrais enfrentavam e exigiam energia demandava uma reação muscular. Não havia como pegar energia emprestada de nossos músculos durante uma emergência porque se sentar quando um mastodonte aparecia não era uma opção eficaz.

Isso nos leva ao nosso sistema imunológico, que também funciona a um alto custo metabólico, mas em grande medida a serviço de necessidades futuras em vez de presentes. A todo momento nós temos um número enorme de células imunológicas correndo por nosso corpo, então podemos nos permitir uma pausa momentânea na produção se as exigências de nosso suprimento de energia metabólica se tornarem graves. Quando nosso corpo precisa de mais energia do que dispõe, uma das primeiras coisas que ele sacrifica é a função imunológica.

Quando nossos ancestrais enfrentavam grave necessidade energética? Correr de tigres-de-dentes-de-sabre famintos e espancar inimigos com um porrete seriam bons exemplos. Quando você consegue sentir o hálito quente de um tigre em seu pescoço enquanto corre os últimos metros até a árvore mais próxima, não é mesmo necessário desperdiçar energia produzindo mais células imunológicas para combater o resfriado de amanhã. Você precisa é transferir todos os recursos disponíveis para suas pernas na esperança de que consiga viver para ter outra tosse ou dar outro espirro. Como lutar e correr para salvar a vida não são momentos felizes, a evolução se valeu desse fato para relacionar nossos sistemas corporais aos nossos estados psicológicos.

Como resultado, nosso sistema imunológico evoluiu para funcionar a plena capacidade quando estamos felizes, mas desacelerar drasticamente quando não estamos. Por isso, a tristeza a longo prazo pode matar você. De fato, ao passar dos 65 você fica melhor fumando, bebendo e comendo demais com seus amigos do que sozinho em casa.

Com esse histórico em mente, Trivers levantou a hipótese de que adultos mais velhos desenvolveram uma estratégia de inverter essa relação na cabeça, tornando-se mais concentrados em coisas positivas da vida em um esforço de fortalecer seu funcionamento imunológico. Tal estratégia seria mais sensata para pessoas mais vividas que mais novas por duas razões. Primeiro, as mais velhas têm um sistema imunológico mais fraco que as mais novas, e enfrentam maior ameaça de tumores e patógenos. Segundo, as mais velhas sabem muito mais sobre o mundo que as mais jovens, então não precisam prestar tanta atenção ao que acontece ao redor. Por exemplo, quando pessoas mais velhas interagem com um bancário mal-humorado ou um comissário de bordo exausto, têm uma gama de experiências semelhantes das quais se valer e podem reagir bem à situação sem precisar pensar muito. Como consequência, conseguem lidar melhor com algumas das coisas desagradáveis da vida.

Quando voltei de Berlim para meu laboratório na Universidade de Queensland, levantei essa hipótese com minha colaboradora Julie Henry e, com Trivers, perguntamos se minha aluna Elise Kalokerinos gostaria de ficar à frente dessa ideia e utilizá-la em seu doutorado. Ela achou divertido, então começou a pensar em executar os testes. Ao longo do ano seguinte, levou ao laboratório pessoas jovens e velhas e mostrou a elas fotografias de coisas boas, como filhotinhos, e fotografias de coisas repulsivas, como quedas de avião, e depois testou sua memória das imagens. Certamente nossos participantes com mais de 65 anos tendiam a lembrar mais dos filhotinhos que das quedas de avião (o que sugere que prestavam mais atenção ao positivo), enquanto os mais jovens lembravam igualmente bem de ambas.

Elise então pediu aos participantes mais velhos para retornar ao laboratório um e dois anos depois para tirar sangue e avaliarmos seu funcionamento imunológico. O sistema imunológico é vasto, mas nesse estudo inicial decidimos nos concentrar em uma classe de células brancas do sangue conhecidas como CD4+. Essas células facilitam o funcionamento imunológico ativando outras células brancas (conhecidas como células B) para produzir anticorpos. Elise descobriu, um e dois anos depois, uma associação entre melhor memória para imagens positivas (em vez de negativas) e contagens maiores de CD4+, assim como contagens menores de ativação de CD4+.[*]

Uma contagem mais alta de CD4+ normalmente indica uma preparação maior para combater doenças. Por outro lado, uma alta ativação de CD4+ indica que a pessoa está ocupada combatendo uma infecção e, portanto, enfrenta uma saúde ruim. Em outras palavras, quanto mais positivas eram as lembranças, mais saudáveis estavam as pessoas no ano seguinte e no outro. Essa relação entre memória positiva e CD4+ levanta a possibilidade de que nos concentrando nos aspectos positivos da vida, fortalecemos nosso próprio funcionamento imunológico.

Essas descobertas não combinam com a teoria de que a positividade com a idade é causada pela consciência das pessoas mais velhas de seu tempo limitado no planeta; mas são coerentes com outras pesquisas mostrando que a felicidade desempenha um papel importante na saúde e na longevidade. Por exemplo, quando pesquisadores, intencionalmente, expõem pessoas a vírus da gripe, descobrem que as pessoas felizes e com bom apoio social têm menor probabilidade de pegar um

---

[*] Células CD4+ ativadas ficam ocupadas combatendo infecções; antes da ativação estão disponíveis apenas caso necessárias.

resfriado que pessoas infelizes e com apoio social ruim. As felizes e com apoio também ficam curadas mais rapidamente quando feridas em nome da ciência.

Esse efeito também vale para nossos primos primatas. Macacos selvagens das montanhas do Marrocos com laços de amizade mais fortes apresentam menor reação de estresse fisiológico (isto é, menos hormônios esteroides em suas fezes) a clima frio e agressão de outros primatas. Repare que as questões fundamentais para eles e para nós são amizade e apoio social. Relacionamentos satisfatórios desempenham um papel importante no bom funcionamento imunológico.

Meu experimento preferido sobre esse efeito é o de Jan Kiecolt--Glaser e seus colegas da Universidade Estadual de Ohio. Nesse estudo, eles levaram casais ao laboratório em duas oportunidades diferentes para criar bolhas na face interna dos antebraços usando pequenos aparelhos de sucção a vácuo. Após produzirem oito delas nos participantes, eles cortaram a pele no alto das bolhas e colocaram pequenos tubos plásticos. (Sei que isso soa horrível, mas aparentemente não é tão ruim assim.) Esses tubos se tornaram câmaras artificiais que os pesquisadores podiam usar para coletar secreção e examinar as reações imunológicas celulares durante todo o experimento.

Na primeira visita ao laboratório, os pesquisadores pediram aos casais que discutissem a história de sua relação e na segunda pediram que discutissem áreas de conflito no momento (como dinheiro ou parentes). Os pesquisadores não estiveram presentes durante essas conversas, mas as gravaram para análise posterior. A despeito da natureza parcialmente pública do ambiente, os casais se dispuseram a falar com franqueza (por exemplo, "Você só está sendo gentil para eu fazer sexo com você à noite" e "Você está sendo maldoso de propósito").

Esse experimento produziu diversas descobertas interessantes. Em primeiro lugar, as bolhas demoraram um dia a mais para curar depois das discussões sobre conflitos do que depois das conversas iniciais mais positivas. Em segundo, elas demoraram mais *dois* dias para curar entre casais que foram hostis durante as discussões sobre conflitos em comparação com os que não foram. Em terceiro, a atividade celular imunológica dentro das bolhas refletia o que estava acontecendo na cura. Houve grandes aumentos na inflamação depois de discussões hostis sobre conflitos, mas quase nenhum aumento na inflamação após discussões não hostis.

Essas reações inflamatórias estão envolvidas em doença cardiovascular, diabetes e outras doenças, e, exatamente, por isso, casamentos felizes nos ajudam a viver mais e infelizes (e solidão) abreviam nossas vidas. Essas descobertas também esclarecem por que mesmo pessoas que gostam de viver sozinhas precisam de contato humano regular, de um grupo que seja importante para elas e de amizades significativas. As pessoas diferem no número de amigos de que precisam e com que frequência precisam vê-los, mas todos precisam de ligações sociais para manter a saúde e a felicidade.

Então, qual é o objetivo da felicidade? Como você pode ver, não há uma resposta única para essa pergunta. A felicidade nos motiva a fazer coisas que nos ajudam a sobreviver e reproduzir, mas não é um objetivo em si. A evolução muitas vezes sacrifica nossa felicidade em prol de outros objetivos; aqueles que não conseguem sentir dor e desespero são gravemente limitados em sua capacidade de aprender a evitar pessoas, situações e ideias ruins. De fato, emoções negativas são tão importantes quanto as positivas (talvez até mais) já que o custo de planos fracassados pode superar em muito os benefícios do sucesso.

Vimos no capítulo 5 que a felicidade é evidente aos outros e seu valor como indicador não é ignorado pelas pessoas que tentam avaliá-lo como um potencial parceiro, aliado ou inimigo. Nesse sentido, a felicidade é uma emoção social fundamental. Também funciona como um sinal para nosso próprio corpo, comunicando que este seria um bom momento para gastar energia em cura e prevenção de doenças.

10

Descobrindo a felicidade em imperativos evolucionários

Agora que discutimos o objetivo da felicidade, podemos nos voltar para a questão do *quê* exatamente nos deixa felizes. Como a evolução moldou nosso sistema motivacional, considerar os nossos imperativos evolucionários deve nos dar alguma noção de como levar uma vida boa.

Considerando nossos imperativos particulares, dá para imaginar que um guia evolucionário para a felicidade seria um folheto bem curto, ou talvez apenas a simples equação:

$$C^{omida} + S^{exo} = F^{elicidade}$$

Sem dúvida há alguma verdade nessa equação, mas a história também é muito mais complexa. A felicidade pode ser uma questão de obedecermos a nossos imperativos evolucionários, mas tais imperativos muitas vezes conflitam uns com os outros, e é necessária uma boa dose de sabedoria e autoconhecimento para lidar bem com eles. Esse desafio pode ser visto prontamente em nossos dois objetivos principais de reprodução e sobrevivência. A despeito do fato de que precisamos atingir ambos para transmitir nossos genes para a geração seguinte, a reprodução é a moeda da evolução, e a sobrevivência é importante apenas na medida em que serve a esse objetivo.

Os desafios inerentes a administrar nossas necessidades evolucionárias são amplificadas por diversas outras complexidades, algumas antigas, outras modernas. Entre as antigas, embora nossos imperativos sejam universais, nossas estratégias para atingi-los não são. Para muitas espécies há apenas uma forma de seguir em frente na vida. Se você é um besouro rola-bostas macho, precisa ser capaz de rolar uma bola de fezes muitas vezes mais pesada do que seu próprio corpo. Se é um alce macho, precisa ser capaz de derrubar outro alce sobre o traseiro dando cabeçadas. Mas para os humanos o número de estratégias disponíveis só é limitado pela sua imaginação. Eu cacheio, aliso ou corto os cabelos? Eu clareio os dentes ou gasto dinheiro em um aparelho? Eu poso para minha foto no Tinder ao lado de minha coleção de selos ou de meu troféu de boxe? Para entender como conseguir felicidade, precisamos entender como *cada* uma de nossas personalidades, tendências e capacidades pode fazer de nós um sucesso. Nem todas as estradas levam à felicidade, mas diferentes delas combinam com pessoas distintas.

Entre as modernas, nosso mundo altamente tecnológico continua a desenvolver novos truques para atrapalhar nossa busca pela felicidade, valendo-se do que Robert Trivers chama de indulgências fenotípicas. Indulgências fenotípicas, embora prazerosas, são apenas substitutas para nossas preferências evoluídas. Álcool e drogas, televisão e até batatas fritas são indulgências fenotípicas. Imitam antigos prazeres sem gerar os resultados que tornavam aquelas antigas atividades adaptativas e, portanto, prazerosas. (Pense na diferença entre assistir a *Friends* e ter amigos.)

Se a noção de que os humanos têm imperativos evolucionários lhe parece determinista demais, é importante lembrar que nós também evoluímos para sermos a espécie cognitivamente mais flexível do planeta. Como discutimos no capítulo 2, os humanos precisam aprender um volume extraordinário de informações para sobreviver e prosperar, e, mais que qualquer outro animal, nós escolhemos o roteiro da nossa vida. Isso não significa que conseguimos encontrar felicidade em tudo que fazemos — a maioria de nós não consegue —, mas significa que *podemos* decidir a importância da felicidade em nossa vida, bem como o modo mais frutífero de buscá-la. Compreender a natureza humana por intermédio das pressões exercidas por nosso passado evolutivo pode nos guiar nessa busca e também nos ajudar a compreender a própria satisfação.

Um guia evolutivo para a felicidade

A evolução depende de reprodução, acima de tudo. Mas esse fato levou a dois equívocos comuns. O primeiro é a crença de que precisamos ter nossos próprios filhos para transmitir nossos genes. Na verdade, também podemos ter sucesso evolutivo aumentando o sucesso reprodutivo de nossos parentes. As pressões evolutivas podem levar as pessoas a serem um bom tio ou uma boa tia da mesma forma que um bom pai, e o resultado é em grande medida o mesmo. Ajudar sobrinhos e sobrinhas garante que cópias dos bons genes dos tios ou das tias terão maior chance de chegar à geração seguinte.

O segundo é a crença disseminada de que a evolução nos deu um desejo de reproduzir. Só porque a evolução depende da reprodução não significa que os humanos desenvolveram um desejo de ter filhos. Até muito recentemente em nossa história evolutiva não tínhamos ideia de que as relações sexuais geravam filhos, de modo que a evolução não ganharia nada nos dando um desejo de filhos. Em vez disso, nos deu um forte desejo de sexo, e então (como somos uma espécie que demanda cuidados de pais), adicionou uma tendência a sentir carinho por qualquer criança que produzimos. Desenvolvendo desejo sexual, mais cuidados e atenção, chegamos ao mesmo resultado a que chegaríamos se tivéssemos desenvolvido desejo de filhos e soubéssemos como produzi-los. Essa combinação de querer sexo e sentir carinho pela prole resultante funciona para nós e todos os outros mamíferos (ou, pelo menos, todas as outras fêmeas mamíferas; cuidados biparentais são raros entre nossos primos peludos).

Você pode argumentar que um desejo de sexo na ausência de um desejo por filhos é ineficaz, e de fato é. Os humanos (e outros primatas) têm todo tipo de sexo "desperdiçado" que não pode levar à reprodução. Desconfio de que a evolução das mãos foi seguida 45 minutos depois pela invenção da masturbação, que teria sido impossível com cascos e arriscada demais com garras. Ainda assim, desde que nos envolvamos o suficiente no tipo de atividade sexual reprodutiva, o custo da energia desperdiçada com o sexo não reprodutivo provavelmente será baixo.

Em função do papel central do coito na reprodução, atividade sexual frequente (em especial se você pode conseguir isso com alguém de quem goste) é um segredo para a vida boa. Mas apenas atividade sexual frequente é insuficiente para reprodução bem-sucedida e, portanto, insuficiente para uma vida feliz. O longo período de dependência dos filhos humanos determina que a criação também é determinante para a reprodução. De fato, é tão difícil criar crianças que os pais mal são suficientes, e por isso a evolução inventou os avós.

Como foi discutido no prólogo, Lahdenperä e seus colegas descobriram que nossos ancestrais tinham maior probabilidade de sobreviver à infância e as mães maior probabilidade de ter filhos em rápida sucessão se contassem com a ajuda de uma avó. Como a evolução as criou? Ao impedir que as mulheres produzissem mais filhos enquanto ainda tinham muito vigor, a evolução deu a elas a oportunidade de se concentrar nos netos em vez de nos filhos.* Por isso, as fêmeas humanas desenvolveram a menopausa.

Como pode ser visto na Figura 10.1, quando Susan Alberts e seus colegas da Universidade de Duke compararam humanos com outros

---

* Lembre-se de que na época as mulheres não tinham controle da própria fertilidade.

primatas, descobriram que somos únicos entre nossos primos primatas na tendência de as fêmeas viverem mais que sua fertilidade. Os outros antropoides e macacos nesse gráfico estão na linha diagonal, indicando que permanecem férteis até a morte. Por exemplo, fêmeas de chimpanzé tendem a dar à luz até no máximo por volta dos 40 anos, e a viver até no máximo os mesmos 40 anos. O exemplo humano é dos caçadores-coletores !Kung, que têm acesso a pouco ou nenhum cuidado médico moderno e, portanto, podem nos dar uma noção melhor de como nossos ancestrais viviam do que conseguiríamos com humanos vivendo em países industrializados. Percebemos que a maior idade em que as mulheres !Kung tendem a dar à luz é com quarenta e poucos anos, mas tendem a viver até a metade da sétima década. Se não houvesse a necessidade de avós, seria um arranjo evolucionário incomum mulheres viverem além de sua fertilidade por margem tão grande. (Lembre-se, a evolução não se importa com a sobrevivência pela sobrevivência.)

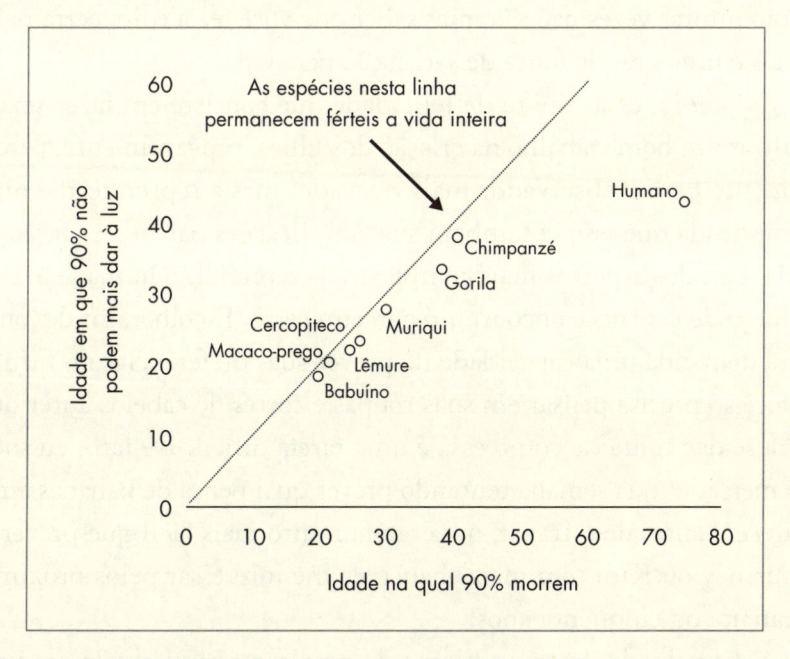

Figura 10.1. Longevidade e fertilidade da fêmea em vários primatas.
(Alberts et al., 2013)

Criar e ensinar nossos filhos e netos é, portanto, uma fonte importante de satisfação na vida. Isso não significa que tenhamos evoluído para desfrutar de todos os momentos que passamos com eles — quando meus filhos eram pequenos, a manhã de segunda-feira e a volta para a escola não chegavam depressa o bastante —, mas significa que temos uma enorme satisfação de ver nossos descendentes diretos tendo sucesso na vida. Alguns minutos na formatura do seu filho ou em seu casamento deixam isso muito claro.

O ponto seguinte pode soar sexista, mas como discutimos no capítulo 4, as mulheres têm um investimento biológico obrigatório muito maior do que o dos homens na criação dos filhos. Como consequência, é provável que criar filhos (e netos) tenha um papel maior na satisfação de vida feminina do que na masculina. Seja como for, é do interesse dos homens e das mulheres facilitar a sobrevivência da prole e daqueles parentes mais próximos, desse modo garantindo que a geração seguinte seja uma importante fonte de felicidade para todos. Isso não significa que as tarefas cotidianas de criação sejam divertidas, como muitas vezes não são, mas saber que você fez a coisa certa pelos filhos é uma grande fonte de satisfação pela vida.

Até agora, essa receita de felicidade que consiste em fazer sexo e realizar um bom trabalho na criação dos filhos, provavelmente, parece evidente para o observador mais relaxado, mas a reprodução é mais complicada que isso, e também suas implicações para a satisfação de vida. Um dos aspectos mais complexos da reprodução humana é, para começo de conversa, encontrar o parceiro certo. Escolher um de longa data demanda uma capacidade de prever suas preferências no futuro, e você só precisa pensar em suas roupas e cortes de cabelos anteriores para se dar conta de como essa é uma tarefa difícil. De fato, eu sofro no mercado toda semana tentando prever qual penca de bananas amadurecerá antes de estragar, uma tarefa muito mais fácil que prever se Courtney ou Kim têm mais chance de me interessar pelos próximos quarenta ou cinquenta anos.

A dificuldade desse problema de previsão é exacerbada em uma espécie como a nossa, que forma ligações duradouras, já que essa é uma decisão mútua. Se nós fôssemos pererecas australianas, todas as fêmeas poderiam acasalar com o macho mais desejável, já que o papel dele no processo não envolve nada além de fertilizar os ovos. Mas como nós trabalhamos juntos para criar nossos pequenos, não é possível a todas as mulheres acasalar com o homem mais desejável, ou vice-versa. Em vez disso, os acordos resultantes, determinados pela disponibilidade limitada e a escolha conjunta determinam que troquemos alguns aspectos preferidos por outros, e, é claro, que pessoas diferentes provavelmente farão trocas diferentes ao escolher um parceiro. Você pode se importar mais com gentileza, eu posso estimar valores compartilhados, e alguém pode se preocupar especialmente com inteligência, beleza ou finanças.

A melhor forma de resolver o problema da mutualidade é ser o mais desejável possível, já que isso aumenta as chances de que aquele que você ama também o ame. Por essa razão, a evolução nos motiva a fazer coisas que aumentem nossas chances de atrair e manter a pessoa com quem mais queremos fazer sexo e ter filhos. Em outras palavras, você tenta ser o que o outro está procurando.

O que o parceiro busca muitas vezes parece ser um dos grandes mistérios da vida, mas, na verdade, não é tão misterioso assim. Homens e mulheres muitas vezes procurando o mesmo em um parceiro; gentileza e generosidade estão perto do topo da lista de todos, e não faz mal ser sensual, divertido e inteligente. Mas, como discutimos no capítulo 4, não é suficiente ser inteligente ou sensual. É fundamental ser mais inteligente e mais sensual que as pessoas ao redor, ou você ainda será escolhido por último. Todos os nossos atributos são relativos. Isso não significa que você precisa estar no topo em todos os setores, mas que precisa se destacar naquelas áreas em que tem as melhores perspectivas. No meu próprio caso, minha gigantesca estatura de 1,65 metro, combinada com um pulo vertical de 20 centímetros significaram que minhas perspectivas eram poucas no basquete, de modo que nunca me esforcei muito no jogo. Mas minhas probabilidades eram melhores no tênis, e dediquei bastante tempo à quadra em uma tentativa (fracassada) de melhorar.

É importante ter em mente que nunca busquei a excelência na quadra para conquistar a garota (embora a jaqueta de couro do ensino médio e tudo que aquilo implicava pudessem ter passado pela minha cabeça). Eu acreditava que praticava por adorar o jogo. No fim não importa muito qual acreditamos que seja nossa motivação. O que faz diferença são as consequências de nossas ações. Se ser um grande tenista é atraente aos outros, meu "amor ao jogo" teria evoluído porque aumentava meu sucesso reprodutivo.

Da mesma forma, o impulso para ser melhor que aqueles ao nosso redor muitas vezes surge como um desejo de maestria. A maestria é importante porque nosso conjunto único de habilidades nos diferencia dos outros e nos torna desejáveis como parceiros. Mas a sua busca pode ser cara, já que a preocupação subjacente com status relativo pode nos lançar em uma roda-viva hedonista, com cada realização murchando depressa enquanto nos esforçamos para acompanhar (ou melhor, superar) os Jones. Como nosso ancestral Crag, assim que derrotamos os Jones, ficamos de olho nos Smith. Em consequência, indicadores de sucesso como a riqueza têm um efeito banal na felicidade a não ser que tenhamos mais que aqueles ao nosso redor, o que nos leva a crer que é status, e não dinheiro o que estamos buscando. Dois conjuntos de descobertas ilustram bem isso.

Com relação a status, pesquisas com macacos demonstram que quando eles chegam ao topo da hierarquia há no cérebro deles um aumento na sensibilidade à dopamina (a droga evolutiva do prazer). Como resultado dessa maior sensibilidade à substância, os macacos no topo deixam de gostar de cocaína (uma droga que assume o controle do sistema da dopamina). Quando podem escolher entre cocaína e água com sal esses macacos não têm preferência. Em contraste, primatas na base da hierarquia do status têm pouca sensibilidade à dopamina e se tornam ávidos consumidores de cocaína. Dados como esses confirmam a sabedoria comum de que alto status nos deixa felizes e baixo nos deixa tristes.

Com relação a dinheiro, assim que as pessoas saem da pobreza, a relação entre riqueza e felicidade não é tão forte quanto se poderia pensar. Ainda mais importante, se toda a sociedade elevar sua riqueza ao mesmo tempo, os aumentos acima da faixa de pobreza *não* geram maior felicidade. Zero. Esse efeito pode ser visto comparando satisfação de vida e poder de compra nos últimos cinquenta e cinco anos nos Estados Unidos (Figura 10.2). Como fica evidente no gráfico, aumentos drásticos em riqueza real em toda a sociedade (isto é, controlando a inflação) não levaram a aumentos relacionados de felicidade.

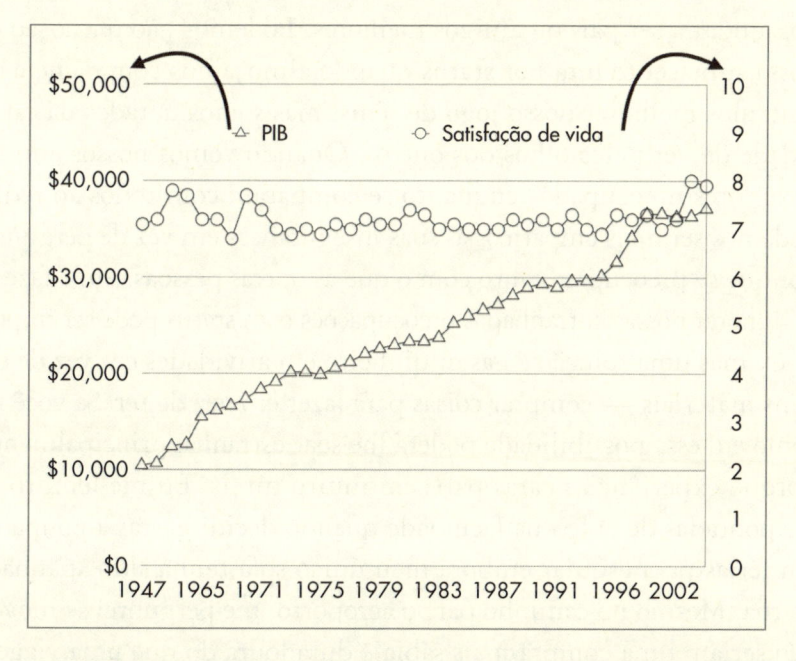

Figura 10.2. Renda real (controle da inflação) e satisfação de vida nos Estados Unidos.

Esses dados sugerem que meu *home theater*, meus balcões de granito e meu conversível não me deixam mais feliz, a não ser que eu os tenha e você não. Em outras palavras, eu quero essas coisas apenas para me colocar acima dos outros. Ademais, *saiba eu disso ou não*, desejo chegar ao topo porque isso me dá mais chance de conseguir a parceira que realmente almejo. A TV, os balcões e o carro são apenas banalidade, mas, como não sei disso, passo meu tempo os cobiçando, trabalhando para adquiri-los e tornando-me o dono desinteressado deles.*

Infelizmente, sair dessa roda-viva hedonista não é fácil. Milhões de anos de seleção sexual firmaram preocupações com status nos níveis mais profundos de nossa psique, então desativá-las ou mesmo ignorá--las é impossível para a maioria de nós. Mas a consciência do problema provavelmente ajuda, em especial, por permitir que concentremos nossa atenção em outros aspectos de nossa vida que têm o potencial de oferecer uma felicidade mais duradoura. A consciência também pode nos ajudar a ser pais ou amigos melhores. Podemos não ter noção de nossa subjacente luta por status quando almoçamos com o chefe ou tentamos melhorar nosso jogo de tênis, mas somos dotados da capacidade de ver pelos olhos dos outros. Quando vemos nossos amigos e parentes preocupados enquanto se comparam com todos ao redor, podemos ser mais empáticos às suas inseguranças em vez de perguntar por que se preocupam tanto com o que as outras pessoas têm e fazem.

Ignorar nossas entranhadas preocupações com status pode ser impossível, mas uma solução é gastar dinheiro em atividades em vez de em bens materiais — comprar coisas para fazer em vez de ter. Se você for como eu, essa possibilidade poderá lhe soar estranha, principalmente, porque experiências caras parecem muito fúteis. Eu me lembro de ter pontadas de culpa na faculdade quando decidi gastar a poupança em férias para esquiar embora meu único sofá tenha sido apanhado da rua. Mesmo no caminho para o aeroporto, me perguntei se móveis não seriam uma compra mais sábia e duradoura do que uma viagem a Aspen. Mas, no fim, foi exatamente o oposto: a ida para esquiar foi uma compra mais duradoura que o sofá. A jornada de 1987 ainda me deixa feliz quando penso hoje. Meus amigos e eu ainda conversamos sobre como foi bom, e minha esposa há muito teria jogado fora o sofá de couro sintético que cogitei comprar no lugar daquela viagem.

---

* Não estou dizendo que temos um forte desejo de nos destacar, porque não temos. Nós queremos muito nos encaixar, mas sempre no alto do grupo, não na base.

Uma pesquisa de Leaf Van Boven e Thomas Gilovich, da Universidade Cornell, mostra que não estou sozinho quanto a isso. Como você pode ver na Figura 10.3, quando as pessoas deixam de comprar necessidades para comprar luxos, suas experiências de compra as tornam muito mais felizes do que as materiais. Essa relação é válida mesmo quando o mesmo objeto é comprado por motivos materiais (eu quero ter um carro de luxo) e não pela experiência (adoro dirigir meu novo Jaguar pelas estradas sinuosas do interior).

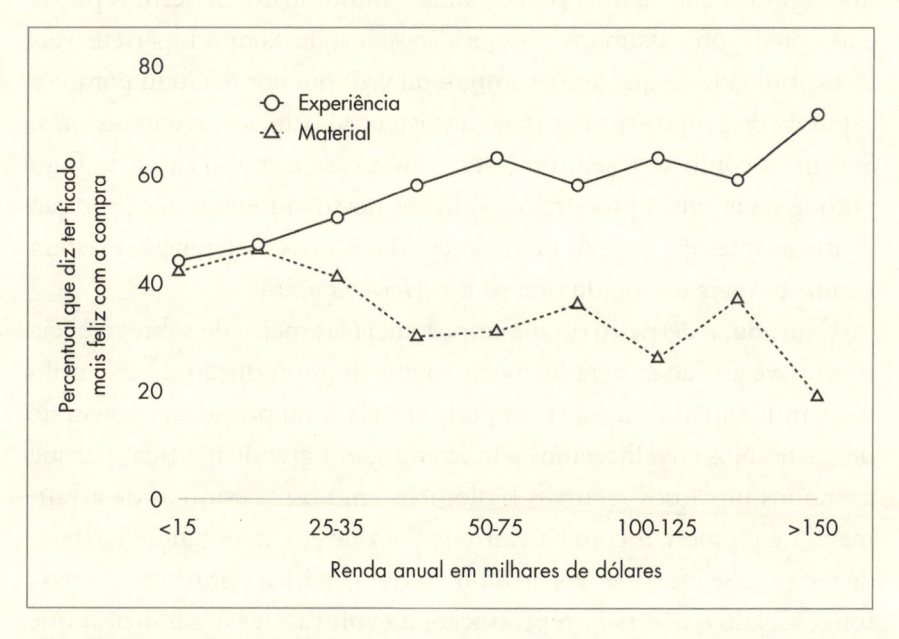

Figura 10.3. O efeito felicidade de compras materiais e pela experiência. (Adaptado de Van Boven e Gilovich, 2003)

Da próxima vez em que você estiver com dinheiro sobrando no bolso, tenha em mente que as experiências são um investimento hedonista melhor que bens materiais. As coisas que temos perdem fascínio assim que reajustamos nossas metas de status, mas as coisas que fazemos se tornam parte de nós. Experiências positivas nos dão histórias para contar a amigos e parentes — nossas lembranças mais importantes — e continuam a gerar satisfação muito depois do seu fim.

Felicidade e sobrevivência

As metas de sobrevivência são básicas para todos os seres vivos, e muitas de nossas reações emocionais evoluíram por causa de seu valor para a sobrevivência. Nós gostamos de comer gordura, açúcar e sal porque eram raros no ambiente de nossos ancestrais, mas fundamentais para a sobrevivência. Sentimos ansiedade e medo ao caminhar pela floresta à noite porque confiamos mais nos olhos do que nos ouvidos e no nariz, o que significa que há uma probabilidade muito maior de sermos presas e não predadores assim que a escuridão se instala. Somos hipersensíveis à possibilidade de que nossos amigos ou vizinhos nos rejeitem porque a expulsão do grupo era uma ameaça existencial para nossos antecessores. Sentimos conforto e segurança em nossa casa e com o calor do fogo porque essas coisas proporcionavam aos nossos antepassados proteção contra as intempéries e os predadores. Todas essas preferências existem há muito mais tempo do que somos *Homo sapiens*.

Contudo, a despeito de sua importância, as metas de sobrevivência muitas vezes são superadas pelas metas de reprodução. O exemplo mais fundamental dessa troca pode ser visto no próprio processo de desgaste. Nós envelhecemos e morremos, em grande medida, porque gastamos preciosos recursos biológicos em nossos esforços de atrair, manter e reproduzir com parceiros em vez de em manutenção e reparo de tecidos. Se passássemos nosso material genético por intermédio da longevidade e não pela reprodução, a evolução teria garantido que gastássemos recursos suficientes em manutenção de tecidos para nos permitir viver séculos em vez de anos. A princípio tal resultado é possível, já que uma vida longa permite maiores períodos de reprodução e, portanto, mais descendentes. Por outro lado, a prevalência de predadores e parasitas tornou qualquer estratégia baseada em longevidade uma perspectiva improvável. Como nossos ancestrais raramente tinham a oportunidade de morrer em idade avançada (lembre-se da Figura 8.1), esforços gastos em viver mais eram em grande medida desperdiçados, então recursos biológicos eram mais bem gastos em objetivos de acasalamento imediatos. Por essa razão, uma característica que nos ajuda a reproduzir quando jovens terá uma vantagem seletiva, mesmo que nos mate quando envelhecermos.

Tal efeito pode ser visto no alelo ε4 do gene ApoE, associado a uma maior probabilidade de desenvolver Alzheimer mais tarde na vida. Ironicamente, esse alelo também está associado a melhor funcionamento cognitivo quando jovens. Como consequência dos benefícios que traz quando somos jovens, esse gene assassino é disseminado na população. A tendência da evolução de sacrificar a sobrevivência em benefício da reprodução significa que temos numerosas inclinações autodestrutivas que poderiam ser consideradas o equivalente psicológico do alelo ε4 do gene ApoE.

Talvez o exemplo mais famoso de um alelo ε4 psicológico pode ser encontrado nas decisões de risco e nos conflitos masculinos. Em geral chamado de envenenamento por testosterona ou, simplesmente, estupidez masculina, o maior fator de risco demográfico nas sociedades mais industrializadas é a combinação de ser jovem e do sexo masculino. A Figura 10.4, baseada em pesquisa do biólogo Ian Owens, do

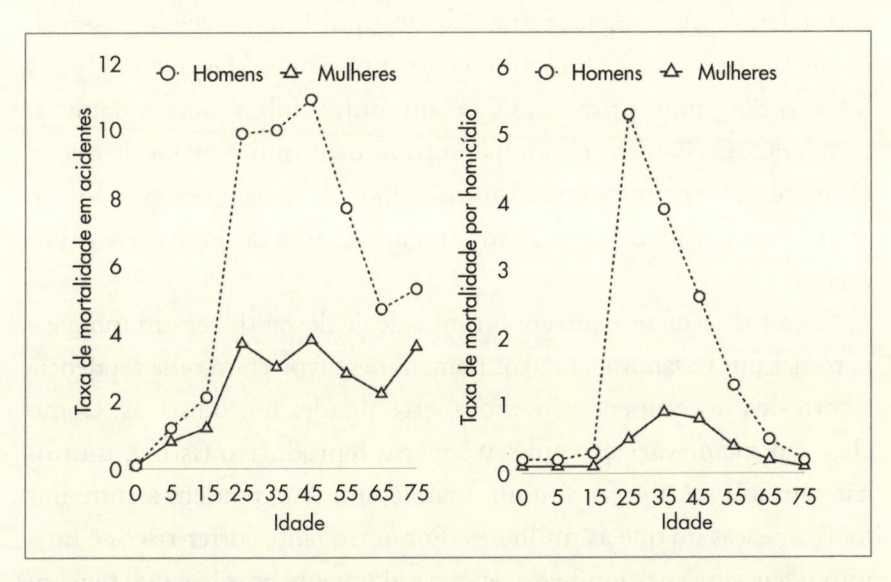

Figura 10.4. Mortes acidentais e taxas de homicídio para homens e mulheres nos Estados Unidos. O eixo y mostra mortes anuais por 100 mil pessoas por ano. (Adaptado de Owens, 2002).

Imperial College London, usa dados de mortalidade nos Estados Unidos no fim dos anos 1990 para mostrar que assim que os homens chegam à puberdade, têm probabilidade muito maior do que as mulheres de morrer em conflitos uns com os outros, em acidentes automobilísticos e em quase todos os outros tipos de acidentes.

Algo de que muitas pessoas não se dão conta é que a estupidez masculina é uma adaptação à seletividade feminina, já que correr riscos e buscar conflito são para eles produtos da seleção sexual. Isso pode soar estranho, já que as mulheres costumam ser as primeiras a dizer que não se sentem atraídas pela estupidez masculina, então deixe-me explicar o que quero dizer.

Você pode rastrear sua ascendência masculina por intermédio do seu cromossomo Y (ou o cromossomo Y do seu pai se você for mulher); pode rastrear sua ascendência feminina por intermédio do seu DNA mitocondrial, que é herdado apenas da mãe e mostra sua linhagem feminina. Se fizer essas análises em uma amostra grande o suficiente, descobrirá que há muito mais mulheres do que homens entre seus antecedentes. À primeira vista, esse desequilíbrio parece impossível, já que são necessários dois para dançar um tango. Mas, claro, alguns homens têm muitas parceiras e geram muitos filhos; outros homens, nem tanto. Os homens têm uma probabilidade muito maior do que as mulheres de ter um número muito grande de descendentes, e muito maior probabilidade de ficar totalmente de fora do jogo do acasalamento.

Correr risco oferece uma oportunidade de deixar de ser um monge e se tornar um Casanova, então os homens desenvolveram uma tendência a corrê-los se compensarem em oportunidades reprodutivas. Como eles têm maior variação em seu sucesso reprodutivo (isto é, muitos não têm filhos e alguns têm um grande número), tendem a enfrentar mais ameaças do que as mulheres. Por outro lado, correr riscos é uma imprudência para as mulheres, já que é altamente provável que tenham um número semelhante de descendentes apostando na segurança ou enfrentando situações absurdas.

A estupidez masculina é reforçada ainda pelo fato de que correr riscos é um sinal verdadeiro de qualidade deste gênero. Retornando ao capítulo 4, você se lembrará de que isso significa que enfrentá-los transmite uma informação confiável sobre quão robusta e habilidosa é uma pessoa. Se você supera o risco, então é habilidoso. Se fracassa, mas sobrevive, então é robusto. Se fracassa e não sobrevive, bem, isso também é indicativo. Por essa razão, as mulheres podem usar essa disposição masculina como um sinal de qualidade, sugerindo que os homens, provavelmente, desenvolverão uma tendência a correr riscos quando têm a oportunidade de atrair uma mulher. Essa ideia foi amplamente demonstrada no reino animal, mas meu aluno de doutorado Richard Ronay e eu quisemos saber se conseguiríamos encontrar alguma evidência disso em humanos.

Ao testar uma nova ideia, em geral começamos da forma menos dispendiosa possível, então em nossos estudos iniciais de laboratório pedimos a homens que bombeassem balões de ar virtuais em um computador. Cada bombeada rendia a eles dinheiro, mas aumentava o risco de que o balão estourasse e eles perdessem tudo. Coerente com as previsões, descobrimos que os homens bombeavam mais os balões virtuais após ver imagens de mulheres atraentes. Há uma chance de que você esteja pensando o mesmo que nós: que é um bom começo, mas não uma evidência muito impressionante de correr riscos.

Para nosso experimento seguinte compramos algumas "bolas de choque" no eBay. Esse jogo agradável envolve uma bola eletrificada que acende aleatoriamente e ao mesmo tempo dá um choque em quem a estiver segurando. Decidimos usar as bolas de choque para criar um jogo similar ao que usamos com os balões virtuais. Homens seriam pagos por cada segundo que segurassem a bola, mas se a segurassem por tempo demais perderiam todo o dinheiro e também levariam um choque. Nós achamos que os homens poderiam segurar a bola de choque por mais tempo caso expostos a mulheres atraentes. Certamente esse efeito também esteve presente, mas permanecemos desanimados com a magnitude do risco envolvido na tarefa. Bolas de choque não são de fato um teste de habilidade ou robustez.

O problema que enfrentamos é que não é fácil estudar riscos sérios em laboratório, e é antiético colocar pessoas em uma situação na qual possam realmente ficar feridas. Nós tivemos dificuldades com isso por um tempo, até Richard ter uma ótima ideia: por que não estudar skatistas? Eles já estão correndo alguns grandes riscos e tudo que precisamos fazer é aparecer com uma mulher atraente e ver se isso faz diferença.

Então contratamos uma bela assistente de pesquisa e fomos para pistas de skate. No primeiro estágio do experimento, um pesquisador do sexo masculino abordou um skatista e perguntou se podia filmá-lo fazendo dez tentativas de uma manobra que ele estava treinando mas ainda não dominava. No segundo estágio, o mesmo skatista era abordado pelo pesquisador ou pela mulher atraente que havíamos contratado, que pedia para filmar as mesmas dez manobras. Depois que os skatistas completavam a segunda rodada, pegávamos uma amostra de saliva para medir o nível de testosterona.

Exatamente como esperávamos, o nível deste hormônio aumentou na presença da pesquisadora, e, quanto mais altos os níveis de testosterona, mais riscos os skatistas corriam. Como consequência de ameaças maiores, eles caíam com maior frequência, mas completavam mais manobras com sucesso. Os dois resultados servem a um propósito no que diz respeito aos skatistas. Movimentos completos demonstram habilidade, e quedas demonstram robustez. Certamente nossos participantes não ligaram para cotovelos e joelhos esfolados, e recusaram nossa sugestão ética do uso de capacetes e joelheiras antes do experimento.

O que podemos inferir sobre a felicidade a partir desse conflito entre sobrevivência e reprodução? A primeira lição é que correr riscos e outras tolices que homens jovens fazem não são "patologias", sinais de sua desconexão com o mundo moderno ou outros rótulos que costumam ser aplicados por comentaristas sociais. Em vez disso, são estratégias de evolução que faziam todo o sentido para nossos ancestrais e que, provavelmente, continuam a fazer sentido reprodutivo hoje.

A segunda lição é que tentar impedir nossos filhos, irmãos ou amigos de correr riscos desnecessários é um pouco como urinar ao vento. Eliminar a oportunidade de que jovens compitam e enfrentem perigos é uma ideia ruim, e leva a revezes desagradáveis. Homens jovens sentem milhões de anos de pressão evolutiva emanando de seus testículos, levando-os ao risco e à competição. Por essa razão, a melhor aposta é não eliminá-lo por completo, mas substituir ameaças e conflitos realmente perigosos por oportunidades mais saudáveis de buscar emoção e competição. Esportes nos quais você nunca se fere dificilmente atendem a essas metas, mas aqueles nos quais você não fica machucado demais são ótimos substitutos.

Cooperação e competição

Como discutimos no capítulo 1, nossa capacidade ampliada de cooperação foi a grande adaptação que permitiu a nossos ancestrais sobreviver à mudança para longe das árvores. Como evoluímos para cooperar uns com os outros, também desenvolvemos um sistema de detecção de trapaceiros e uma forte reação emocional a aproveitadores. Todos conhecemos a sensação de raiva e indignação quando outros tiram vantagem de nós. Essa reação desenvolvida explica por que uma das discussões constantes sobre programas de transferência de renda é se os beneficiários são preguiçosos explorando o restante de nós ou são pessoas em desvantagem que merecem nossa compaixão e ajuda.

Nosso ultraje e nossa raiva quando somos enganados garantem que outros em nosso grupo cooperem conosco, mas nossas emoções também foram moldadas pelo próprio objetivo subjacente de cooperação. Nós não gostamos de pessoas que nos auxiliam apenas em retribuição por nossa ajuda anterior, ou para conquistar nossa cooperação posterior em troca. Nós gostamos de pessoas que são amigáveis, gentis e generosas, que gostam de cooperar pela cooperação. Isso, claro, significa que as demais gostam (ou não) de *nós* pelas mesmas razões, o que deu uma substancial vantagem evolutiva aos nossos ancestrais que verdadeiramente gostavam de auxiliar. Por isso muitas vezes partilhamos recursos com estranhos que nunca poderão nos ajudar em troca.

Os economistas, às vezes, surpreendem-se quando as pessoas partilham com estranhos, mas essa sensação é fruto de uma falta de compreensão de nossa história evolutiva. Pode parecer que estamos nos deixando explorar, mas, embora pessoas generosas sejam exploradas, a longo prazo ganham mais do que perdem. Pessoas generosas são mais populares do que pessoas mesquinhas ou calculistas em todo o mundo. Quando caçadores-coletores hadza da Tanzânia deixam acampamento e vão em diferentes direções, os generosos têm muitas pessoas querendo acompanhá-los, enquanto os mesquinhos correm risco constante de serem deixados sozinhos. Quando o povo martu do oeste da Austrália sai em caçadas matinais, as pessoas generosas são sempre escolhidas como parceiras, mesmo não sendo os melhores caçadores, enquanto as mesquinhas costumam ser esquecidas e deixadas para trás. O mesmo acontece entre os pastores quéchua dos Andes peruanos e todos os outros povos da Terra sobre os quais temos as informações necessárias.[*]

Como consequência dessas pressões evolutivas, nós evoluímos para sermos cooperadores despreocupados, automáticos: agimos assim sem pensar porque a cooperação é nossa reação padrão quando as pessoas

---

[*] Quando reflito sobre as muitas vezes em que meus amigos me ajudaram ao longo dos anos, vejo que nada importou ou me tocou mais do que quando a generosidade foi totalmente não calculada. Eu me lembro, por exemplo, de visitar meu amigo Sid na faculdade e, por acidente, gastar todo o meu dinheiro antes de descobrir como voltar para casa. Quando perguntei a Sid (que sempre estava sem dinheiro) se podia me ajudar a comprar uma passagem, ele enfiou a mão no bolso e me deu todo o dinheiro que tinha. Ele não pensou em contar, não tinha ideia de quanto era e não estava interessado em descobrir.

precisam de nossa ajuda. Quando tomam parte de experimentos nos quais precisam escolher entre cooperar com outras ou ir embora, a cooperação é escolhida mais rapidamente que a partida, mesmo que a escolha sensata seja partir. O mesmo efeito surge quando as pessoas são forçadas a tomar decisões rápidas; é muito mais provável que escolham ajudar.

Eu me lembro de ficar encantado quando essa pesquisa sobre ajuda automática foi publicada, já que explicava meu comportamento totalmente idiota quando arrisquei a vida de uma criança por causa de um sorvete de casquinha de 45 centavos. Há cerca de doze anos eu estava descendo uma escada rolante com minha esposa e duas crianças pequenas e levando um sorvete que acabara de comprar para elas em um McDonald's. Quando começamos a descer, ouvi uma mulher gritando abaixo. Ao olhá-la, vi as mãos de uma criança pequena agarrando o corrimão da escada rolante que subia, mas a criança ia do lado de *fora* da escada, e, aparentemente, havia subido demais e estava com medo de se soltar. Esse era um grande problema, já que a escada subia dois andares e a três quartos do fim havia um poste decorativo junto a ela que logo arrancaria o garoto de seu equilíbrio frágil.

Era fácil saltar sobre o corrimão para a outra escada rolante, então desci correndo e peguei o garotinho alguns metros antes que ele chegasse ao poste. Ele não pesava quase nada, e eu o peguei facilmente pelos braços da lateral da escada. Mas eis a parte idiota: arrisquei a operação inteira por estar em piloto automático, em um estado de ajuda automática.

Enquanto eu descia a escada correndo, em vez de jogar o sorvete no chão abaixo ou na escada rolante, eu o passei para o dedo mindinho para conseguir continuar a segurá-lo enquanto esticava os braços sobre o corrimão para agarrar os braços do menino. Estou certo de que esse processo tenha me atrasado um pouco, e tenho certeza de que foi mais difícil agarrá-lo enquanto ao mesmo tempo tentava não deixar o sorvete cair. A guloseima quase fez com que eu levasse um soco no rosto, já que naquele momento o pai do menino havia ouvido a esposa gritar e me vira subindo a escada rolante no sentido oposto, segurando seu filhinho e um sorvete de casquinha.

Eu só posso imaginar o que se passava pela cabeça dele, mas felizmente ele decidiu não julgar e apenas desceu correndo a escada rolante e arrancou o filho de mim. Quando a emoção do momento passou, fiquei sentado ali, olhando para a casquinha de sorvete na mão, e pensando em como pude ter sido tão idiota. Em retrospecto, meu esforço de ajudar o garotinho claramente se deu no piloto automático. Sem os recursos cognitivos para pesar custos e vantagens de segurar o doce, eu segui de modo automático as regras básicas de educação de não jogar comida no chão. De fato, casos de ajuda que dão errado são tão comuns que muitos países (e estados americanos) adotaram "leis do bom samaritano" que os protegem de processos caso tornem as coisas piores.*

O desejo de cooperar é uma força poderosa, e o resultado dessas pressões evolutivas é um sistema motivacional altamente sintonizado em ajudar os outros. Nós queremos que os netos vão ao almoço de domingo, e temos uma genuína satisfação em ajudar parentes e amigos. Em uma recente pesquisa World Values Survey em quase cem países, as pessoas classificaram a família como a coisa mais importante da vida, e isso faz todo o sentido evolutivo. Mas a satisfação altruísta que temos ao cooperar se estende além de parentes e mesmo amigos íntimos para toda a nossa comunidade.

Como discutimos no capítulo 3, nossos grupos são muito maiores que aqueles dos quais evoluímos, mas os princípios psicológicos que nos ligam à nossa comunidade têm os mesmos efeitos que sempre tiveram. Nesse sentido, não mudamos fundamentalmente em reação aos nossos eus caçadores-coletores. A integração com a comunidade era e é um dos segredos para uma vida boa. Infelizmente, à medida

---

* Por exemplo, como eu teria me explicado a um júri querendo saber por que eu deixara cair a criança em vez de a casquinha de sorvete?

que ficamos mais ricos e mais confiantes na tecnologia, ao mesmo tempo reduzimos nossa confiança uns nos outros e, assim, sem querer perturbamos nossa integração com vizinhos e a comunidade como um todo.

Algumas pessoas acham fácil se integrar a novas comunidades, e assim mudanças frequentes não prejudicam sua satisfação com a vida. Os extrovertidos são pessoas assim, que desfrutam da companhia daqueles que não conhecem bem e consideram conhecer pessoas uma oportunidade. Os introvertidos, em contraste, acham conhecer muitas pessoas algo difícil e desagradável, de modo que mudar para um novo bairro, cidade ou estado tem um grande impacto em sua satisfação com a vida. A integração a uma comunidade é importante para a satisfação de todos, mas o modo como isso é obtido difere de pessoa para pessoa. Para os extrovertidos, fazer apostas e cruzar o país ou o mundo tem menos consequências. Para os introvertidos, haverá um preço a pagar por mudanças frequentes de vida, e oportunidades profissionais ou educacionais em novos locais precisam ser pensadas com cuidado em comparação aos custos de partir.

É importante ter em mente que os "custos de partir" não são apenas sentimentos temporários de infelicidade. Como discutimos no último capítulo, a felicidade é a dica dada ao corpo para permitir que o sistema imunológico funcione com eficiência máxima, e a infelicidade frequente pode ter custos a longo prazo para a saúde. A importância que a integração com a comunidade tem para a saúde pode ser vista na Figura 10.5, de uma pesquisa de Shigehiro Oishi e Ulrich Schimmack. O gráfico mostra que mudanças frequentes de residência na infância levam a danos cumulativos na saúde dos introvertidos. Embora o estrago se dê na infância, os dados sugerem que eles nunca se recuperam plenamente. Tímidos que se mudaram frequentemente durante a infância sofrem de maior mortalidade posterior, enquanto os outros não são afetados por tais mudanças.

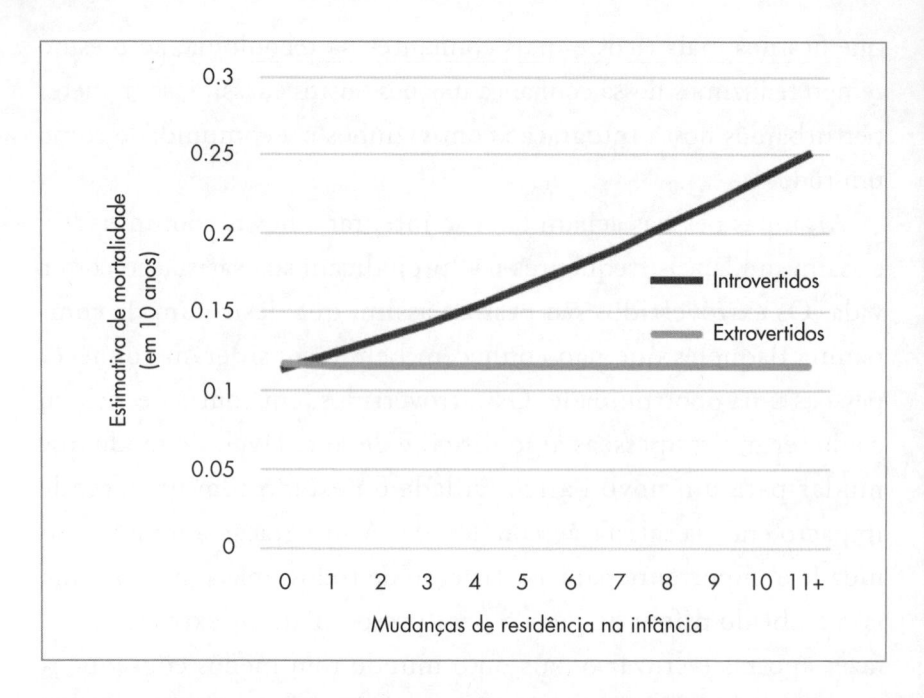

Figura 10.5. Mudanças de residência na infância e mortalidade entre 60-70 anos de idade para introvertidos e extrovertidos. (Adaptado de Oishi e Schimmack, 2010)

Os dados refletem o custo de romper laços com nossa comunidade, mas claro que a maioria das pessoas está concentrada em criar e manter tais vínculos. A satisfação com a vida é conquistada entranhando-se na sua comunidade e apoiando os membros que precisam de ajuda. Isso explica por que as mesmas pessoas que se opõem ferozmente aos benefícios sociais com frequência sejam incrivelmente generosas no apoio a membros destituídos de suas próprias comunidades. Quando têm a certeza de que a necessidade é legítima e que não estão sendo exploradas, pessoas de todas as posições políticas se esforçam para ajudar seus companheiros humanos.

A caridade sustenta os necessitados, mas sentir que você deu uma contribuição à sua comunidade é a manifestação mais importante desse efeito. Precisamos ter valor para nosso grupo — nossos ancestrais que não tinham valor corriam o risco de ostracismo e, consequentemente, morte —, e a forma mais óbvia de ter valor é produzir mais do que se custa. Esse cálculo pode não ser consciente, mas nos impele a ser membros produtivos da sociedade. Quando alguém pergunta como você gostaria de ser lembrado após sua morte, o que de fato está perguntando é a natureza de sua contribuição à comunidade.

Felicidade e aprendizado

Como mencionei ao longo de todo este livro, os humanos aprendem ativamente a maior parte do que precisamos saber para sobreviver e prosperar. Nós nascemos sabendo muito pouco, com um cérebro que realmente está apenas pela metade, mas que seria grande demais para ser parido caso esperássemos que ficasse pronto. Como consequência, temos um período de desenvolvimento atipicamente longo antes de podermos nos tornar membros viáveis e contribuintes de nossa comunidade. Ao contrário de bebês gnus, que podem correr de predadores logo após nascerem, nós somos lanches em potencial de qualquer um por mais de uma década.

Nosso longo período de desenvolvimento é consumido quase inteiramente aprendendo os meios de sobrevivência usados por nosso grupo. Como foi discutido no capítulo 2, nossa flexibilidade nos permitiu colonizar o planeta inteiro. Mas ela também significa que não podermos confiar em conhecimento inato ou instinto para sobreviver. Como consequência, a evolução garantiu que o aprendizado esteja fortemente relacionado ao nosso sistema motivacional; humanos por todo o mundo adoram aprender. A curiosidade é um de nossos impulsos fundamentais, e a satisfação associada a aprender e dominar algo novo é universal.

A importância motivacional da curiosidade é amplamente compreendida, mas há duas formas importantes de aprender (e, portanto, duas fontes essenciais de satisfação com a vida) que as pessoas não costumam reconhecer: brincar e contar histórias. Brincar é universal nos humanos, assim como em nossos primos mamíferos. Brincar é mais comum nos animais antes que cheguem à maturidade, porque é uma forma de aprender as regras e estratégias da vida adulta. Esta ação também ajuda humanos e outros animais a aprenderem a cooperar, já que suas primeiras interações uns com os outros são positivas e lhes ensinam quem retribui e quem não. Brincar oferece aos jovens machos oportunidades de aprender a competir por fêmeas, ensina estratégias para conseguir ascender na hierarquia adulta e ajuda os jovens a caçar presas e escapar de predadores. Filhotes não gostam de nada mais do que se lançar uns sobre os outros em batalhas simuladas; garotinhos também gostam disso, e todas as crianças se entregam a horas de faz de conta, esportes e jogos. Como os humanos são únicos no volume extraordinário de informações que precisam aprender, a importância da brincadeira se estendeu além da infância até a idade adulta. Na ausência de diversões, a vida é muito menos alegre.

A importância de brincar é comum a todos os mamíferos (e eventuais pássaros e répteis), mas contar histórias é exclusivamente humano. Uma grande vantagem do aprendizado é que nossas incríveis capacidades de comunicação nos permitem incorporar o ensinado e as realizações de outros em nossa compreensão do mundo. A mais antiga e importante forma desse tipo de aprendizado é nossa rica tradição oral. Contar histórias é um costume encontrado em todas as culturas humanas, e, certamente, surgiu quando nossos ancestrais caçadores--coletores se sentavam ao redor do fogo no fim do dia e narravam uns aos outros relatos de suas experiências. Relatos ao redor do fogo ainda é uma atividade importante em comunidades de caçadores-coletores; é um momento em que as preocupações econômicas e sociais imediatas do dia são deixadas de lado e as pessoas se dedicam aos padrões mais amplos, as regras e as lições para ter uma vida produtiva em sua comunidade.

Bons contadores de histórias ganhavam status em seu grupo porque eram valorizados pela diversão e os ensinamentos que ofereciam. Em nosso mundo, esses papéis são ocupados por comediantes, entrevistadores, cineastas, ministros protestantes, imãs, rabinos, escritores, acadêmicos e analistas políticos que divertem, informam e transmitem normas sociais aos que os ouvem. Todos desenvolveram a tendência a gostar de ouvir histórias, já que escutar sobre os esforços e problemas dos outros oferece uma forma sem risco de aprender lições difíceis e, algumas vezes, duras a partir das experiências deles. Por fim, contar histórias liga membros da comunidade uns aos outros por intermédio de experiências emocionais partilhadas, uma noção de realidade também dividida e uma sabedoria comum de como lidar com o mundo.

Quando eu narro minha história sobre acidentalmente urinar na pia em um show de Springsteen e os ouvintes compartilham de meu constrangimento e de minhas risadas, eu me sinto validado e minha ligação com meu grupo social se torna um pouco mais forte. Quando estudo as histórias maravilhosas, ultrajantes ou assustadoras de meus amigos e descubro como eles se saíram, aprendo o que fazer se um dia me encontrar em situações similares. Por essas razões, escutar e contar histórias são duas formas importantes de felicidade e satisfação com a vida.

Felicidade, personalidade e desenvolvimento

Como sugeri antes neste capítulo, há mais de uma forma de ser um humano bem-sucedido e, portanto, mais de um caminho para a felicidade. Se sou grande e forte, posso atrair uma parceira por intermédio do esporte ou outras competições físicas. Mas se sou pequeno e fraco, será melhor ousar meu humor ou gentileza. Tais diferenças de força, inteligência e personalidade também podem me tornar adequado a diferentes tipos de carreiras. As pessoas tendem a escolher uma estratégia de ajuste, fazendo atividades que se valham de suas forças e evitem as fraquezas. Como nosso sistema motivacional está sintonizado em nosso potencial de sucesso e no grau em que nosso grupo nos valoriza, diferentes atividades deixam diferentes pessoas felizes. Se eu sou melhor em arte que em esportes, provavelmente, terei maior satisfação pintando do que jogando futebol.

Essas diferenças individuais, por sua vez, também variam ao longo da vida. Quando somos crianças é muito difícil contribuir para o grupo, portanto crianças obtêm a maior parte de sua felicidade através de atividades umas com as outras e da aceitação por seus pais e pares. Como suas características únicas têm maior chance de serem notadas pelos outros que as comuns, sua noção de si fica relacionada aos modos pelos quais podem se diferenciar positivamente no grupo.

Mesmo na infância as pessoas começam a se concentrar e desenvolver os talentos únicos que as tornarão mais produtivas quando chegarem à idade adulta, mas, claro, que sua visão de mundo infantil com frequência as levará em direções estranhas. Eu me lembro de quando minha filha aprendeu a ler prestando atenção enquanto eu ajudava o irmão mais velho com o dever de casa. Tentei fazer com que ela se vangloriasse disso com a professora do pré-primário. "O que você aprendeu a fazer ontem?", perguntei a ela quando nos sentamos com a professora. Ela pareceu confusa por um momento, depois seu rosto se iluminou e ela anunciou: "Eu aprendi a deslizar pelo poste dos bombeiros!" Como esse exemplo revela, a distinção positiva nem sempre é conseguida pelas crianças de um modo que reflita prioridades adultas.

Quando chegamos à idade adulta, nossa contribuição para a comunidade se torna importante, e começamos a nos valer das habilidades que aprendemos em um esforço de subir na hierarquia e sermos valorizados pelos integrantes do nosso grupo. Essas habilidades são relativamente estáveis na maioria das pessoas no começo da vida adulta e na meia--idade, mas começam a mostrar mudanças notáveis mais para o fim dos dias. Nesse ponto as habilidades físicas diminuem. Para compensar suas habilidades físicas decadentes, adultos mais velhos costumam ter um maior conhecimento, que os tornava valiosos em nosso passado ancestral.

Infelizmente, em nosso mundo moderno e em transformação rápida, o conhecimento dos mais velhos pode se tornar obsoleto. Mas as pressões evolutivas que nos impelem a contribuir com nosso grupo não mudam só porque ficamos mais velhos, e muitos lutam para descobrir formas de ter um impacto positivo em sua comunidade. Questões de legado e cuidado pelos outros se tornam cada vez mais importantes entre adultos mais velhos, já que essas costumam ser as maiores oportunidades de permanecer em contato e ajudar seu ambiente. Em nossa busca por uma vida boa deveríamos nos lembrar de que recostar e colocar os pés para cima pode soar ótimo, mas a aposentadoria será mais satisfatória se também conseguirmos descobrir um modo de dar uma contribuição aos outros. Quando estamos sufocados por trabalho e outros compromissos e não temos tempo para nós mesmos, férias permanentes parecem uma ótima ideia. Mas não se deixe enganar por folhetos de aposentadoria que anunciam apenas atividades de lazer — para a maioria de nós não é tão bom quanto parece.

Armadilhas de um mundo moderno

Refletir sobre a vida boa pode ser um passatempo exclusivamente moderno, mas as formas pelas quais conseguimos isso são seguindo as antigas estratégias que tornaram nossos ancestrais bem-sucedidos. Sexo e comida, paternidade e brincadeiras, dominar uma habilidade e contar histórias, amizade e família, fogo e teto, comunidade e contribuição — esses eram os segredos do sucesso em nosso passado e continuam a ser os de nossa felicidade hoje. Ainda assim, nosso mundo moderno oferece muitas novas oportunidades de felicidade, e nem sempre é claro quando a versão atual é tão boa quanto a original.

Por exemplo, filmes e televisão substituíram muitos aspectos de contar histórias, e ambos são muito divertidos. Mas relatá-las presencialmente é muito mais que apenas narrar uma sequência de acontecimentos, e filmes e programas de TV não ligam as pessoas umas às outras da mesma forma que conversas (a não ser que conversemos sobre eles depois, claro). Em alguma medida filmes e programas de TV são, portanto, uma indulgência fenotípica (como batatas fritas), de modo que não surpreende que as pessoas raramente citem programas de televisão como uma importante fonte de satisfação com a vida, não importa o quanto gostem do seu programa favorito. Há evidências de que livros provavelmente têm um efeito mais importante e duradouro em nós do que a TV. Se isso for verdade, parte fundamental de contar histórias pode ser os processos imaginativos e criativos que se dão em nossa mente que não podemos experimentar diretamente. Mas mesmo os livros costumam ser menos memoráveis e importantes que as histórias que contamos e nos são contadas, porque a leitura costuma acontecer na solidão.

Outros aspectos de nosso mundo moderno que imitam importantes experiências ancestrais fornecem um material muito mais fraco e nos deixam muito menos satisfeitos. Drogas e álcool são os exemplos mais notáveis de indulgências fenotípicas, já que vão direto para as regiões do cérebro responsáveis pelo prazer sem oferecer a base física ou existencial de onde aquele prazer deveria vir. Depois deles, *junk food* vem em segundo lugar, já que o açúcar, a gordura e o sal que nossos ancestrais buscavam desesperadamente no passado são abundantes. Infelizmente, nossa luta agora é contra o que antes era um objetivo saudável: comer o máximo de açúcar, gordura e sal possíveis.

O preço que pagamos quando temos excesso de algo bom nos leva à última lição que quero destacar de nosso passado evolutivo. Relacionamentos sexuais de longa duração eram a melhor receita de nossos antepassados para criar filhos com sucesso, e, como resultado, nós achamos relacionamentos longos recompensadores. Quando nos unimos à pessoa certa, fazemos nossa melhor aposta em um aumento duradouro da felicidade. Mas a evolução também nos deu uma preferência por novos parceiros, já que homens e mulheres ganham vantagens reprodutivas quando colocam seus ovos genéticos em mais de uma cesta.

O problema é que novos parceiros eram relativamente raros em nosso ambiente ancestral, já que passávamos a vida inteira no mesmo grupo pequeno de pessoas. Mas agora vivemos em um mundo em que novas possibilidades — assim como gordura, sal e açúcar — têm oferta ilimitada e servem como uma tentação constante para que abandonemos nossa relação atual para tentar uma nova e mais excitante. Claro que a nova combinação logo se tornará antiga, já que o encanto da novidade é passageiro por definição, e, portanto, finalmente insatisfatório. Por incrível que pareça, esse fato óbvio não impede que as pessoas sejam monógamas em série agora, assim como não impediu que nossos ancestrais adotassem estratégia de acasalamento similares em sua época.

A maioria dos indivíduos se sai melhor evitando a tentação que resistindo a ela, e, certamente, os que escapam do desejo da novidade conseguem isso não se expondo a ela. Casamentos duram mais em áreas rurais que nas cidades, e muito mais se você for um ninguém — para um ator ou roqueiro famoso é mais difícil. Essas descobertas nos levam de volta ao ditado alemão sobre a inevitável decepção que sentimos quando atingimos nossos objetivos. Adoração e fama universal são alguns dos sonhos mais comuns das pessoas em todo o mundo, mas você só precisa pensar nas vidas turbulentas e nos repetidos divórcios das celebridades para se dar conta de quão mais feliz é sendo desconhecido.

Conseguindo a boa vida em "Dez passos fáceis"

Se um desconhecido lhe diz que há dez passos fáceis para a felicidade, você está sendo enganado. Como discutimos, não apenas não há algo como felicidade duradoura, mas os caminhos para ela diferem de pessoa para pessoa. Ainda assim, abordar este sentimento de um ponto de vista evolutivo pode nos ajudar a conquistá-lo, pelo menos parte do tempo, e também nos ajudar a compreendê-lo. Então, não estou realmente oferecendo dez passos simples, mas com esse objetivo em mente, resumo as lições dos dois últimos capítulos em dez pontos fundamentais.

1 **Permaneça no presente**. Nossa tendência a viver no futuro perturba nossa capacidade de desfrutar o presente, em especial, quando o presente oferece prazeres inesperados. Se você não tem

felicidade com os prazeres da vida cotidiana, então um programa de concentração ou meditação pode ajudá-lo. Aprender a viver no presente também pode reduzir seu nível de estresse caso tenha a tendência a se preocupar com o futuro. Tenha em mente, porém, que viver no agora é muito mais difícil do que parece, em grande parte porque você está tentando reprimir uma das habilidades mais importantes que a evolução lhe deu em sua capacidade de planejar o futuro.

2 **Busque momentos doces.** É quase impossível se tornar *permanentemente* mais feliz, mas isso não significa que você não possa ter mais diversão na vida. Atingir nossos imperativos evolutivos nos dá emoções positivas que variam de contentamento a grande alegria. Só precisamos estar preparados para o fato de que esses sentimentos não duram. Mas quem não ia querer ter momentos felizes com mais frequência?

3 **Proteja sua felicidade para permanecer saudável.** A felicidade é determinante para a saúde física. Se você a está sacrificando por algo que não é terrivelmente importante, deveria se perguntar quanto tempo essa situação durou e quanto tempo vai durar no futuro. Sacrifícios a curto prazo podem ser sensatos, mas a longo devem ser evitados ao máximo. Se você tem de sacrificar sua felicidade para atingir outros objetivos, tente estabelecer um prazo final e se aferre a ele. Do contrário, você poderá acordar um dia e descobrir que seu sacrifício de curto prazo já tem anos e sua felicidade e sua saúde são coisas do passado.

4 **Acumule experiências, não coisas.** Os grandes momentos que você vive se tornam parte de você; as grandes coisas que você tem acumulam poeira ou se tornam lixo. Dito isso, se sua memória para experiências vividas é tão ruim quanto a minha,

talvez lute para se lembrar de muitos dos grandes momentos que viveu e então se veja correndo o risco de não ter nada e se lembrar de pouco. Uma solução simples para esse problema é tirar fotos, e até comprar um eventual suvenir de viagens ou aventuras. Ao espalhar essas lembranças pela casa ou pelo escritório, você pode reviver seus grandes momentos e rir das jornadas que deram errado.

5 **Dê prioridade a comida, amigos e relações sexuais.** Essas três coisas são a base da felicidade cotidiana. Note que não há menção a dinheiro ou liberdade. Não há nada de errado em ter muito dinheiro e autonomia, mas a busca disso não deve interferir nas oportunidades de desfrutar de boa comida, sexo e amigos. Essas três coisas são as que mais provavelmente lhe darão as experiências felizes que correspondem a uma vida que valeu a pena.

6 **Coopere.** Trabalhar junto com parentes, amigos e colegas para atingir objetivos comuns é uma das mais importantes fontes de satisfação com a vida. Suas realizações não o deixam permanentemente feliz, mas a cooperação é em si recompensadora e fornece uma base para a satisfação com a vida. A felicidade não vem apenas de lazer e diversão, mas também de trabalho e produtividade, em especial quando se está realizando seu imperativo evolutivo de cooperar com outros. Nem todo trabalho que fazemos é significativo, já que a vida tem uma dose de tédio, mas trabalhar com pessoas em quem você confia e que admira alivia o fardo.

7 **Entranhe-se na comunidade.** Pense com cuidado em qualquer decisão que exija que você abandone suas raízes e vá para algum outro lugar. Nós evoluímos para ser curiosos, de modo que pessoas e lugares novos sempre são tentadores. Mas você não

precisa abandonar velhos amigos para conhecer pessoas novas e ver novos lugares. Mesmo que tenha um forte desejo de vagar, deve tentar manter os laços com sua comunidade.

8 **Aprenda coisas novas.** Aprender é uma fonte de felicidade por toda a vida, e brincar e contar histórias são duas importantes fontes de aprendizado. Em todas as fases da vida, da infância à velhice, passando pela maturidade, gostamos de dominar novas coisas. Se você escolher suas atividades com atenção, poderá desfrutar do processo de aprendizado até seus últimos dias com saúde na Terra.

9 **Use suas forças.** Há muitos caminhos para a felicidade, mas quase todos são encontrados usando suas forças específicas, que, provavelmente, mudarão com o tempo. A transformação é intimidadora para quase todos, pois exige que passemos do conhecido para o desconhecido e, portanto, do previsível para o imprevisível. Por essa razão, muitos indivíduos permanecem tempo demais em trabalhos ou hobbies que um dia as satisfizeram, mas que não as completam mais. Só porque você um dia amou algo não significa que esteja destinado a sempre sentir isso. Suas fontes de felicidade em mutação estão lhe dizendo que sua vida antiga não combina mais com você.

10 **Busque a fonte original.** Nosso mundo moderno oferece numerosas oportunidades de felicidade que lembram, mas não duplicam, as fontes originais. Algumas não são problema (por exemplo, TV e filmes), algumas provavelmente fazem mais mal do que bem (como álcool, drogas e *junk food*), mas nenhuma é tão boa quanto os originais ancestrais. Tempo com família e amigos está no topo da lista da nossa espécie e é a melhor receita para a felicidade.

Epílogo

Evolução não é um conceito confortável. Quem deixa para trás mais descendentes vence, não importando como essa meta foi alcançada. Então, não surpreende que o próprio processo seja, com frequência, brutal. Eu me lembro de assistir a um programa de TV sobre a natureza, em que uma matilha de hienas deixa um bebê zebra em pedaços, sem sequer se preocupar em matá-lo primeiro. Eu fiquei nauseado, mas para elas era apenas um lanche da tarde, e estou certo de que não pensaram naquilo depois de acabar com o último bocado. Animais que chegam a soluções eficazes para os próprios problemas transmitem seus genes e, com eles, suas soluções — sejam assassinos violentos como aquelas hienas, ou vegetarianos adoráveis como aquele bebê zebra que elas consumiram. De fato, violentos e adoráveis, bom e ruim, moral e imoral — tudo isso são criações humanas que não existem no mundo natural. A evolução é amoral.

Por que estou o lembrando disso? Porque as pressões evolutivas inerentes em um mundo assim poderiam facilmente ter nos levado a um lugar horrível. Nossos primos chimpanzés raramente procuram uns pelos outros como nós fazemos, e o mesmo vale para nossos primos em segundo grau, os babuínos. Se você ler o maravilhoso livro de Robert Sapolsky sobre babuínos da savana, *Memórias de um primata*, verá que a vida de um babuíno não é muito divertida a não ser que você seja o alfa, com todos constantemente agredindo o macaco abaixo deles na hierarquia. Sua solução para os desafios da vida na savana poderia facilmente ter sido a nossa, mas, por sorte, os australopitecos evoluíram para se proteger, trabalhando juntos. O *Homo erectus* então ampliou a frouxa cooperação de seus ancestrais com a divisão do trabalho, e a interdependência resultante nos deu uma estratégia de vida que era não apenas eficaz, mas também gentil.

Um dos aspectos mais desconcertantes da evolução é o enorme papel desempenhado pelo acaso. Nossa existência como espécie é o resultado de inúmeros arremessos de dados, cada um dos quais precisou ser a nosso favor. As perturbações mais triviais do nosso passado poderiam ter mudado tudo. Se nossos pais tivessem se apaixonado em uma noite diferente, ou se outro espermatozoide tivesse vencido a corrida para fertilizar os óvulos de nossas mães, eu não estaria escrevendo isto e você não estaria lendo. A probabilidade de que qualquer um de nós tivesse uma chance de viver é extremamente pequena, e, ainda assim, aqui estamos. Como diz Richard Dawkins em seu fascinante livro *Desvendando o arco-íris*: "Nós vamos morrer, e sorte a nossa."

Mas o simples fato de que podemos viver não é sorte. Muitos animais têm uma vida que eu rejeitaria, não porque termine em tragédia, como foi o caso daquele bebê zebra, mas porque sua abordagem da vida é uma de conflito sem fim. Imagine ser uma gaivota e passar a vida inteira lutando contra outras gaivotas por migalhas. O que nos torna sortudos é o puro acaso de que evoluímos para ser (em grande medida) bons uns com outros.

Nossa natureza cooperativa também criou as condições para a evolução de nosso impressionante cérebro. Nossa sociabilidade nos tornou individualmente mais inteligentes, mas, muito mais importante, ligou nossa mente à dos outros, de um modo que aumentou bastante nosso conhecimento e poder de computação. Como resultado, há muito superamos os predadores que nos caçavam na savana e agora contivemos a maioria dos patógenos que eram uma ameaça muito maior à saúde do que foram os predadores. Pela primeira vez na história, não mais enterramos quase metade de nossos filhos antes que eles cheguem à idade adulta. A evolução é brutal, mas aqueles de nós com a sorte de viver em democracias sólidas usaram as ferramentas que ela nos deu para criar vidas seguras e satisfatórias a um nível sem precedentes. Desenvolvemos uma psicologia que continua a buscar algo melhor, mas uma rápida reflexão revela que é difícil pedir muito mais que isso.

Agradecimentos

A cooperação que desenvolvemos na savana não apenas nos colocou no topo da cadeia alimentar, mas possibilitou os esforços científicos. Como todos os outros seres humanos neste planeta, sou produto de muitos professores, mentores e colaboradores, e este livro representa uma enorme empreitada cooperativa. Não haveria como ter escrito sozinho, e nem sequer tentei. Para começar, devo um enorme agradecimento a Lauren Sharp, minha agente na Aevitas Creative Management, que entrou em contato comigo com base em um podcast de quinze minutos na *Harvard Business Review* e me encorajou a escrever o livro. Lauren também me ajudou a desenvolver o projeto. Outro enorme agradecimento a minhas editoras na Harper Wave: Hannah Robinson, que ofereceu uma fantástica orientação editorial; Jenna Dolan, que resgatou minha gramática e minha pontuação mais vezes do que posso admitir; e Sarah Murphy, que trabalhou em parte da obra antes de assumir outra posição. E, de modo determinante, obrigado a Karen Rinaldi, da Harper Wave, que decidiu investir em mim e neste livro.

Minha agente e minhas editoras tiveram um papel central, mas também o tiveram meus amigos e familiares, que sofreram com diversos rascunhos que eram constrangedores demais para mostrar a Lauren e Hannah. Para começar com aquela que sofreu mais (e não só porque eu teria problemas se fizesse diferente), Courtney leu o primeiro rascunho de todos os capítulos, apontando quando era tedioso ou confuso, mas, principalmente, tentando me ajudar a ser um pouco mais coloquial e um pouco menos acadêmico (também conhecido como seco e monótono). Depois que Courtney lia, os capítulos passavam por uma longa lista de amigos e familiares, e devo um enorme agradecimento a eles: Roy Baumeister, Rob Brooks, Adam Bulley, Steve Fein, Mickey Inzlicht, Pamela Krones, Matt Lieberman, Dave Marshall, Elizabeth Marx, Glen McBride, Amanda Niehaus, Sam Pearson, Tiko Shah, Thomas Suddendorf e Meris Van de Grift; Arndt, Cathy, Frank, Karin, Marianne, Maya, Paul e Ted vH; Henry Wellman, Robbie Wilson, Matti Wilks e Brendan Zietsch. Este livro é muito melhor por causa deles.

Eu tenho a sorte de fazer parte de um grupo fantástico de acadêmicos da Universidade de Queensland, particularmente do Centre for Psychology and Evolution. As ideias nas quais a publicação se baseia foram, em grande medida, formadas em discussões, apresentações e debates nesse centro, e sou muito grato a todos os membros e visitantes ao longo da última década, em particular Thomas Suddendorf e Brendan Zietsch. Por fim, tenho uma grande dívida com meus colaboradores no trabalho acadêmico que é a base da maior parte deste livro (veja os ensaios listados na seção de referências). Sem isso, ele não existiria.

Referências

PRÓLOGO

Boesch, C. "Cooperative Hunting in Wild Chimpanzees." *Animal Behaviour* 48 (1994): 653–67.

Copeland, S. R., M. Sponheimer, D. J. de Ruiter, J. A. Lee-Thorp, D. Codron, P. J. le Roux (...) e M. P. Richards. "Strontium Isotope Evidence for Landscape Use by Early Hominins." *Nature* 474 (2011): 76–78.

Hill, K. R., R. S. Walker, M. Božic̆evic´, J. Eder, T. Headland, B. Hewlett (...) e B. Wood. "Co-Residence Patterns in Hunter-Gatherer Societies Show Unique Human Social Structure." *Science* 331 (2011): 1286–89.

Kittler, R., M. Kayser e M. Stoneking. "Molecular Evolution of *Pediculus humanus* and the Origin of Clothing." *Current Biology* 13 (2003): 1414–17.

Lahdenperä, M., V. Lummaa, S. Helle, M. Tremblay e A. F. Russell. "Fitness Benefits of Prolonged Post-Reproductive Lifespan in Women." *Nature* 428 (2004): 178–81.

Nesse, R. M., and G. C. Williams. *Why We Get Sick: The New Science of Darwinian Medicine*. Nova York: Vintage, 1995.

Thornton, A. e K. McAuliffe. "Teaching in Wild Meerkats." *Science* 313 (2006): 227–29.

Tomasello, M. *A Natural History of Human Morality*. Cambridge: Harvard University Press, 2016.

von Hippel, W. e D. M. Buss. "Do Ideologically Driven Scientific Agendas Impede the Understanding and Acceptance of Evolutionary Principles in Social Psychology?" *in* Lee Jussim e Jarret T. Crawford, orgs. *The Politics of Social Psychology*. Frontiers in Psychology series. Nova York: Routledge, 2017.

Yang, F., Y.-J. Choi, A. Misch, X. Yang e Y. Dunham. "In Defense of the Commons: Young Children Negatively Evaluate and Sanction Free-Riders." *Psychological Science* (julho de 2018), https://doi.org/10.1177%2F0956797618779061 .

Ashton, B. J., A. R. Ridley, E. K. Edwards e A. Thornton. "Cognitive Performance Is Linked to Group Size and Affects Fitness in Australian Magpies." *Nature* 554 (2018): 364–67.

Bates, L. A., K. N. Sayialel, N. W. Njiraini, J. H. Poole, C. J. Moss e R. W. Byrne. "African Elephants Have Expectations About the Locations of Out-of-Sight Family Members." *Biology Letters* 4 (2008): 34–36.

Bingham, P. M. "Human Evolution and Human History: A Complete Theory." *Evolutionary Anthropology* 9 (2000): 248–57.

Boesch, C. "Cooperative Hunting in Wild Chimpanzees." *Animal Behaviour* 48 (1994): 653–67.

_____. "The Effects of Leopard Predation on Grouping Patterns in Forest Chimpanzees." *Behaviour* 117 (1991): 220–42.

Calvin, W. H. "Did Throwing Stones Shape Hominid Brain Evolution?" *Ethology and Sociobiology* 3 (1982): 115–24.

Coppens, Y. "East Side Story: The Origin of Humankind." *Scientific American* 270 (1994): 88–95.

Crompton, R. H., T. C. Pataky, R. Savage, K. D'Août, M. R. Bennett, M. H. Day (...) e W. I. Sellers. "Human-Like External Function of the Foot, and Fully Upright Gait, Confirmed in the 3.66 Million Year Old Laetoli Hominin Footprints by Topographic Statistics, Experimental Footprint-Formation and Computer Simulation." *Journal of the Royal Society Interface* 9 (2012): 707–19.

Dart, R. A. "*Australopithecus africanus*: The Man-Ape of South Africa." *Nature* 115 (1925): 195–99.

Dunbar, R. I. e S. Shultz. "Evolution in the Social Brain." *Science* 317 (2007): 1344–47.

Frith, U. e C. Frith. "The Social Brain: Allowing Humans to Boldly Go Where No Other Species Has Been." *Philosophical Transactions of the Royal Society B* 365 (2010): 165–75.

Gilby, I. C. "Meat Sharing Among the Gombe Chimpanzees: Harassment and Reciprocal Exchange." *Animal Behaviour* 71 (2006): 953–63.

Hare, B. e M. Tomasello. "Chimpanzees Are More Skillful in Competitive than in Cooperative Cognitive Tasks." *Animal Behaviour* 68 (2004): 571–81.

Hart, D. e R. W. Sussman. *Man the Hunted: Primates, Predators, and Human Evolution.* Boulder, CO: Westview Press, 2005.

Humphrey, N. "The Social Function of Intellect." *In* P. P. G. Bateson e R. A. Hinde, orgs. *Growing Points in Ethology.* Cambridge: Cambridge University Press, 1976, 303–13.

Isaac, B. "Throwing and Human Evolution." *African Archaeological Review* 5 (1987): 3–17.

Kaiho, K. e N. Oshima. "Site of Asteroid Impact Changed the History of Life on Earth: the Low Probability of Mass Extinction." *Scientific Reports* 7 (2017): 148–55.

Kortlandt, A. *New Perspectives on Ape and Human Evolution*. Amsterdam: Stichting voor Psychobiologie, 1972.

Lieberman, M. D. *Social: Why Our Brains Are Wired to Connect*. Nova York: Oxford University Press, 2013.

Marzke, M. W. "Joint Functions and Grips of the *Australopithecus afarensis* Hand, with Special Reference to the Region of the Capitate." *Journal of Human Evolution* 12 (1983): 197–211.

Pinker, S. "The Cognitive Niche: Coevolution of Intelligence, Sociality, and Language." *Proceedings of the National Academy of Sciences* 107 (2010): 8993–99.

Powell, L. E., K. Isler e R. A. Barton. "Re-Evaluating the Link Between Brain Size and Behavioural Ecology in Primates." *Proceedings of the Royal Society B* 284 (2017): 1765.

Pruetz, J. D. e P. Bertolani. "Savanna Chimpanzees, *Pan troglodytes verus*, Hunt with Tools." *Current Biology* 17 (2007): 412–17.

Pruetz, J. D. e S. Lindshield. "Plant-Food and Tool Transfer Among Savanna Chimpanzees at Fongoli, Senegal." *Primates* 53 (2012): 133–45.

Roach, N. T., M. Venkadesan, M. J. Rainbow e D. E. Lieberman. "Elastic Energy Storage in the Shoulder and the Evolution of High-Speed Throwing in *Homo*." *Nature* 498 (2013): 483–87.

Tomasello, M. *A Natural History of Human Morality*. Cambridge: Harvard University Press, 2016.

Whiten, A. e R. W. Byrne. "Tactical Deception in Primates." *Behavioral and Brain Sciences* 11 (1988): 233–73.

Williams, K. D. *Ostracism: The Power of Silence*. Nova York: Guilford Press, 2002.

Young, R. W. "Evolution of the Human Hand: The Role of Throwing and Clubbing." *Journal of Anatomy* 202 (2003): 165–74.

2: FORA DA ÁFRICA

Baumeister, R. F. *The Cultural Animal: Human Nature, Meaning, and Social Life*. Nova York: Oxford University Press, 2005.

Berna, F., P. Goldberg, L. K. Horwitz, J. Brink, S. Holt, M. Bamford e M. Chazan. "Microstratigraphic Evidence of In Situ Fire in the Acheulian Strata of Wonderwerk Cave, Northern Cape Province, South Africa." *Proceedings of the National Academy of Sciences* 109 (2012): E1215–E1220.

Boesch, C. "Teaching Among Wild Chimpanzees." *Animal Behaviour* 41 (1991): 530–32.

Boyd, R. e P. J. Richerson. "Culture and the Evolution of the Human Social Instincts." *In* S. Levinson e N. Enfield, orgs. *Roots of Human Sociality*. Oxford, Inglaterra: Berg, 2006, pp. 453–77.

Diez-Martín, F., P. S. Yustos, D. Uribelarrea, E. Baquedano, D. F. Mark, A. Mabulla e J. Yravedra. "The Origin of the Acheulean: The 1.7 Million-Year-Old Site of FLK West, Olduvai Gorge (Tanzania)." *Scientific Reports* 5 (2015): 17839.

Ding, X. P., H. M. Wellman, Y. Wang, G. Fu e K. Lee. "Theory-of-Mind Training Causes Honest Young Children to Lie." *Psychological Science* 26 (2015): 1812–21.

Domínguez-Rodrigo, M. "Hunting and Scavenging by Early Humans: The State of the Debate." *Journal of World Prehistory* 16 (2002): 1–54.

Fiddes, I. T., G. A. Lodewijk, M. Mooring, S. R. Salama, F. M. J. Jacobs e D. Haussler. "Human-Specific NOTCH2NL Genes Affect Notch Signaling and Cortical Neurogenesis." *Cell* 173 (2018): 1356–69.

Gallotti, R. e M. Mussi. "The Unknown Oldowan: ~1.7-Million-Year-Old Standardized Obsidian Small Tools from Garba IV, Melka Kunture, Ethiopia." *PLoS One* 10, n° 12 (2015): e0145101. https://doi.org/10.1371/journal.pone.0145101.

Gibbons, A. "Why Humans Are the High-Energy Apes." *Science* 352 (2016): 639.

Goren-Inbar, N., A. Lister, E. Werker e M. Chech. "A Butchered Elephant Skull and Associated Artifacts from the Acheulian Site of Gesher Benot Ya'aqov, Israel." *Paléorient* (1994): 99–112.

Harcourt, A. H. "Human Phylogeography and Diversity." *Proceedings of the National Academy of Sciences* 113 (2016): 8072–78.

Harmand, S., J. E. Lewis, C. S. Feibel, C. J. Lepre, S. Prat, A. Lenoble (...) e H. Roche. "3.3-million-year-old Stone Tools from Lomekwi 3, West Turkana, Kenya." *Nature* 521 (2015): 310–15.

Henrich, J. *The Secret of Our Success: How Culture Is Driving Human Evolution, Domesticating Our Species, and Making Us Smarter*. Princeton, NJ: Princeton University Press, 2015.

Horner, V. e A. Whiten. "Causal Knowledge and Imitation/Emulation Switching in Chimpanzees (*Pan troglodytes*) and Children (*Homo sapiens*)." *Animal Cognition* 8 (2005): 164–81.

Krupenye, C., F. Kano, S. Hirata, J. Call e M. Tomasello. "Great Apes Anticipate That Other Individuals Will Act According to False Beliefs." *Science* 354 (2016): 110–14.

Nadel, D., A. Danin, R. C. Power, A. M. Rosen, F. Bocquentin, A. Tsatskin (...) e O. Barzilai. "Earliest Floral Grave Lining from 13,700–11,700-y-old Natufian Burials at Raqefet Cave, Mt. Carmel, Israel." *Proceedings of the National Academy of Sciences* 110 (2013): 11774–78.

Pinker, S. *The Better Angels of Our Nature: The Decline of Violence in History and Its Causes*. London: Penguin UK, 2011.

Roberts, W. A. "Are Animals Stuck in Time?" *Psychological Bulletin* 128 (2002): 473–89.

Roche, H., A. Delagnes, J. P. Brugal, C. Feibel, M. Kibunjia, V. Mourre e P. J. Texier. "Early Hominid Stone Tool Production and Technical Skill 2.34 MYR Ago in West Turkana, Kenya." *Nature* 399 (1999): 57–60.

Shipton, C. e M. Nielsen. "Before Cumulative Culture." *Human Nature* 26 (2015): 331–45.

Stout, D., E. Hecht, N. Khreisheh, B. Bradley e T. Chaminade. "Cognitive Demands of Lower Paleolithic Toolmaking." *PLoS One* 10, n° 4 (2015): e0121804.

Suddendorf, T. *The Gap: The Science of What Separates Us from Other Animals*. Nova York: Basic Books, 2013.

Suddendorf, T. e M. C. Corballis. "The Evolution of Foresight: What Is Mental Time Travel, and Is It Unique to Humans?" *Behavioral and Brain Sciences* 30 (2007): 299–313.

Suzuki, I., D. Gacquer, R. Van Heurck, D. Kumar, M. Wojno, A. Bilheu, A. Herpoel *et al*. "Human-Specific NOTCH2NL Genes Expand Cortical Neurogenesis Through Delta/Notch Regulation." *Cell* 173 (2018): 1370–84.

Sznycer, D., J. Tooby, L. Cosmides, R. Porat, S. Shalvi e E. Halperin. "Shame Closely Tracks the Threat of Devaluation by Others, Even Across Cultures." *Proceedings of the National Academy of Sciences* (2015): 14699.

Trivers, R. L. "The Evolution of Reciprocal Altruism." *Quarterly Review of Biology* 46 (1971): 35–57.

Wheeler, B. C. "Monkeys Crying Wolf? Tufted Capuchin Monkeys Use Anti--Predator Calls to Usurp Resources from Conspecifics." *Proceedings of the Royal Society of London B: Biological Sciences* 276 (2009): 3013–18.

Wiessner, P. W. "Embers of Society: Firelight Talk Among the Ju/'Hoansi Bushmen." *Proceedings of the National Academy of Sciences* 111 (2014): 14027–35.

Wrangham, R. *Catching Fire: How Cooking Made Us Human*. Nova York: Basic Books, 2009.

Wrangham, R. e R. Carmody. "Human Adaptation to the Control of Fire." *Evolutionary Anthropology: Issues, News, and Reviews* 19 (2010): 187–99.

Caso você esteja interessado em outras leituras, os capítulos 1 e 2 são baseados no seguinte artigo acadêmico:

von Hippel, W., F. A. von Hippel e T. Suddendorf. "Evolutionary Foundations of Social Psychology." *In* P. Van Lange, E. T. Higgins e A. Kruglanski, orgs. *Social Psychology: The Handbook of Basic Principles* (no prelo).

3: COLHEITAS, CIDADES E REIS

Acemoglu, D. e J. A. Robinson. *Why Nations Fail: The Origins of Power, Prosperity, and Poverty*. Nova York: Crown Business, 2013.

Alesina, A., P. Giuliano e N. Nunn. "On the Origins of Gender Roles: Women and the Plough." *Quarterly Journal of Economics* 128 (2013): 469–530.

Ambady, N., F. J. Bernieri e J. A. Richeson. "Toward a Histology of Social Behavior: Judgmental Accuracy from Thin Slices of the Behavioral Stream." *Advances in Experimental Social Psychology* 32 (2000): 201–71.

Boehm, C. *Hierarchy in the Forest: The Evolution of Egalitarian Behavior.* Cambridge, MA: Harvard University Press, 2009.

Bollongino, R., O. Nehlich, M. P. Richards, J. Orschiedt, M. G. Thomas, C. Sell (...) e J. Burger. "2000 Years of Parallel Societies in Stone Age Central Europe." *Science* 342 (2013): 479–81.

Gibbons, A. "How Sweet It Is: Genes Show How Bacteria Colonized Human Teeth." *Science* 339 (2013): 896–97.

Lawler, A. "Uncovering Civilization's Roots." *Science* 335 (2012): 790–93.

Lippi, M. M., B. Foggi, B. Aranguren, A. Ronchitelli e A. Revedin. "Multistep Food Plant Processing at Grotta Paglicci (Southern Italy) Around 32,600 cal BP." *Proceedings of the National Academy of Sciences* 112 (2015): 12075–80.

Liu, L., S. Bestel, J. Shi, Y. Song e X. Chen. "Paleolithic Human Exploitation of Plant Foods During the Last Glacial Maximum in North China." *Proceedings of the National Academy of Sciences* 110 (2013): 5380–85.

Martins, Y., G. Preti, C. R. Crabtree, T. Runyan, A. A. Vainius e C. J. Wysocki. "Preference for Human Body Odors Is Influenced by Gender and Sexual Orientation." *Psychological Science* 16 (2005): 694–701.

Mattison, S. M., E. A. Smith, M. K. Shenk e E. E. Cochrane. "The Evolution of Inequality." *Evolutionary Anthropology: Issues, News, and Reviews* 25 (2016): 184–99.

Nisbett, R. E. e D. Cohen. *Culture of Honor: The Psychology of Violence in the South.* Boulder, CO: Westview Press, 1996.

Pringle, H. "The Ancient Roots of the 1%." *Science* 344 (2014): 822–25.

Starmans, C., M. Sheskin, and P. Bloom. "Why People Prefer Unequal Societies." *Nature Human Behaviour* 1 (2017): 1–7.

Willcox, G. "The Roots of Cultivation in Southwestern Asia." *Science* 341 (2013): 39–40.

Winterhalder, B. "Work, Resources and Population in Foraging Societies." *Man* (1993): 321–40.

Zerjal, T., Y. Xue, G. Bertorelle, R. S. Wells, W. Bao, S. Zhu (...) e P. Li. "The Genetic Legacy of the Mongols." *American Journal of Human Genetics* 72 (2003): 717–21.

4: SELEÇÃO SEXUAL E COMPARAÇÃO SOCIAL

Bräuer, J. e D. Hanus. "Fairness in Non-human Primates?" *Social Justice Research* 25 (2012): 256–76.

Brosnan, S. F. e F. B. De Waal. "Monkeys Reject Unequal Pay." *Nature* 425 (2003): 297–99.

Brown, C., M. P. Garwood e J. E. Williamson. "It Pays to Cheat: Tactical Deception in a Cephalopod Social Signaling System." *Biology Letters* (2012): rsbl20120435.

Buss, D. M. e D. P. Schmitt. "Sexual Strategies Theory: An Evolutionary Perspective on Human Mating." *Psychological Review* 100 (1993): 204.

Darwin, C. *The Descent of Man, and Selection in Relation to Sex.* 2ª ed. Londres: John Murray, 1874.

Engelmann, J. M., J. B. Clift, E. Herrmann e M. Tomasello. "Social Disappointment Explains Chimpanzees' Behaviour in the Inequity Aversion Task." *Proceedings of the Royal Society B* 284 (2017): 20171502.

Galperin, A., M. G. Haselton, D. A. Frederick, J. Poore, W. von Hippel, D. M. Buss e G. C. Gonzaga. "Sexual Regret: Evidence for Evolved Sex Differences." *Archives of Sexual Behavior* 42 (2013): 1145–61.

Kuziemko, I., R. W. Buell, T. Reich e M. I. Norton. "'Last-Place Aversion': Evidence and Redistributive Implications." *Quarterly Journal of Economics* 129 (2014): 105–49.

Leimgruber, K. L., A. G. Rosati e L. R. Santos. "Capuchin Monkeys Punish Those Who Have More." *Evolution and Human Behavior* 37 (2016): 236–44.

Tesser, A. "Toward a Self-Evaluation Maintenance Model of Social Behavior." *Advances in Experimental Social Psychology* 21 (1988): 181–27.

Trivers, R. "Parental Investment and Sexual Selection." *In* B. Campbell, org. *Sexual Selection and the Descent of Man.* Nova York: Aldine de Gruyter, 1972.

von Rueden, C., M. Gurven e H. Kaplan. "Why Do Men Seek Status? Fitness Payoffs to Dominance and Prestige." *Proceedings of the Royal Society of London B: Biological Sciences* 278 (2010): 2223–32.

Zahavi, A. "Mate Selection: A Selection for a Handicap." *Journal of Theoretical Biology* 53 (1975): 205–14.

5: HOMO SOCIALIS

Anderson, C., S. Brion, D. A. Moore e J. A. Kennedy. "A Status-Enhancement Account of Overconfidence." *Journal of Personality and Social Psychology* 103 (2012): 718–35.

Boehm, C. *Moral Origins: The Evolution of Virtue, Altruism, and Shame.* Nova York: Soft Skull Press, 2012.

Boysen, S. T. e G. G. Berntson. "Responses to Quantity: Perceptual Versus Cognitive Mechanisms in Chimpanzees (*Pan troglodytes*)". *Journal of Experimental Psychology: Animal Behavior Processes* 21 (1995): 82.

Brady, W. J., J. A. Wills, J. T. Jost, J. A. Tucker e J. J. Van Bavel. "Emotion Shapes the Diffusion of Moralized Content in Social Networks." *Proceedings of the National Academy of Sciences* 114 (2017): 7313–18.

Ditto, P. H. e D. F. Lopez. "Motivated Skepticism: Use of Differential Decision Criteria for Preferred and Nonpreferred Conclusions." *Journal of Personality and Social Psychology* 63 (1992): 568–84.

Epley, N. e E. Whitchurch. "Mirror, Mirror on the Wall: Enhancement in Self-Recognition." *Personality and Social Psychology Bulletin* 34 (2008): 1159–70.

Guess, A., B. Nyhan e J. Reifler. "Selective Exposure to Misinformation: Evidence from the Consumption of Fake News During the 2016 U.S. Presidential Campaign." Original não publicado, Dartmouth College, 2018.

Hall, J. R., E. M. Bernat e C. J. Patrick. "Externalizing Psychopathology and the Error-Related Negativity." *Psychological Science* 18 (2007): 326–33.

Hardin, C. D. e E. T. Higgins. "Shared Reality: How Social Verification Makes the Subjective Objective." *In* Richard M. Sorrentino e E. Tory Higgins, orgs. *Handbook of Motivation and Cognition, Vol. 3: The Interpersonal Context.* Nova York: Guilford Press, 1996, pp. 28–84.

Heath, C., C. Bell e E. Sternberg. "Emotional Selection in Memes: The Case of Urban Legends." *Journal of Personality and Social Psychology* 81 (2001): 1028.

Lieberman, M. D. e N. I. Eisenberger. "The Dorsal Anterior Cingulate Cortex Is Selective for Pain: Results from Large-Scale Reverse Inference." *Proceedings of the National Academy of Sciences* 112 (2015): 15250–55.

Mercier, H. e D. Sperber. "Why Do Humans Reason? Arguments for an Argumentative Theory." *Behavioral and Brain Sciences* 34 (2011): 57–74.

Mischel, W., Y. Shoda e M. L. Rodriguez. "Delay of Gratification in Children." *Science* 244 (1989): 933.

Moss, F. A., T. Hunt, K. T. Omwake e M. M. Ronning. *George Washington University Social Intelligence Test.* Washington: Center for Psychological Service, 1925.

Murphy, S. C., F. K. Barlow e W. von Hippel. "A Longitudinal Test of Three Theories of Overconfidence." *Social Psychological and Personality Science* 9, n° 3 (2017): 353–63.

Murphy, S. C., W. von Hippel, S. L. Dubbs, M. J. Angilletta Jr., R. S. Wilson, R. Trivers e F. K. Barlow. "The Role of Overconfidence in Romantic Desirability and Competition." *Personality and Social Psychology Bulletin* 41 (2015): 1036–52.

Schlam, T. R., N. L. Wilson, Y. Shoda, W. Mischel e O. Ayduk. "Preschoolers' Delay of Gratification Predicts Their Body Mass 30 Years Later." *Journal of Pediatrics* 162 (2013): 90–93.

Smith, M. K., R. Trivers e W. von Hippel. "Self-Deception Facilitates Interpersonal Persuasion." *Journal of Economic Psychology* 63 (2017): 93–101.

Strang, R. "An Analysis of Errors Made in a Test of Social Intelligence." *Journal of Educational Sociology* 5 (1932): 291–99.

Suddendorf, T. *The Gap: The Science of What Separates Us from Other Animals.* Nova York: Basic Books, 2013.

Tomasello, M., M. Carpenter, J. Call, T. Behne e H. Moll. "Understanding and Sharing Intentions: The Origins of Cultural Cognition." *Behavioral and Brain Sciences* 28 (2005): 675–91.

von Hippel, W. e K. Gonsalkorale. "'That Is Bloody Revolting!' Inhibitory Control of Thoughts Better Left Unsaid." *Psychological Science* 16 (2005): 497–500.

von Hippel, W., R. Ronay, E. Baker, K. Kjelsaas e S. C. Murphy. "Quick Thinkers Are Smooth Talkers: Mental Speed Facilitates Charisma." *Psychological Science* 27 (2016): 119–22.

von Hippel, W. e R. Trivers. "The Evolution and Psychology of Self-Deception." *Behavioral and Brain Sciences* 34 (2011): 1–16.

Wojcik, S. P., A. Hovasapian, J. Graham, M. Motyl e P. H. Ditto. "Conservatives Report, but Liberals Display, Greater Happiness." *Science* 347 (2015): 1243–46.

6: HOMO INNOVATIO

Baron-Cohen, S. "Autism and the Technical Mind." *Scientific American* 307 (2012): 72–75.

Baron-Cohen, S., P. Bolton, S. Wheelwright, L. Short, G. Mead, A. Smith e V. Scahill. "Does Autism Occur More Often in Families of Physicists, Engineers, and Mathematicians?" *Autism* 2 (1998): 296–301.

Baron-Cohen, S., S. Wheelwright, R. Skinner, J. Martin e E. Clubley. "The Autism--Spectrum Quotient (AQ): Evidence from Asperger Syndrome/High-Functioning Autism, Males and Females, Scientists and Mathematicians." *Journal of Autism and Developmental Disorders* 31 (2001): 5–17.

Boehm, C. *Hierarchy in the Forest: The Evolution of Egalitarian Behavior*. Cambridge, MA: Harvard University Press, 2009.

Cacioppo, J. T., S. Cacioppo, G. C. Gonzaga, E. L. Ogburn e T. J. VanderWeele. "Marital Satisfaction and Break-ups Differ Across On-line and Off-line Meeting Venues." *Proceedings of the National Academy of Sciences* 110 (2013): 10135–40.

Gest, S. D., S. A. Graham-Bermann e W. W. Hartup. "Peer Experience: Common and Unique Features of Number of Friendships, Social Network Centrality, and Sociometric Status." *Social Development* 10 (2001): 23–40.

Giuri, P., M. Mariani, S. Brusoni, G. Crespi, D. Francoz, A. Gambardella (...) e B. Verspagen. "Inventors and Invention Processes in Europe: Results from the PatVal-EU Survey." *Research Policy* 36 (2007): 1107–27.

Gluckman, M. e S. P. Johnson. "Attentional Capture by Social Stimuli in Young Infants." *Frontiers in Psychology* 4 (2013): 527.

Goodall, J. *The Chimpanzees of Gombe: Patterns of Behavior*. Cambridge, MA: Harvard University Press, 1986.

Harari, Y.N. *Sapiens: uma breve história da humanidade*. Porto Alegre: L& PM Editores, 2015.

Hassett, J. M., E. R. Siebert e K. Wallen. "Sex Differences in Rhesus Monkey Toy Preferences Parallel Those of Children." *Hormones and Behavior* 54 (2008): 359–64.

Lieberman, M. D. *Social: Why Our Brains Are Wired to Connect.* Nova York: Oxford University Press, 2013.

Lubinski, D., C. P. Benbow e H. J. Kell. "Life Paths and Accomplishments of Mathematically Precocious Males and Females Four Decades Later." *Psychological Science* 25 (2014): 2217–32.

Lutchmaya, S. e S. Baron-Cohen. "Human Sex Differences in Social and Non-Social Looking Preferences, at 12 Months of Age." *Infant Behavior and Development* 25 (2002): 319–25.

McClure, E. B. "A Meta-analytic Review of Sex Differences in Facial Expression Processing and Their Development in Infants, Children, and Adolescents." *Psychological Bulletin* 126 (2000): 424.

Moss-Racusin, C. A., J. F. Dovidio, V. L. Brescoll, M. J. Graham e J. Handelsman. "Science Faculty's Subtle Gender Biases Favor Male Students." *Proceedings of the National Academy of Sciences* 109 (2012): 16474–79.

Roelfsema, M. T., R. A. Hoekstra, C. Allison, S. Wheelwright, C. Brayne, F. E. Matthews e S. Baron-Cohen. "Are Autism Spectrum Conditions More Prevalent in an Information-Technology Region? A School-Based Study of Three Regions in the Netherlands." *Journal of Autism and Developmental Disorders* 42 (2012): 734–39.

Stoet, G. e D. C. Geary. "The Gender-Equality Paradox in Science, Technology, Engineering, and Mathematics Education." *Psychological Science* 29 (2018): 581–93.

Su, R., J. Rounds e P. I. Armstrong. "Men and Things, Women and People: A Meta-Analysis of Sex Differences in Interests." *Psychological Bulletin* 135 (2009): 859–84.

Suddendorf, T. *The Gap: The Science of What Separates Us from Other Animals.* Nova York: Basic Books, 2013.

Van Meter, K. C., L. E. Christiansen, L. D. Delwiche, R. Azari, T. E. Carpenter e I. Hertz-Picciotto. "Geographic Distribution of Autism in California: A Retrospective Birth Cohort Analysis." *Autism Research* 3 (2010): 19–29.

von Hippel, E., J. P. De Jong e S. Flowers. "Comparing Business and Household Sector Innovation in Consumer Products: Findings from a Representative Study in the United Kingdom." *Management Science* 58 (2012): 1669–81.

Wang, M. T., J. S. Eccles e S. Kenny. "Not Lack of Ability but More Choice: Individual and Gender Differences in Choice of Careers in Science, Technology, Engineering, and Mathematics." *Psychological Science* 24 (2013): 770–75.

Williams, W. M. e S. J. Ceci. "National Hiring Experiments Reveal 2:1 Faculty Preference for Women on STEM Tenure Track." *Proceedings of the National Academy of Sciences* 112 (2013): 5360–65.

Se você estiver interessado em mais leituras, o capítulo 6 é baseado no seguinte artigo acadêmico:

von Hippel, W. e T. Suddendorf. "Did Humans Evolve to Innovate with a Social Rather than Technical Orientation?" *New Ideas in Psychology* 51 (2018): 34–39.

7: ELEFANTES E BABUÍNOS

Acemoglu, D. e J. A. Robinson. *Why Nations Fail: The Origins of Power, Prosperity, and Poverty*. Nova York: Crown Business, 2013.

Archie, E. A., T. A. Morrison, C. A. H. Foley, C. J. Moss e S. C. Alberts. "Dominance Rank Relationships Among Wild Female African Elephants, *Loxodonta africana*." *Animal Behaviour* 71 (2006): 117–27.

Betzig, L. L. "Despotism and Differential Reproduction: A Cross-Cultural Correlation of Conflict Asymmetry, Hierarchy, and Degree of Polygyny." *Ethology and Sociobiology* 3 (1982): 209–21.

Bidwell, M. "Paying More to Get Less: Specific Skills, Matching, and the Effects of External Hiring Versus Internal Promotion." *Administrative Science Quarterly* 56 (2011): 369–407.

Case, C. R. e J. K. Maner. "Divide and Conquer: When and Why Leaders Undermine the Cohesive Fabric of Their Group." *Journal of Personality and Social Psychology* 107 (2014): 1033–50.

Chagnon, N. A. *Noble Savages: My Life Among Two Dangerous Tribes—the Yanomamö and the Anthropologists*. Nova York: Simon and Schuster, 2013.

Cowlishaw, G. e R. I. M. Dunbar. "Dominance Rank and Mating Success in Male Primates." *Animal Behavior* 41 (1991): 1045–56.

Inglehart, R., C. Haerpfer, A. Moreno, C. Welzel, K. Kizilova, J. Diez-Medrano, M. Lagos, P. Norris, E. Ponarin, B. Puranen *et al.*, orgs. "World Values Survey: Wave 6 (2010–2014)." Madri: JD Systems Institute, 2014. http://www.worldvaluessurvey.org/WVSDocumentationWV6.jsp.

Lawson, D. W., S. James, E. Ngadaya, B. Ngowi, S. G. Mfinanga e M. B. Mulder. "No Evidence That Polygynous Marriage Is a Harmful Cultural Practice in Northern Tanzania." *Proceedings of the National Academy of Sciences* 112 (2015): 13827–32.

Loughnan, S., P. Kuppens, J. Allik, K. Balazs, S. de Lemus, K. Dumont, R. Gargurevich, I. Hidegkuti, B. Leidner, L. Matos, J. Park., A. Realo, J. Shi, V. Sojo, Y.-Y. Tong, J. Vaes, P. Verduyn, V. Yeung e N. Haslam. "Economic Inequality Is Linked to Biased Self-Perception." *Psychological Science* 22 (2011): 1254–58.

Maner, J. K. e N. L. Mead. "The Essential Tension Between Leadership and Power: When Leaders Sacrifice Group Goals for the Sake of Self-Interest." *Journal of Personality and Social Psychology* 99 (2010): 482–97.

Marlowe, F. *The Hadza: Hunter-Gatherers of Tanzania*. Berkeley: University of California Press, 2010.

McComb, K., C. Moss, S. M. Durant, L. Baker e S. Sayialel. "Matriarchs as Repositories of Social Knowledge in African Elephants." *Science* 292 (2001): 491–94.

McComb, K., G. Shannon, S. M. Durant, K. Sayialel, R. Slotow, J. Poole e C. Moss. "Leadership in Elephants: The Adaptive Value of Age." *Proceedings of the Royal Society B: Biological Sciences* 278 (2001): 3270–76.

Ronay, R., J. K. Oostrom, N. Lehmann-Willenbrock e M. Van Vugt. "Pride Before the Fall: (Over) Confidence Predicts Escalation of Public Commitment." *Journal of Experimental Social Psychology* 69 (2017): 13–22.

Sapolsky, R. *A Primate's Memoir: A Neuroscientist's Unconventional Life Among the Baboons*. Nova York: Simon and Schuster, 2007.

Wright, R. *The Moral Animal: Why We Are the Way We Are: The New Science of Evolutionary Psychology*. Nova York: Pantheon, 1994.

Se você estiver interessado em mais leituras, o capítulo 7 é baseado no seguinte artigo acadêmico:

Ronay, R., W. W. Maddux e W. von Hippel. "Inequality Rules: Resource Distribution and the Evolution of Dominance-and Prestige-Based Leadership." *Leadership Quarterly* (no prelo).

8: TRIBOS E TRIBULAÇÕES

Brewer, M. B. "The Psychology of Prejudice: Ingroup Love and Outgroup Hate?" *Journal of Social Issues* 55 (1999): 429–44.

Case, T. I., B. M. Repacholi e R. J. Stevenson. "My Baby Doesn't Smell as Bad as Yours: The Plasticity of Disgust." *Evolution and Human Behavior* 27 (2006): 357–65.

Chagnon, N. A. "Life Histories, Blood Revenge, and Warfare in a Tribal Population." *Science* 239 (1988): 985.

Cosmides, L., H. C. Barrett e J. Tooby. "Adaptive Specializations, Social Exchange, and the Evolution of Human Intelligence." *Proceedings of the National Academy of Sciences* 107 (2010): 9007–14.

Fincher, C. L. e R. Thornhill. "Assortative Sociality, Limited Dispersal, Infectious Disease and the Genesis of the Global Pattern of Religion Diversity." *Proceedings of the Royal Society of London B: Biological Sciences* 275 (2008): 2587–94.

_____. "A Parasite-Driven Wedge: Infectious Diseases May Explain Language and Other Biodiversity." *Oikos* 117 (2008): 1289–97.

Glowacki, L. e R. Wrangham. "Warfare and Reproductive Success in a Tribal Population." *Proceedings of the National Academy of Sciences* 112 (2015): 348–53.

Keeley, L. H. *War Before Civilization: The Myth of the Peaceful Savage*. Nova York: Oxford University Press, 1997.

Mathew, S. e R. Boyd. "Punishment Sustains Large-Scale Cooperation in Prestate Warfare." *Proceedings of the National Academy of Sciences* 108 (2011): 11375–80.

Pinker, S. *The Better Angels of Our Nature: The Decline of Violence in History and Its Causes.* Londres: Penguin UK, 2011.

_____. *Enlightenment Now: The Case for Reason, Science, Humanism, and Progress.* Nova York: Penguin, 2018.

Schaller, M. "The Behavioural Immune System and the Psychology of Human Sociality." *Philosophical Transactions of the Royal Society B: Biological Sciences*, 366 (2011): 3418–26.

Schaller, M., and S. L. Neuberg. "Danger, Disease, and the Nature of Prejudice(s)." *Advances in Experimental Social Psychology* 46 (2012): 1.

Thornhill, R., C. L. Fincher, D. R. Murray e M. Schaller. "Zoonotic and Non-Zoonotic Diseases in Relation to Human Personality and Societal Values: Support for the Parasite-Stress Model." *Evolutionary Psychology* 8 (2010): 147470491000800201.

Valdesolo, P. e D. DeSteno. "The Duality of Virtue: Deconstructing the Moral Hypocrite." *Journal of Experimental Social Psychology* 44 (2008): 1334–38.

_____. "Moral Hypocrisy". *Psychological Science* 18 (2007): 689–90.

Wilson, M. L. e R. W. Wrangham. "Intergroup Relations in Chimpanzees." *Annual Review of Anthropology* 32 (2003): 363–92.

Wilson, R. S., M. J. Angilletta Jr., R. S. James, C. Navas e F. Seebacher. "Dishonest Signals of Strength in Male Slender Crayfish (*Cherax dispar*) During Agonistic Encounters." *The American Naturalist* 170 (2007): 284–91.

Wood, B. M., D. P. Watts, J. C. Mitani e K. E. Langergraber. "Favorable Ecological Circumstances Promote Life Expectancy in Chimpanzees Similar to That of Human Hunter-Gatherers." *Journal of Human Evolution* 105 (2017): 41–56.

Wrangham, R. W. e L. Glowacki. "Intergroup Aggression in Chimpanzees and War in Nomadic Hunter-Gatherers." *Human Nature* 23 (2012): 5–29.

Zhang, H. e F. N. von Hippel. "Using Commercial Imaging Satellites to Detect the Operation of Plutonium-Production Reactors and Gaseous-Diffusion Plants." *Science and Global Security* 8 (2000): 261–313.

Se você estiver interessado em mais leituras, o capítulo 8 é baseado no seguinte artigo acadêmico:

von Hippel, W. "Evolutionary Psychology and Global Security." *Science and Global Security* 25 (2007): 28–41.

9: POR QUE A EVOLUÇÃO NOS DEU A FELICIDADE

Baumeister, R. F., E. Bratslavsky, C. Finkenauer e K. D. Vohs. "Bad Is Stronger than Good." *Review of General Psychology* 5 (2001): 323–70.

Danner, D. D., D. A. Snowdon e W. V. Friesen. "Positive Emotions in Early Life and Longevity: Findings from the Nun Study." *Journal of Personality and Social Psychology* 80 (2001): 804–13.

Darley, J. M. e C. D. Batson. "'From Jerusalem to Jericho': A Study of Situational and Dispositional Variables in Helping Behavior." *Journal of Personality and Social Psychology* 27 (1973): 100.

Gilbert, D. T. e T. D. Wilson. "Prospection: Experiencing the Future." *Science* 317 (2007): 1351–54.

Kalokerinos, E. K., W. von Hippel, J. D. Henry e R. Trivers. "The Aging Positivity Effect and Immune Functioning: Positivity in Recall Predicts Higher CD4 Counts and Lower CD4 Activation." *Psychology and Aging* 29 (2014): 636–41.

Kiecolt-Glaser, J. K., T. J. Loving, J. R. Stowell, W. B. Malarkey, S. Lemeshow, S. L. Dickinson e R. Glaser. "Hostile Marital Interactions, Proinflammatory Cytokine Production, and Wound Healing." *Archives of General Psychiatry* 62 (2005): 1377–84.

Oishi, S., E. Diener e R. E. Lucas. "The Optimum Level of Well-Being: Can People Be Too Happy?" *Perspectives on Psychological Science* 2 (2007): 346–60.

10: ENCONTRANDO A FELICIDADE NOS IMPERATIVOS EVOLUTIVOS

Alberts, S. C., J. Altmann, D. K. Brockman, M. Cords, L. M. Fedigan, A. Pusey (...) e A. M. Bronikowski. "Reproductive Aging Patterns in Primates Reveal That Humans Are Distinct." *Proceedings of the National Academy of Sciences* 110 (2013): 13440–45.

Apicella, C. L., F. W. Marlowe, J. H. Fowler e N. A. Christakis. "Social Networks and Cooperation in Hunter-Gatherers." *Nature* 481 (2012): 497–501.

Bird, R. B. e E. A. Power. "Prosocial Signaling and Cooperation Among Martu Hunters." *Evolution and Human Behavior* 36 (2015): 389–97.

Buss, D. M. "The Evolution of Happiness." *American Psychologist* 55 (2000): 15–23.

_____. "Sex Differences in Human Mate Preferences: Evolutionary Hypotheses Tested in 37 Cultures." *Behavioral and Brain Sciences* 12 (1989): 1–14.

Corder, E. H., A. M. Saunders, W. J. Strittmatter, D. E. Schmechel, P. C. Gaskell, G. W. Small, A. D. Roses, J. L. Haines e M. A. Pericak-Vance. "Gene Dose of Apolipoprotein E Type 4 Allele and the Risk of Alzheimer's Disease in Late Onset Families." *Science* 261 (1993): 921–23.

Easterlin, R. "Will Raising the Incomes of All Increase the Happiness of All?" *Journal of Economic Behaviour and Organization* 27 (1994): 35–47.

Hoffman, M., E. Yoeli e M. A. Nowak. "Cooperate Without Looking: Why We Care What People Think and Not Just What They Do." *Proceedings of the National Academy of Sciences* 112 (2015): 1727–32.

Hunt, J., R. Brooks, M. D. Jennions, M. J. Smith, C. L. Bentsen e L. F. Bussiere. "High-Quality Male Field Crickets Invest Heavily in Sexual Display but Die Young." *Nature* 432 (2004): 1024–27.

Inglehart, R., C. Haerpfer, A. Moreno, C. Welzel, K. Kizilova, J. Diez-Medrano, M. Lagos, P. Norris, E. Ponarin, B. Puranen *et al.*, orgs. "World Values Survey: Wave 6 (2010–2014)." Madri: JD Systems Institute, 2014. http://www.world-valuessurvey.org/WVSDocumentationWV6.jsp.

Morgan, D., K. A. Grant, H. D. Gage, R. H. Mach, J. R. Kaplan, O. Prioleau, S. H. Nader, N. Buchheimer, R. L. Ehrenkaufer e M. A. Nader. "Social Dominance in Monkeys: Dopamine D2 Receptors and Cocaine Self-Administration." *Nature Neuroscience* 5 (2002): 169–74.

Oishi, S. e U. Schimmack. "Residential Mobility, Well-Being, and Mortality." *Journal of Personality and Social Psychology* 98 (2010), 980–94.

Owens, I. P. "Sex Differences in Mortality Rate." *Science* 297 (2002): 2008–9.

Pellegrini, A. D. e P. K. Smith, orgs. *The Nature of Play: Great Apes and Humans.* Nova York: Guilford Press, 2005.

Rand, D. G., J. D. Greene e M. A. Nowak. "Spontaneous Giving and Calculated Greed." *Nature* 489 (2012): 427–30.

Ronay, R. e W. von Hippel. "The Presence of an Attractive Woman Elevates Testosterone and Physical Risk-Taking in Young Men." *Social Psychological and Personality Science* 1 (2010): 57–64.

van Boven, L. e T. Gilovich. "To Do or to Have? That Is the Question." *Journal of Personality and Social Psychology* 85 (2003): 1193–302.

Wilder, J. A., Z. Mobasher e M. F. Hammer. "Genetic Evidence for Unequal Effective Population Sizes of Human Females and Males." *Molecular Biology and Evolution* 21 (2004): 2047–57.

Se você estiver interessado em mais leituras, os capítulos 9 e 10 são baseados no seguinte artigo acadêmico:

von Hippel, W. e K. Gonsalkorale. "Evolutionary Imperatives and the Good Life." *In* J. P. Forgas e R. Baumeister, orgs. *The Social Psychology of Living Well.* Nova York: Psychology Press, 2018.

EPÍLOGO

Dawkins, R. *Desvendando o arco-íris: ciência, ilusão e encantamento.* São Paulo: Companhia das Letras, 2000.

Sapolsky, R. *Memórias de um primata: a vida pouco convencional de um neurocientista entre os babuínos.* São Paulo: Companhia das letras, 2004.

Tomasello, M. *A Natural History of Human Morality.* Cambridge: Harvard University Press, 2016.

Índice

Números de páginas de ilustrações estão em itálico.

Este livro foi impresso pela Exklusiva, em 2019, para a HarperCollins Brasil. O papel do miolo é Pólen Soft $70g/m^2$, e o da capa é cartão $250g/m^2$.